步印童书馆 **编著**

北京市数学特级教师 丁益祥
北京市数学特级教师 司梁
『卢说数学』主理人 卢声怡

**力联荐袂**

# 小牛顿

# 数学分级读物

**第六阶** **1** 分数的乘除法

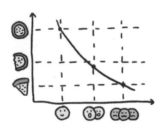

中国儿童的数学分级读物
培养有创造力的数学思维

**讲透原理** ➡ **系统进阶** ➡ **思维转换**

电子工业出版社
**Publishing House of Electronics Industry**
北京·BEIJING

**图书在版编目（CIP）数据**

小牛顿数学分级读物. 第六阶. 1, 分数的乘除法 /
步印童书馆编著. —— 北京：电子工业出版社, 2024. 6.
ISBN 978-7-121-48178-9

Ⅰ. O1-49

中国国家版本馆CIP数据核字第2024UR3947号

特别鸣谢本书组稿策划人郑利强先生。

责任编辑：赵　妍　季　萌
印　　刷：当纳利（广东）印务有限公司
装　　订：当纳利（广东）印务有限公司
出版发行：电子工业出版社
　　　　　北京市海淀区万寿路173信箱　邮编：100036
开　　本：889×1194　1/16　　印张：18.5　字数：373.2千字
版　　次：2024年6月第1版
印　　次：2024年6月第1次印刷
定　　价：120.00元（全6册）

凡所购买电子工业出版社图书有缺损问题，请向购买书店调换。若书店售缺，请与本社发行
部联系，联系及邮购电话：（010）88254888，88258888。
质量投诉请发邮件至zlts@phei.com.cn，盗版侵权举报请发邮件至dbqq@phei.com.cn。
本书咨询联系方式：（010）88254161转1860，jimeng@phei.com.cn。

# 一个数乘分数的计算

## 整数 × 分数的计算

 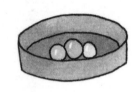

妙妙国的国王，用一根长为 1 米的金条做成自己和公主的头冠。

这根金条重为 20 千克。

国王的头冠用掉了 $\frac{2}{3}$ 米的金条，公主的头冠用掉了 $\frac{1}{4}$ 米的金条。

那么，制成的国王和公主的头冠，分别使用了几千克的金条呢？

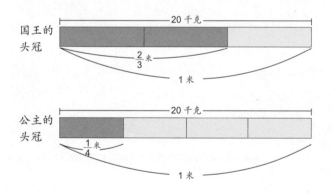

### ● 列成算式

汤马斯博士有了以下的想法。

公主的头冠用掉了 $\frac{1}{4}$ 米的金条。金条 1 米是 20 千克，因此，用 20 千克除以 4 就可以了。

$20 \div 4 = 5$（千克）

公主的头冠的重量是 5 千克。

国王的头冠的重量，也利用同样的想法，因为它用掉了 $\frac{2}{3}$ 米的金条，因此，只要把 20 千克除以 3，再乘以 2 就可以了。

首先，用 3 除一除。

$20 \div 3 = 6.6666\cdots$

除不尽，该怎么办呢？

麦克博士这样想。

$\frac{1}{4}$ 米换算成小数就是 0.25 米，因此计算公主的头冠的重量的算式就可以用 $20 \times 0.25 = 5$（千克）来表示。

把 0.25 还写成分数，以上的算式表示为：

$20 \times \frac{1}{4} = 5$（千克）

同样，计算国王的头冠重量的算式只要列成 $20 \times \frac{2}{3}$ 就可以了。

首先，把 $\frac{2}{3}$ 换算成小数，就变成了 $2 \div 3 = 0.6666\cdots$。

结果，用 20 乘这个循环小数，还是很难算啊。

### ● 20×$\frac{2}{3}$的计算方法

我们已经知道公主的头冠重为 5 千克。另外，计算国王的头冠的重量，列成算式为 $20×\frac{2}{3}$。

$20×\frac{2}{3}$ 的计算，应该怎么做呢？我们来看一看两位博士的计算方法吧！

### ◆ 汤马斯博士的想法。

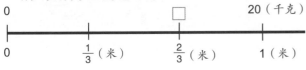

首先，我们知道把 1 米分成 3 等份，每等份是 $\frac{1}{3}$ 米的重量。

用分数作为结果来表示 $\frac{1}{3}$ 米的重量为 $20÷3=\frac{20}{3}$（千克）。接下来，再算算 $\frac{20}{3}$ 千克的 2 倍，也就是 $\frac{2}{3}$ 米的重量，列算式为：

$$\frac{20}{3}×2=\frac{20×2}{3}=\frac{40}{3}=13\frac{1}{3}$$

因此，就可以计算出 $20×\frac{2}{3}$ 的得数。

把上述计算用算式表示：

$$20×\frac{2}{3}=20÷3×2$$
$$=\frac{20}{3}×2$$
$$=\frac{20×2}{3}$$
$$=\frac{40}{3}=13\frac{1}{3}（千克）$$

国王的头冠的重量是 $13\frac{1}{3}$ 千克。

### ◆ 麦克博士的想法。

$\frac{2}{3}$ 是 $\frac{1}{3}$ 的 2 倍，因此，先求出总重量的 $\frac{1}{3}$，列算式为：

$$20÷3=\frac{20}{3}（千克）$$

总重量的 $\frac{2}{3}$ 是 $\frac{1}{3}$ 的 2 倍，列出算式为：

$$20×\frac{2}{3}=20÷3×2$$
$$=\frac{20}{3}×2$$
$$=\frac{20×2}{3}$$
$$=\frac{40}{3}$$
$$=13\frac{1}{3}（千克）$$

写的过程和汤马斯博士的一样。国王的头冠的重量仍然是 $13\frac{1}{3}$ 千克。

二人的得数都是 $13\frac{1}{3}$ 千克，利用算式来计算的话，二人的得数也相同。

## ◆史密斯博士的想法

二人都仔细想一想，我所想的有点不一样。

$\frac{2}{3}$ 可以用 $2 \div 3$ 的除式来表示。另外，$\frac{2}{3}$ 是把 2 分成 3 等份，换句话说，$\frac{2}{3}$ 就是 2 个 $\frac{1}{3}$，因此，先求出 2 米的重量，再分成 3 等分就可以了：

$20 \times 2 = 40$（千克）

2 米的重量为 40 千克。

接下来，除以 3，求出 2 米重量的 $\frac{1}{3}$，即：

$40 \div 3 = \frac{40}{3}$

$\qquad = 13\frac{1}{3}$（千克）

把上述算式整理为：

$$20 \times \frac{2}{3} = 20 \times 2 \div 3$$
$$= \frac{20 \times 2}{3}$$
$$= \frac{40}{3} = 13\frac{1}{3}（千克）$$

写的过程和前两位博士一样，得数还是 $13\frac{1}{3}$ 千克。

在这里，我们要来验算，看一看得数是不是正确。

首先，国王的头冠的重量是：

$$20 \times \frac{2}{3} = \frac{20 \times 2}{3}$$
$$= \frac{40}{3} = 13\frac{1}{3}（千克）$$

接下来，再看一看公主的头冠的重量：

$$20 \times \frac{1}{4} = \frac{\overset{5}{20} \times 1}{\underset{1}{4}} = 5（千克）$$

怎么检验呢？可以这样想：剩下的金条长为：

$$1 - \left( \frac{2}{3} + \frac{1}{4} \right) = 1 - \left( \frac{8}{12} + \frac{3}{12} \right)$$
$$= 1 - \frac{11}{12} = \frac{1}{12}（米）$$

因此，剩下的金条重量是 20 千克的 $\frac{1}{12}$，即：

$$20 \times \frac{1}{12} = \frac{\overset{5}{20} \times 1}{12}$$
$$= \frac{5}{\underset{3}{3}} = 1\frac{2}{3}（千克）$$

全部的重量为：

$$13\frac{1}{3} + 5 + 1\frac{2}{3} = 20（千克）$$

结果刚好是 20 千克，检验正确。因此，我们知道求国王的头冠的重量计算，和求公主的头冠的重量计算，都是正确的。

通过上面的计算，我们了解了整数 × 分数的计算方法。

整数 × 分数的计算，可以将整数和分数的分子相乘，再除以分母。
用记号表示如下：

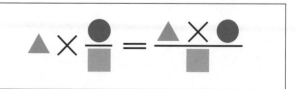

## 分数 × 分数的计算

已经知道整数 × 分数的计算方法。现在，再来想一想分数 × 分数的计算方法吧！

### ◉ 真分数 × 真分数的计算

在水缸里倒入 $\frac{2}{3}$ 升水。然后把其中 $\frac{3}{4}$ 的水移到别的水缸里。应该把几升水移到另一个水缸里去呢？

#### ● 列成算式

首先，我们用数线来表示。

这个问题也和整数 × 分数的计算类似，是求总量的 $\frac{3}{4}$。也就是要求出相当于 $\frac{2}{3}$ 升的 $\frac{3}{4}$ 的水量，因此，使用乘法来计算，列成算式为 $\frac{2}{3} \times \frac{3}{4}$。

#### ● $\frac{2}{3} \times \frac{3}{4}$ 的计算方法

像 $\frac{2}{3} \times \frac{3}{4}$ 这样的分数 × 分数该怎么计算呢？

首先，$\frac{3}{4}$ 可以说是 $\frac{1}{4}$ 的 3 倍，先算出 $\frac{2}{3}$ 的 $\frac{1}{4}$。

$\frac{2}{3}$ 的 $\frac{1}{4}$，是把 $\frac{2}{3}$ 平分成 4 等份后的 1 等份，列算式为 $\frac{2}{3} \div 4 = \frac{2}{3 \times 4}$。

在这里，因为要求 $\frac{2}{3}$ 的 $\frac{3}{4}$，所以把 $\frac{2}{3 \times 4}$ 再乘以 3 倍就可以了，列算式为：

$$\frac{2}{3 \times 4} \times 3 = \frac{2 \times 3}{3 \times 4} = \frac{1}{2}（升）$$

得数是 $\frac{1}{2}$，也就是要把 $\frac{1}{2}$ 升水移到另一个水缸里。

把这个计算列成算式为：

$$\frac{2}{3} \times \frac{3}{4} = \frac{2 \times 3}{3 \times 4}$$
$$= \frac{1}{2}（升）$$

因此，我们就可以知道分数 × 分数的计算方法了。现在，用其他的计算方法再算一算。

乘数 $\frac{2}{3}$ 是 $\frac{1}{3}$ 的 2 倍，由于要求它的 $\frac{3}{4}$，因此，可以用 $(\frac{1}{3} \times 2) \times \frac{3}{4}$ 来表示。如果用除法来表示乘数 $\frac{3}{4}$，则列算式为 $(\frac{1}{3} \times 2) \times 3 \div 4$。

首先，在计算 $\frac{1}{3}$ 的 $\frac{1}{4}$ 时，可以想成 $\frac{1}{3} \div 4 = \frac{1}{3 \times 4}$，因此，我们知道用分母乘以分母就可以了。

3 个 $\frac{1}{4}$ 就表示 $\frac{1}{4}$ 必须乘上 3 倍。因此，我们知道分子和分子可以相乘。

也就是说，在分数 × 分数的计算中，分母和分母相乘，分子和分子相乘。用记号表示如下：

$$\frac{\bullet}{\blacksquare} \times \frac{\blacktriangle}{\blacklozenge} = \frac{\bullet \times \blacktriangle}{\blacksquare \times \blacklozenge}$$

根据"分数 × 分数"的计算方法，同样可以计算 $4 \times \frac{2}{3}$，业就是"整数 × 分数"的计算。

换句话说，我们可以把整数看成分母为 1 的特别分数，因此，$4 \times \frac{2}{3}$ 可以用下面的方式来计算：

$$4 \times \frac{2}{3} = \frac{4}{1} \times \frac{2}{3}$$
$$= \frac{4 \times 2}{1 \times 3}$$
$$= \frac{8}{3}$$
$$= 2\frac{2}{3}$$

## ● 带分数 × 带分数的计算

现在，我们再来想一想带分数 × 带分数的计算方法是不是也一样呢？

### ● $3\frac{1}{5} \times 1\frac{3}{4}$ 的计算方法

首先，把带分数分别换算成假分数后再计算。带分数分别换算成假分数为 $3\frac{1}{5} = \frac{16}{5}$，$1\frac{3}{4} = \frac{7}{4}$。列算式为：

$$3\frac{1}{5} \times 1\frac{3}{4} = \frac{16}{5} \times \frac{7}{4}$$
$$= \frac{16 \times 7}{5 \times 4}$$
$$= \frac{28}{5} = 5\frac{3}{5}$$

像这种带分数 × 带分数的计算，也是先分别换算成假分数，再把分母和分母相乘，分子和分子相乘。

如果用以前所学过的分数 × 分数的计算方法来计算，也可以把分数乘上整数，或分数除以整数。

例如，$\frac{5}{8} \times 3 \div 5$ 的计算，是 $\frac{5}{8}$ 乘以 3 倍后再除以 5，也就是 $\frac{5}{8}$ 的 $\frac{3}{5}$。

把它列成算式来表示，就变成如下分数乘以分数的计算：

$$\frac{5}{8} \times 3 \div 5 = \frac{5 \times 3}{8} \div 5$$
$$= \frac{5}{8} \times \frac{3}{5}$$
$$= \frac{3}{8}$$

变成相同的算式

$$\frac{5 \times 3}{8 \times 5} = \frac{5 \times 3}{8 \times 5}$$
$$= \frac{3}{8}$$

## ● 计算方法的验证

我们已经知道在分数的乘法中，分母与分母相乘，分子与分子相乘就可以了。

像这样的计算方法正确吗？我们用以下的方法来算一算 $\frac{3}{4} \times \frac{2}{5}$。

◆ 首先，用前面我们学到的方法来计算。

$$\frac{3}{4} \times \frac{2}{5} = \frac{3 \times \overset{1}{\cancel{2}}}{\underset{2}{\cancel{4}} \times 5} = \frac{3}{10}$$

◆ 把两个乘数的位置调换，再来计算。

$$\frac{2}{5} \times \frac{3}{4} = \frac{\overset{1}{\cancel{2}} \times 3}{5 \times \cancel{4}} = \frac{3}{10}\,^{2}$$

◆ 把分数化为小数来算一算。

$$\frac{3}{4} = 3 \div 4 = 0.75, \quad \frac{2}{5} = 2 \div 5 = 0.4$$

$\frac{3}{4} \times \frac{2}{5}$ 就是 $\frac{3}{4}$ 的 $\frac{2}{5}$，因此，

$$\frac{3}{4} \times \frac{2}{5} = 0.75 \times 0.4 = 0.3$$

◆ 最后，用图形表示的方法来找出得数。

0.3 化为分数是 $\frac{3}{10}$。

现在，我们再用图形来表示。$\frac{3}{4}$ 用图形表示如下：

$\frac{3}{4} \times \frac{2}{5}$，就是 $\frac{3}{4}$ 的 $\frac{2}{5}$，用图形表示如下：

从图中可以清晰地看出，把1分成4等份以后，再分成5等份，因此，4×5=20，等于分成20等份，3×2=6，把6个 $\frac{1}{20}$ 集合起来，即：

$$\overset{3}{\underset{10}{\frac{6}{20}}} = \frac{3}{10}$$

通过以上的验证，就可以确定分数×分数的计算方法是正确的。

## 综合测验

1. 填入□中的数。

① $\frac{4}{5} \times 1\frac{2}{3} = \frac{4 \times \boxed{A}}{5 \times \boxed{B}} = \frac{\boxed{C}}{\boxed{D}} = 1\frac{1}{3}$

② $\boxed{E}\frac{1}{6} \times 3\frac{1}{\boxed{F}} = \frac{25 \times 16}{6 \times \boxed{G}} = 13\frac{1}{3}$

2. 计算出（ ）中的数。

① 15 米的 $\frac{4}{5}$ 是（ ）米。

② $1\frac{1}{4}$ 的 $\frac{4}{5}$，和 $2\frac{1}{4}$ 的 $\frac{2}{3}$ 相差（ ）。

3. 从本月月初开始使用 2 升油。现在还剩下总量的 $\frac{5}{8}$，用掉了多少升油？

综合测验答案：1. ① A5，B3，C4，D3；② E4，F5，G5。2. ① 12；② $\frac{1}{2}$。3. $\frac{3}{4}$ 升。

## 分数的乘法和积

从这两个计算中，我们来想一想乘数和积的关系。

**1**

$$12 \times \frac{3}{4} = \frac{12 \times 3}{4}$$

$$= 9 \, (\text{米})$$

**2**

$$12 \times 1\frac{1}{6} = 12 \times \frac{7}{6}$$

$$= \frac{12 \times 7}{6}$$

$$= 14 \, (\text{米})$$

比较以上这两题乘法的计算，想一想，两个乘数和积是不是有什么关系呢？

● **积的大小**

在 **1** 的计算中，积为 9 米，比乘数 12 米还小。

另外，在 **2** 的计算中，积为 14 米，反而比乘数 12 米大。

在乘法的计算中，积有时候会比乘数大，有时候又会比乘数小。

我们来回想一下以前学过的小数乘法，也会有时候积比乘数大，有时候积又比乘数小。

◆ **小数乘法中，乘数和积的关系**

在整数 × 小数的计算中，随着一个乘数大小的不同，另一个乘数和积之间的关系会有什么样的变化呢？

① **一个乘数大于 1 时**，如下式：

$14 \times 1.2 = 16.8$

**积比另一个乘数大。**

② **一个乘数等于 1 时**，如下式：

$14 \times 1 = 14$

**积和另一个乘数相等。**

③ **一个乘数小于 1 时**，如下式：

$14 \times 0.8 = 11.2$

**积比另一个乘数小。**

像这样，在小数的乘法中，一个乘数大于 1、等于 1 或小于 1 时，另一个乘数和积的关系将随着变化。

有限小数和循环小数都可以改写成分数，同样有大于、等于、小于三种情况，因此在分数的乘法中，两个乘数与积的关系与小数的乘法中的相同。

## ● 积的变化

我们把两个乘数与积之间的关系整理如下。

| | | | |
|---|---|---|---|
| $12 \times 3 = 36$ | $12 \times 3 = 36$ | $3$ | $3$ |
| $12 \times 2\frac{1}{4} = 27$ | $12 \times 2.25 = 27$ | $2\frac{1}{4}$ | $2.25$ |
| $12 \times 2 = 24$ | $12 \times 2 = 24$ | $2$ | $2$ |
| $12 \times 1\frac{1}{2} = 18$ | $12 \times 1.5 = 18$ | $1\frac{1}{2}$ | $1.5$ |
| $12 \times 1 = 12$ | $12 \times 1 = 12$ | $1$ | $1$ |
| $12 \times \frac{5}{8} = 7\frac{1}{2}$ | $12 \times 0.625 = 7.5$ | $\frac{5}{8}$ | $0.625$ |
| $12 \times \frac{1}{4} = 3$ | $12 \times 0.25 = 3$ | $\frac{1}{4}$ | $0.25$ |
| $12 \times 0 = 0$ | $12 \times 0 = 0$ | $0$ | $0$ |

当一个乘数大于 1 且越来越大时，积比另一个乘数越来越大。

当一个乘数等于 1 时，积和另一个乘数相等。

当一个乘数小于 1 且越来越小时，积也比另一个乘数越来越小，甚至渐渐接近 0。

## ● 以平均数来计算

现在我们就利用平均数来想一想，在分数的乘法中，积和两个乘数之间的关系。

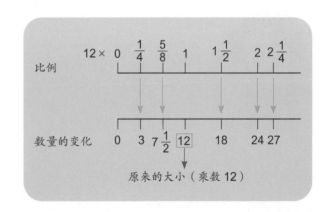

如果左表中的数量关系在数线上表示的话，就变成如下的情况：

在分数的乘法中，两个乘数与积的关系也和小数的乘法中的相同。

# 分数 × 分数的使用方法

## ◎ 乘以分数的问题 (1)

从前，有一位国王把他自己的财产分给 4 位王子。

国王将他的财产分配如下：

> 大王子分得总财产的 $\frac{1}{4}$
>
> 二王子分得剩余财产的 $\frac{1}{3}$
>
> 三王子分得二人分得剩余财产的 $\frac{1}{2}$
>
> 四王子分得最后剩下的全部财产

### ● 用图来表示

看到这种财产分配方案，王子们都有下面的想法：

> 我这个大王子只有总财产的 $\frac{1}{4}$，二皇弟有 $\frac{1}{3}$，三皇弟有 $\frac{1}{2}$……这样来说是我最少喽！

同样，二王子也会和他的弟弟——三王子比较，他们都为自己分得的财产比较少而感到不满。

三王子也生气了，但四王子没生气。

> 才不是这样的呢！其实每个人分得的财产都一样！

四王子画了以下的图形，并加以说明。

大王子分得的财产为：

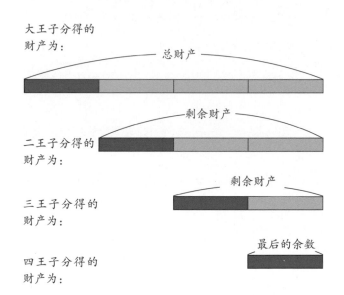

大王子分得的财产为：

二王子分得的财产为：

三王子分得的财产为：

四王子分得的财产为：

从图中我们可以知道，4 位王子所得的财产其实是一样多的。但是，其他的王子都无法理解 $\frac{1}{4}$、$\frac{1}{3}$ 和 $\frac{1}{2}$ 的真正意义。

## ● 计算看一看

因此这个国家的国王又做了以下说明。

### ◆ 大王子分得的财产数量。

首先，把总财产当作 1 来计算，大王子分得总财产的 $\frac{1}{4}$。

### ◆ 二王子分得的财产数量。

二王子分得的财产数量是大王子取得财产后剩余财产的 $\frac{1}{3}$。如果把总财产当作 1 的话，列算式为：

$$1-\frac{1}{4}=\frac{3}{4}$$

因此，剩余财产的 $\frac{1}{3}$，就是 $\frac{3}{4}$ 的 $\frac{1}{3}$，列算式为：

$$\frac{3}{4}\times\frac{1}{3}=\frac{3\times\overset{1}{1}}{4\times\underset{1}{3}}$$
$$=\frac{1}{4}$$

二王子同样也分得总财产的 $\frac{1}{4}$。

### ◆ 三王子分得的财产数量。

大王子和二王子都分得了总财产的 $\frac{1}{4}$，而三王子分得的财产是剩余财产的 $\frac{1}{2}$。

从总财产分走了 $(\frac{1}{4}+\frac{1}{4})$ 后，剩余财产的 $\frac{1}{2}$ 列算式为：

$$1-(\frac{1}{4}+\frac{1}{4})=\frac{1}{2}$$

再从总财产的 $\frac{1}{2}$ 中分得 $\frac{1}{2}$ 的财产，就是

$$\frac{1}{2}\times\frac{1}{2}=\frac{1}{4}。$$

因此，三王子也分得了总财产的 $\frac{1}{4}$。

### ◆ 四王子分得的财产数量。

四王子分得的财产数量是其他王子分得财产后剩下的财产。列算式为：

$$1-(\frac{1}{4}+\frac{1}{4}+\frac{1}{4})=\frac{1}{4}$$

因此，四王子也分得总财产的 $\frac{1}{4}$。

## ● 合成一个算式来计算

刚才是分步计算每位王子分得财产的数量，现在用综合算式来计算。

### ◆ 把计算二王子分得的财产数量的算式加以整理。

大王子分得财产后剩余财产的计算式为 $1-\frac{1}{4}$，它的 $\frac{1}{3}$ 用一个算式表示为：

$$(1-\frac{1}{4})\times\frac{1}{3}=\frac{3}{4}\times\frac{1}{3}$$
$$=\frac{3\times\overset{1}{1}}{4\times\underset{1}{3}}=\frac{1}{4}$$

### ◆ 把计算三王子分得财产数量的算式加以整理。

**想法 1**

三王子分得的财产数量，是二王子分得财产后剩下财产的 $\frac{1}{2}$。

二王子分得的财产是：$(1-\frac{1}{4})\times\frac{1}{3}$，因此，剩余的财产为：$(1-\frac{1}{4})-(1-\frac{1}{4})\times\frac{1}{3}$。

三王子分得的财产，用一个算式表示为：

$$[(1-\frac{1}{4})-(1-\frac{1}{4})\times\frac{1}{3}]\times\frac{1}{2}$$
$$=(\frac{3}{4}-\frac{3}{4}\times\frac{1}{3})\times\frac{1}{2}$$
$$=\frac{2}{4}\times\frac{1}{2}$$
$$=\frac{2\times\overset{1}{1}}{4\times\underset{1}{2}}$$
$$=\frac{1}{4}$$

**想法 2**

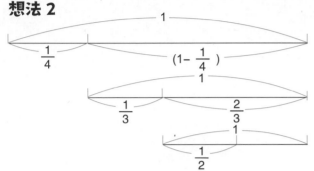

从图中我们可以知道，如果把大王子分得财产后剩余的财产数量当作1，二王子分得财产后剩余财产数量为 $1-\dfrac{1}{3}=\dfrac{2}{3}$，用算式表示为 $\left(1-\dfrac{1}{4}\right)\times\left(1-\dfrac{1}{3}\right)$。

三王子分得的财产又是上面算式的 $\dfrac{1}{2}$，列算式如下：

$$\left(1-\dfrac{1}{4}\right)\times\left(1-\dfrac{1}{3}\right)\times\dfrac{1}{2}=\dfrac{3}{4}\times\dfrac{2}{3}\times\dfrac{1}{2}$$
$$=\dfrac{3\times2\times1}{4\times3\times2}=\dfrac{1}{4}$$

◆ **写出表示四王子分得财产的算式。**

三王子的想法2算式比较简单，我们模仿这个来算四王子吧。

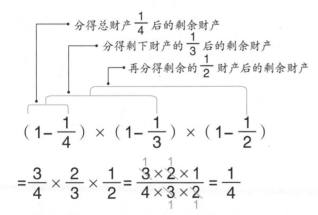

像这样列成一个算式来计算，只要计算一次就可以求出结果，真方便啊！

## ◉ 乘以分数的问题（2）

小强每个月存下来的钱，都比前一个月所存的金额多 $\dfrac{1}{3}$。那么，在第二个月、第三个月、第四个月所存的金额相当于第一个月所存金额的几倍呢？

● **用图来表示**

第二个月、第三个月、第四个月所存的金额，每个月都要比前一个月所存的金额增加 $\dfrac{1}{3}$，因此，小强现在的想法：

第四个月所存的金额为 $\dfrac{1}{3}\times3=1$。比最初的第一个月所存的金额增加了1倍，因此 $1+1=2$，变成2倍。

小强的计算正确吗？让我们仔细地想一想。

◆ **用图来表示看一看。**

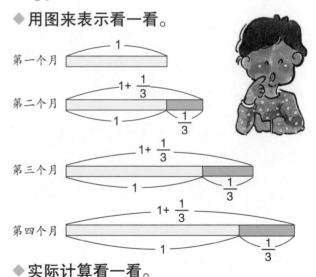

◆ **实际计算看一看。**

如果把第一个月所存的金额当作1，分别计算出每一个月所存的金额。

第二个月所存的金额比第一个月所存的金额增加了 $\dfrac{1}{3}$ 倍，列算式为 $1+\dfrac{1}{3}=1\dfrac{1}{3}$，第二个月所存的金额就是第一个月所存的金额的 $1\dfrac{1}{3}$ 倍。

第三个月所存的金额又比第二个月所存的金额多 $\frac{1}{3}$，先把增加的数量算出来：

$$1\frac{1}{3} \times \frac{1}{3} = \frac{4}{3} \times \frac{1}{3}$$
$$= \frac{4 \times 1}{3 \times 3} = \frac{4}{9}$$

得知第三个月所存的金额增加了 $\frac{4}{9}$ 倍。因此，再把第二个月所存的金额加 $\frac{4}{9}$ 倍，列算式为：

$$1\frac{1}{3} + \frac{4}{9} = 1\frac{3}{9} + \frac{4}{9} = 1\frac{7}{9}$$

第三个月所存的金额是第一个月所存金额的 $1\frac{7}{9}$ 倍。而第四个月所存的金额，也比第三个月所存的金额多了 $\frac{1}{3}$ 倍。先把增加的数量算出来，列算式为：

$$1\frac{7}{9} \times \frac{1}{3} = \frac{16}{9} \times \frac{1}{3}$$
$$= \frac{16 \times 1}{9 \times 3} = \frac{16}{27}$$

得知第四个月所存的金额增加了 $\frac{16}{27}$ 倍。因此，把第四个月所存的金额的增加倍数列算式如下：

$$1\frac{7}{9} + \frac{16}{27} = 1\frac{21}{27} + \frac{16}{27}$$
$$= 1\frac{37}{27} = 2\frac{10}{27}$$

于是，第四个月所存的金额是第一个月所存的金额的 $2\frac{10}{27}$ 倍。用图表示如下。

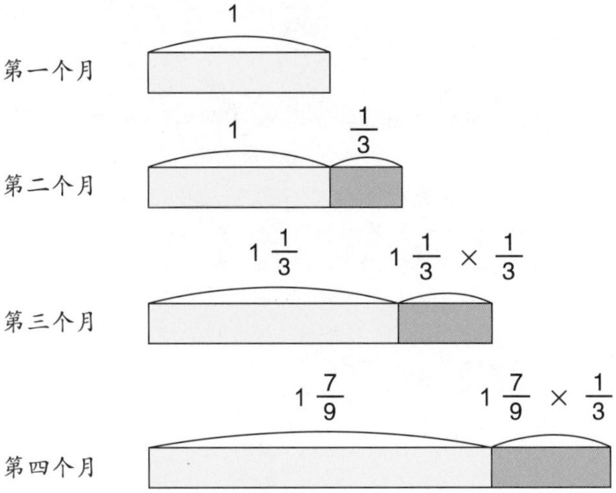

有更简单的算法吗？从图中我们知道，后一个月所存的金额，比前一个月所存的金额增加了 $\frac{1}{3}$ 倍，因此，如果把前一个月所存的金额当作 1，后一个月所存的金额就是前一个月所存的金额的 $(1 + \frac{1}{3})$ 倍。因此，把每个月所存的金额的倍数关系分别表示如下。

第二个月：$1 \times (1 + \frac{1}{3})$。

第三个月：$1 \times (1 + \frac{1}{3}) \times (1 + \frac{1}{3})$。

第四个月：$1 \times (1 + \frac{1}{3}) \times (1 + \frac{1}{3}) \times (1 + \frac{1}{3})$。

## 整　理

（1）分数中，要计算某个数的比例问题时，就要用 $\frac{3}{4} \times \frac{2}{5}$ 这样的乘法计算。

（2）分数 × 分数的计算方法，是把分母和分母相乘后的数作为分母，把分子和分子相乘后的数作为分子。

（3）把带分数换算成假分数来计算。

（4）分数乘法计算时，如果过程中可以约分，要先约分比较简便。

# 一个数除以分数的计算

## 除以分数的计算公式

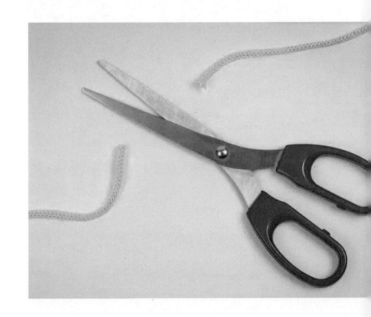

### ●分取绳子的问题

有一根长为 4 米的绳子。从这根绳子中，可以分取几根长为 $\frac{2}{3}$ 米的绳子呢？

如果分取 2 米的绳子，列算式为：

$4 \div 2 = 2$（根）

可以分取 2 根 2 米长的绳子。

另外，如果要分取 0.5 米的绳子，列算式为：

$4 \div 0.5 = 8$（根）

可以分取 8 根 0.5 米长的绳子。

同样，当我们要分取长为 $\frac{2}{3}$ 米的绳子时，就可以列成 $4 \div \frac{2}{3}$ 这样的算式，赶快求出得数吧！

$\frac{2}{3}$ 米的绳子 1 根 ➡ $\frac{2}{3} \times 1 = \frac{2}{3}$（米）

$\frac{2}{3}$ 米的绳子 2 根 ➡ $\frac{2}{3} \times 2 = \frac{4}{3}$（米）

$\frac{2}{3}$ 米的绳子 3 根 ➡ $\frac{2}{3} \times 3 = 2$（米）

（继续算到 4 米）

$\frac{2}{3}$ 米的绳子 ? 根 ➡ $\frac{2}{3} \times ? = 4$（米）

从右图中可以看出 $? = 4 \div \frac{2}{3} = 6$（根）。

因此，我们知道从长为 4 米的绳子中，可以取得 6 根长为 $\frac{2}{3}$ 米的绳子。

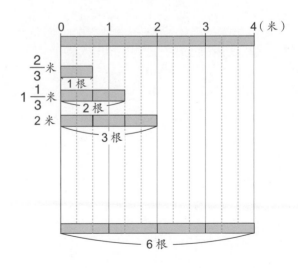

## ●砂糖价格的问题

$\frac{3}{4}$ 千克的砂糖价格是 240 元，这种砂糖 1 千克的价格是多少？

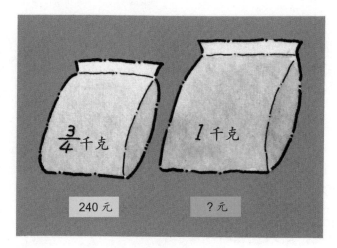

首先，把这个问题用图来表示如下。一边看图，一边想一想。

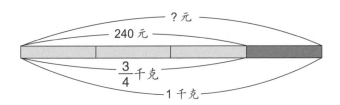

把 1 千克想成 $\frac{4}{4}$ 千克，$\frac{4}{4}$ 可以分成 4 个 $\frac{1}{4}$，先求出 $\frac{1}{4}$ 千克的价格，再乘上 4 倍，就可以求出 1 千克的价格。

从图中我们看出，把 240 元分成 3 等份，每一等份就是 $\frac{1}{4}$ 千克的价格，用算式表示为 $240 \div 3 \times 4$。

现在，我们再想一想应该列成什么样的算式呢？

在这个问题中，已知 $\frac{3}{4}$ 千克的砂糖价格是 240 元，要求的是 1 千克砂糖的价格，也就是单价，因此，算式为：

总价 = 单价 × 数量
　　　　　↑——1千克的价格

在这个算式中，已知 240 元（货款）买了 $\frac{3}{4}$ 千克的砂糖（数量），则：

$$240 = ? \times \frac{3}{4}$$

用求 ? 值的算式表示如下：

$$? = 240 \div \frac{3}{4}$$

像这样，虽然除数是分数，但是也可以列成算式。用数线表示 $240 \div \frac{3}{4}$ 如下：

从数线中，我们得知 $\frac{1}{4}$ 千克砂糖的价格是 80 元。因此，1 千克砂糖的价格就是 $80 \times 4 = 320$ 元。列算式如下：

$$? = 240 \div \frac{3}{4}$$
$$= 320 \text{（元）}$$

这样就可以求出得数了。

# 整数 ÷ 分数的计算

### ◉整数 ÷ 真分数的计算

有9升果汁，把这些果汁分成每 $\frac{3}{5}$ 升盛一杯，请客人喝，可以分成几杯呢？

#### ●列成算式

这个问题把总量平均分配，看一看可以分成几杯，因此，我们可以用除法来计算。

列成算式就是 $9 \div \frac{3}{5}$。

#### ● $9 \div \frac{3}{5}$ 的计算方法

在 $9 \div \frac{3}{5}$ 的计算中，除数 $\frac{3}{5}$ 可以说是以 $\frac{1}{5}$ 为单位的数。因此，如果我们把9和

果汁又不能像切水果派一样来切。

$\frac{3}{5}$ 都以 $\frac{1}{5}$ 为单位来表示，也就是算一算它们是 $\frac{1}{5}$ 的几倍，会怎么样呢？

把9和 $\frac{3}{5}$ 都以 $\frac{1}{5}$ 为单位来表示，在数线上表示如下：

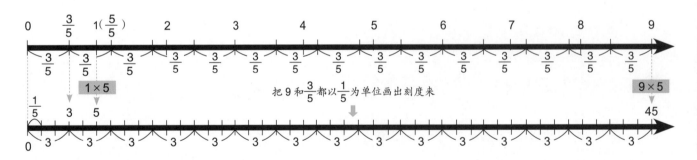

把9和 $\frac{3}{5}$ 都以 $\frac{1}{5}$ 为单位画出刻度来

从数线上我们可以知道，$\frac{3}{5}$ 如果以 $\frac{1}{5}$ 为单位来表示就是 3 个 $\frac{1}{5}$，用 3 来表示。同样，$1 = \frac{5}{5}$，因此，如果以 $\frac{1}{5}$ 为单位，1 就要用 5 来表示。同理，如果以 $\frac{1}{5}$ 为单位来表示9，就是 $9 \times 5$。

这样的话，$9 \div \frac{3}{5}$ 就是以 $\frac{1}{5}$ 为单位，想成 $(9 \times 5) \div 3$ 来计算就可以了。也就是原来的算式转化成了 $45 \div 3$。

◆ 利用以 $\frac{1}{5}$ 为单位的计算方法来计算。

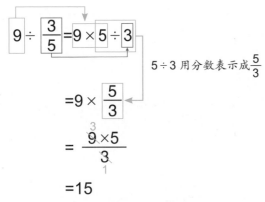

$$9 \div \frac{3}{5} = 9 \times 5 \div 3$$

5÷3用分数表示成 $\frac{5}{3}$

$$= 9 \times \frac{5}{3}$$

$$= \frac{9 \times 5}{3}$$

$$= 15$$

因此得数是 15，可以分成 15 杯。

把以上的计算用算式表示如下：

$$9 \div \frac{3}{5} = 9 \times \frac{5}{3}$$

换句话说，整数除以分数的计算，只要把分数的分母和分子对调，然后乘以整数就可以了。

用记号表示如下：

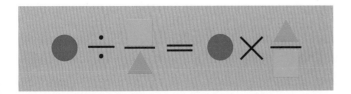

### ●以其他的计算来证明

整数 ÷ 分数的计算方法正确吗？我们可以用其他的计算题来证明看一看。

① $8 \div \frac{2}{3}$ 的计算

8 可以想成 $8 \times 3$ 个 $\frac{1}{3}$，$\frac{2}{3}$ 则可以想成 2 个 $\frac{1}{3}$。因此，列算式如下：

$$8 \div \frac{2}{3} = 8 \times 3 \div 2$$

$$= 8 \times \frac{3}{2}$$

$$= \frac{8 \times 3}{2}$$      约分

$$= 12$$

② $9 \div \frac{3}{8}$ 的计算

9 可以想成 $9 \times 8$ 个 $\frac{1}{8}$，$\frac{3}{8}$ 则等于 3 个 $\frac{1}{8}$。因此，列算式为：

$$9 \div \frac{3}{8} = 9 \times 8 \div 3$$

$$= 9 \times \frac{8}{3}$$

$$= \frac{9 \times 8}{3}$$      约分

$$= 24$$

③ $6 \div \frac{3}{5}$ 的计算

6 可以想成 $6 \times 5$ 个 $\frac{1}{5}$，$\frac{3}{5}$ 则可以想成 3 个 $\frac{1}{5}$。因此，列算式为：

$$6 \div \frac{3}{5} = 6 \times 5 \div 3$$

$$= 6 \times \frac{5}{3}$$

$$= \frac{6 \times 5}{3}$$      约分

$$= 10$$

像这样，整数 ÷ 分数的计算，都要变成 ●÷■⁄▲ = ●×▲⁄■。

因此，在整数 ÷ 分数的计算中，只要把除数的分母和分子对调，再和整数相乘就可以了。

## ● 整数 ÷ 带分数的计算

有一块面积为 15 平方米的长方形土地，测量出宽是 $2\frac{1}{4}$ 米，那么长是多少米呢？

### ● 列成算式

长方形的面积公式是：

长方形的面积 = 长 × 宽

因此，列算式如下：

$15$（平方米）$=2\frac{1}{4}$（米）$\times$ ?（米）

用计算? 的算式表示如下：

?$=15$（平方米）$\div 2\frac{1}{4}$（米）

这就是计算长的算式。

### ● $15\div 2\frac{1}{4}$ 的计算方法

在这个计算中，除数又成了带分数 $2\frac{1}{4}$，这样的计算该怎么做呢？

首先，$2\frac{1}{4}$ 可以换算成小数 2.25。因此，如果把带分数换算成小数来计算的话，就是：

$15\div 2\frac{1}{4}=15\div 2.25$
$\qquad\qquad =6.666\cdots$

得数除不尽。有时，分数可以换算成除得尽的小数来计算，但得数却是除不尽的。另外，分数在换算成小数的时候，也有可能除不尽，因此，在计算分数的乘除法时，转化为小数并不是很好的方法。

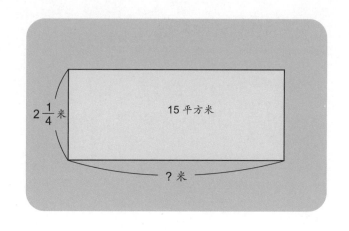

这时，最好把带分数换算成假分数再进行计算。

$15\div\boxed{2\frac{1}{4}}=15\div\boxed{\frac{9}{4}}$ $\left(\begin{array}{l}15\text{ 等于 }15\times 4\text{ 个 }\frac{1}{4}\\[4pt]\frac{9}{4}\text{ 等于 }9\text{ 个 }\frac{1}{4}\end{array}\right)$

$\qquad =15\times 4\div 9$

$\qquad =15\times\dfrac{4}{9}$

$\qquad =\dfrac{\overset{5}{15}\times 4}{\underset{3}{9}}$ 约分

$\qquad =\dfrac{20}{3}$

$\qquad =6\dfrac{2}{3}$（米）

得数是 $6\frac{2}{3}$ 米。

除数是带分数的时候，只要先将其换算成假分数，再计算就可以了。

## ●用其他的计算来证明

我们用以下的计算，来证明整数 ÷ 带分数的计算方法。

① $8 \div 1\frac{2}{3}$ 的计算

$$8 \div 1\frac{2}{3} = 8 \div \frac{5}{3}$$

$\left(\begin{array}{l}8 \text{ 等于 }(8 \times 3)\text{ 个 }\frac{1}{3} \\ \frac{5}{3}\text{ 等于 }5\text{ 个 }\frac{1}{3}\end{array}\right)$

$$\boxed{= 8 \times 3 \div 5}$$

$$= 8 \times \frac{3}{5}$$

$$= \frac{8 \times 3}{5}$$

$$= \frac{24}{5}$$

$$= 4\frac{4}{5}$$

② $7 \div 1\frac{3}{4}$ 的计算

$$7 \div 1\frac{3}{4} = 7 \div \frac{7}{4}$$

$\left(\begin{array}{l}7 \text{ 等于 }7 \times 4\text{ 个 }\frac{1}{4} \\ \frac{7}{4}\text{ 等于 }7\text{ 个 }\frac{1}{4}\end{array}\right)$

$$\boxed{= 7 \times 4 \div 7}$$

$$= 7 \times \frac{4}{7}$$

$$= \frac{7 \times 4}{7}$$

约分

$$= 4$$

③ $6 \div 2\frac{1}{2}$ 的计算

$$6 \div 2\frac{1}{2} = 6 \div \frac{5}{2}$$

$\left(\begin{array}{l}6 \text{ 等于 }6 \times 2\text{ 个 }\frac{1}{2} \\ \frac{5}{2}\text{ 等于 }5\text{ 个 }\frac{1}{2}\end{array}\right)$

$$\boxed{= 6 \times 2 \div 5}$$

$$= 6 \times \frac{2}{5}$$

$$= \frac{6 \times 2}{5}$$

$$= \frac{12}{5}$$

$$= 2\frac{2}{5}$$

④ $4 \div 3\frac{1}{6}$ 的计算

$$4 \div 3\frac{1}{6} = 4 \div \frac{19}{6}$$

$\left(\begin{array}{l}4 \text{ 等于 }6 \times 4\text{ 个 }\frac{1}{6} \\ \frac{19}{6}\text{ 等于 }19\text{ 个 }\frac{1}{6}\end{array}\right)$

$$\boxed{= 4 \times 6 \div 19}$$

$$= \frac{4 \times 6}{19}$$

$$= \frac{24}{19}$$

$$= 1\frac{5}{19}$$

像这样，整数 ÷ 带分数的计算，可以把带分数换算成假分数，然后用整数 ÷ 真分数的计算方法，表示为：

$$● \div \frac{\blacksquare}{\blacktriangle} = ● \times \frac{\blacktriangle}{\blacksquare}$$

## 综合测验

计算下列各题：

① $5 \div \frac{2}{3}$

② $2 \div \frac{5}{8}$

③ $4 \div \frac{8}{9}$

④ $7 \div \frac{7}{9}$

⑤ $6 \div 1\frac{1}{4}$

⑥ $8 \div 1\frac{1}{3}$

⑦ $3 \div 2\frac{2}{5}$

⑧ $1 \div 3\frac{1}{4}$

综合测验答案：① $7\frac{1}{2}$；② $3\frac{1}{5}$；③ $4\frac{1}{2}$；④ $9$；⑤ $4\frac{4}{5}$；⑥ $6$；⑦ $1\frac{1}{4}$；⑧ $\frac{4}{13}$。

# 分数 ÷ 分数的计算

## ● 分数除以分数

有一根长为 $\frac{2}{3}$ 米、重量为 $\frac{3}{4}$ 千克的铁棍。这样的铁棍1米的重量是多少千克？

### ● 列成算式

想一想这个问题的意义，并用数线表示。

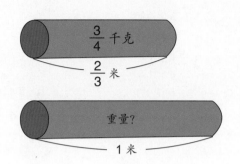

在这个问题中，我们已经知道某长度的铁棍的重量。如果把1米长的铁棍的重量当成？千克，把这个关系用文字的算式表示如下：

1米长铁棍的重量 × 长度 = 重量

？千克　　　$\frac{2}{3}$米　　　$\frac{3}{4}$千克

也就是？（千克）× $\frac{2}{3}$ = $\frac{3}{4}$（千克）。

利用求？值的算式表示为：

？（千克）= $\frac{3}{4}$（千克）÷ $\frac{2}{3}$

这就是求1米长铁棍的重量的算式。

首先，写成说明的算式，变成什么样的算式来计算是很重要的。

像 $\frac{3}{4}$ ÷ $\frac{2}{3}$ 这种分数除以分数的计算该怎么做呢？

计算分数 ÷ 分数时，如果以某数为分数单位来计算如何呢？

分数单位相同才可以计算，那么如何才能使它们的分数单位相同呢？

如 $\frac{3}{4}$、$\frac{2}{3}$ 等，要把分数单位不同的分数变换成同单位，要使它们的分母相同，换句话说，就是通分。

把 $\frac{3}{4}$ 和 $\frac{2}{3}$ 通分，分母4和分母3的最小公倍数是12，因此，$\frac{3}{4}$ = $\frac{9}{12}$，$\frac{2}{3}$ = $\frac{8}{12}$，以 $\frac{1}{12}$ 为分数单位计算就可以计算了。

## ● 分数 ÷ 分数的计算

分数除以分数的计算，想一想应该怎么做呢？

● $\dfrac{3}{4} \div \dfrac{2}{3}$ 的计算方法

和整数 ÷ 分数的计算方法相同，可以以某数为分数单位来计算试一试。

首先，由于 $\dfrac{3}{4}$ 和 $\dfrac{2}{3}$ 的分母不同，因此，要把分母换算成相同的分数单位。

像上面一样把 $\dfrac{3}{4}$ 和 $\dfrac{2}{3}$，化为一致的单位，然后用数线表示如下：

$$\dfrac{3}{4} = \dfrac{3 \times 3}{3 \times 3}$$

$$= \dfrac{3 \times 3}{12} \cdots\cdots 有（3 \times 3）个 \dfrac{1}{12}$$

$$\dfrac{2}{3} = \dfrac{2 \times 4}{3 \times 4}$$

$$= \dfrac{2 \times 4}{12} \cdots\cdots 有（2 \times 4）个 \dfrac{1}{12}$$

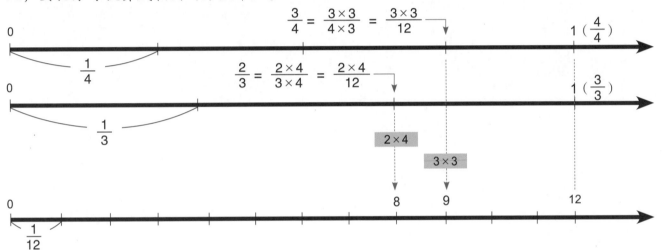

从数线中我们知道，如果以 $\dfrac{1}{12}$ 为分数单位，$\dfrac{3}{4}$ 相当于 $3 \times 3$，$\dfrac{2}{3}$ 相当于 $2 \times 4$，见上图。

因此，$\dfrac{3}{4} \div \dfrac{2}{3}$ 可以以 $\dfrac{1}{12}$ 为分数单位。

◆ 以 $\dfrac{1}{12}$ 为分数单位来计算。

$$\boxed{\dfrac{3}{4}} \div \boxed{\dfrac{2}{3}} = \boxed{（3 \times 3）} \div \boxed{（2 \times 4）}$$

$$= \dfrac{3 \times 3}{2 \times 4}$$

使用 $a \times b = b \times a$ 的乘法规则

$$= \dfrac{3 \times 3}{4 \times 2}$$

$$= \dfrac{9}{8} = 1\dfrac{1}{8}$$

得数是 $1\dfrac{1}{8}$，则铁棍 1 米的重量为 $1\dfrac{1}{8}$ 千克。算式为：

$$\dfrac{3}{4} \div \dfrac{2}{3} = \dfrac{3}{4} \times \dfrac{3}{2}$$

换句话说，分数 ÷ 分数的计算方法和整数 ÷ 分数的相同，只是要把除数为分数的分母和分子对调，再和被除数相乘就可以了。

## ● 证明计算的方法

从其他的计算中，证明分数 ÷ 分数的计算方法。

① $\dfrac{2}{7} \div \dfrac{3}{4}$ 的计算

第一步，把 $\dfrac{2}{7}$ 和 $\dfrac{3}{4}$ 通分如下：

$$\dfrac{2}{7} = \dfrac{2 \times 4}{7 \times 4}$$

$$= \dfrac{2 \times 4}{28} \quad \cdots\cdots 有 2 \times 4 个 \dfrac{1}{28}$$

$$\dfrac{3}{4} = \dfrac{3 \times 7}{4 \times 7}$$

$$= \dfrac{3 \times 7}{28} \quad \cdots\cdots 有 3 \times 7 个 \dfrac{1}{28}$$

因此，如果以 $\dfrac{1}{28}$ 为分数单位，$\dfrac{2}{7}$ 就相当于 $2 \times 4$，$\dfrac{3}{4}$ 则相当于 $3 \times 7$。

第二步，把原式 $\dfrac{1}{28}$ 为分数单位来计算。

$$\dfrac{2}{7} \div \dfrac{3}{4} = (2 \times 4) \div (3 \times 7)$$

$$= \dfrac{2 \times 4}{3 \times 7}$$

$$= \dfrac{2 \times 4}{7 \times 3} \longrightarrow \dfrac{2}{7} \times \dfrac{4}{3}$$

$$= \dfrac{8}{21}$$

把算式加以整理，即：

$$\dfrac{2}{7} \div \dfrac{3}{4} = \dfrac{2}{7} \times \dfrac{4}{3}$$

② $\dfrac{2}{3} \div \dfrac{4}{5}$ 的计算

把 $\dfrac{2}{3}$ 和 $\dfrac{4}{5}$ 通分如下：

$$\dfrac{2}{3} = \dfrac{2 \times 5}{3 \times 5}$$

$$= \dfrac{2 \times 5}{15} \quad \cdots\cdots 有 2 \times 5 个 \dfrac{1}{15}$$

$$\dfrac{4}{5} = \dfrac{4 \times 3}{5 \times 3}$$

$$= \dfrac{4 \times 3}{15} \quad \cdots\cdots 有 4 \times 3 个 \dfrac{1}{15}$$

因此，如果以 $\dfrac{1}{15}$ 为分数单位，$\dfrac{2}{3}$ 就相当于 $2 \times 5$，$\dfrac{4}{5}$ 则相当于 $4 \times 3$。

以 $\dfrac{1}{15}$ 为分数单位来计算。

$$\dfrac{2}{3} \div \dfrac{4}{5} = (2 \times 5) \div (4 \times 3)$$

$$= \dfrac{2 \times 5}{4 \times 3}$$

$$= \dfrac{\overset{1}{2} \times 5}{3 \times \underset{2}{4}} \longrightarrow \dfrac{2}{3} \times \dfrac{5}{4}$$

$$= \dfrac{5}{6}$$

把算式加以整理，即：

$\dfrac{2}{3} \div \dfrac{4}{5} = \dfrac{2}{3} \times \dfrac{5}{4}$，计算如下：

$$\dfrac{2}{3} \div \dfrac{4}{5} = \dfrac{2}{3} \times \dfrac{5}{4}$$

$$= \dfrac{\overset{1}{2} \times 5}{3 \times \underset{2}{4}}$$

$$= \dfrac{5}{6}$$

分数 ÷ 分数的计算，只要用以下的计算方法就可以了。

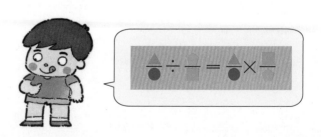

## ◉ 带分数 ÷ 带分数的计算

现在，我们来想一想带分数除以带分数的计算方法。

### ● $3\frac{4}{5} \div 2\frac{1}{2}$ 的计算方法

在整数 ÷ 带分数的计算中，要先把带分数换算成假分数之后再计算。在这里，我们也同样地把带分数换算成假分数之后再计算。

把 $3\frac{4}{5}$ 和 $2\frac{1}{2}$ 分别换算成假分数：

$$3\frac{4}{5} = \frac{19}{5}, \quad 2\frac{1}{2} = \frac{5}{2}。$$

因此，用算式表示为：

$$3\frac{4}{5} \div 2\frac{1}{2} = \frac{19}{5} \div \frac{5}{2}$$
$$= \frac{19}{5} \times \frac{2}{5}$$
$$= \frac{19 \times 2}{5 \times 5}$$
$$= \frac{38}{25} = 1\frac{13}{25}$$

带分数的除法计算方法，和以前学过的分数的除法计算方法相同，要把带分数换算成假分数后再计算。

### ● 证明计算的方法

利用其他的计算，证明带分数除法的计算方法。

① $2\frac{1}{4} \div 1\frac{2}{5}$ 的计算

$$2\frac{1}{4} \div 1\frac{2}{5} = \frac{9}{4} \div \frac{7}{5}$$
$$= \frac{9}{4} \times \frac{5}{7}$$
$$= \frac{9 \times 5}{4 \times 7}$$
$$= \frac{45}{28}$$
$$= 1\frac{17}{28}$$

② $3\frac{3}{4} \div 1\frac{1}{8}$ 的计算

$$3\frac{3}{4} \div 1\frac{1}{8} = \frac{15}{4} \div \frac{9}{8}$$
$$= \frac{15}{4} \times \frac{8}{9}$$
$$= \frac{15 \times 8}{4 \times 9}$$
$$= \frac{10}{3} = 3\frac{1}{3}$$

约分

## 综合测验

计算下列各题：

① $\frac{4}{15} \div \frac{2}{3}$　　② $\frac{5}{6} \div \frac{3}{7}$

③ $\frac{6}{7} \div \frac{3}{14}$　　④ $\frac{4}{10} \div 1\frac{3}{5}$

⑤ $2\frac{2}{9} \div \frac{2}{7}$　　⑥ $3\frac{1}{3} \div 2\frac{6}{7}$

综合测验答案：① $\frac{2}{5}$；② $1\frac{17}{18}$；③ 4；④ $\frac{1}{4}$；⑤ $7\frac{7}{9}$；⑥ $1\frac{1}{6}$。

# 商的变化

例如，12÷4=3，某数除以整数，商比被除数小，还是和被除数相同呢？

回想一下，某数除以小数，商和被除数的变化关系有以下的几种情况：

除数 > 1 时，被除数 > 商；

除数 =1 时，被除数 = 商；

除数 < 1 时，被除数 < 商。

## ●整数÷分数的商

某数除以分数时，商和被除数之间的变化关系与某数除以小数的变化关系相同。现在我们用12除以不同分数来看一看商的变化。

### ◆除以大于1的分数

① $12 \div 2\frac{2}{5} = 12 \div \frac{12}{5}$

$$= 12 \times \frac{5}{12}$$

$$= \frac{12 \times 5}{12} = 5$$

12>5 ➡ 被除数 > 商

② $12 \div 1\frac{2}{3} = 12 \div \frac{5}{3}$

$$= 12 \times \frac{3}{5}$$

$$= \frac{12 \times 3}{5}$$

$$= \frac{36}{5} = 7\frac{1}{5}$$

12>$7\frac{1}{5}$ ➡ 被除数 > 商

③ $12 \div 1\frac{1}{8} = 12 \div \frac{9}{8}$

$$= 12 \times \frac{8}{9}$$

$$= \frac{12 \times 8}{9}$$

$$= \frac{32}{3} = 10\frac{2}{3}$$

12>$10\frac{2}{3}$ ➡ 被除数 > 商

除以大于1的分数，被除数 > 商。

### ◆除以1

$12 \div 1 = 12$

12=12 ➡ 被除数 = 商

除以1，被除数 = 商。

### ◆除以小于1的分数

① $12 \div \frac{4}{7} = 12 \times \frac{7}{4}$

$$= \frac{12 \times 7}{4} = 21$$

12<21 ➡ 被除数 < 商

② $12 \div \frac{3}{8} = 12 \times \frac{8}{3}$

$$= \frac{12 \times 8}{3} = 32$$

12<32 ➡ 被除数 < 商

③ $12 \div \dfrac{5}{6} = 12 \times \dfrac{6}{5}$

$\qquad\qquad = \dfrac{12 \times 6}{5}$

$\qquad\qquad = \dfrac{72}{5} = 14\dfrac{2}{5}$

$12 < 14\dfrac{2}{5} \implies$ 被除数 < 商

除以小于 1 的分数，被除数 < 商。

在某数除以分数的计算中，被除数和商的关系如下：

除数大于 1 时，被除数 > 商；

除数等于 1 时，被除数 = 商；

除数小于 1 时，被除数 < 商。

## ●分数 ÷ 分数的商的变化

在这里，我们就用 $\dfrac{2}{5}$ 除以不同的分数来看一看商的变化。

### ◆除以比 1 大的数

$\dfrac{2}{5} \div 1\dfrac{1}{3} = \dfrac{2}{5} \div \dfrac{4}{3}$

$\qquad\qquad = \dfrac{2}{5} \times \dfrac{3}{4}$

$\qquad\qquad = \dfrac{2 \times 3}{5 \times 4} = \dfrac{3}{10}$

$\dfrac{2}{5}\left(=\dfrac{4}{10}\right) > \dfrac{3}{10} \implies$ 被除数 > 商

### ◆除以等于 1 的数

$\dfrac{2}{5} \div 1 = \dfrac{2}{5}$

$\dfrac{2}{5} = \dfrac{2}{5} \implies$ 被除数 = 商

### ◆除以小于 1 的数

$\dfrac{2}{5} \div \dfrac{2}{7} = \dfrac{2}{5} \times \dfrac{7}{2}$

$\qquad\qquad = \dfrac{2 \times 7}{5 \times 2}$

$\qquad\qquad = \dfrac{7}{5} = 1\dfrac{2}{5}$

$\dfrac{2}{5} < 1\dfrac{2}{5} \implies$ 被除数 < 商

---

### 整　理

（1）分数 ÷ 分数的计算，必须把除数的分母和分子互相对调后，再与被除数相乘。

（2）在分数的除法中，要把带分数换算成假分数之后再计算。

（3）在分数的除法中，被除数和商的关系如下：

除数 >1 时，被除数 > 商；

除数 =1 时，被除数 = 商；

除数 <1 时，被除数 < 商。

# 倒数

## ◉ 乘积等于 1 的两个数

想一想，例如，□×○=1，□和○这两个数相乘的积等于 1 的乘法。

首先，假设 □ 和 ○ 都为 1，即 1×1=1，积等于 1，是正确的。这很简单，我们马上就可以理解。

但是，我们要再来想一想：□是 10 时，○是什么数，它们的乘积才会等于 1。

这个算式 10×○=1，只要求出 ○ 是什么数就可以了。

这也很简单哦！

当 ○ 是 0.1 时，10×0.1=1，积等于 1，这是正确的。

当□是 8 时，我们再来想一想，○是什么数，它们的乘积才会等于 1。

在 □×○=1 的乘法算式中，可以用以下的除法来计算：

$$\blacksquare \times \bullet = 1 \qquad \bullet = 1 \div \blacksquare$$

这时，因为□是 8，所以，用以上的除法算式表示为：○=1÷8。

我的倒数用分数来表示，马上就可以知道了。

这就是我的倒数。

1÷8=0.125，因此，○等于 0.125。

8×0.125=1

乘积等于 1，因此，○等于 0.125 是正确的。

哦！原来计算○时，只要用 1÷□来计算就可以了。

当□是 10 时，如果使用以上的算法，列算式为：

10×○=1    1÷10=0.1

得数还是 0.1，因此，我们知道这种算法是正确的。

像上面这样，两个数的乘积等于 1 时，称这两个数互为"倒数"。

倒数在分数的乘除计算中非常有用。

如 8×0.125=1，两个数的乘积等于 1 时，可以说 8 的倒数是 0.125，0.125 的倒数是 8。

因此，如我们前面所学过的，求与某数相乘的积等于 1 的数，其实就是求某数的倒数。

## ◉ 倒数的求法（1）

现在，我们就来求不同的数的倒数，想一想有关倒数的特性。

### ● 7 的倒数的求法

现在我们就来求 7 的倒数。首先，把 □ 当作 7，用除法表示：

○ $=1÷7$

$1÷7=0.1428\cdots$

得数是 0.1428…，除不尽。但是，也可以用分数表示为：

$1÷7=\dfrac{1}{7}$

7 的倒数就是 $\dfrac{1}{7}$。

$7×\dfrac{1}{7}=\dfrac{7}{7}=1$

乘积等于 1，因此，得数是正确的。

求某数的倒数时，只要用那个数除 1 就可以了。

### ● $\dfrac{3}{4}$ 的倒数的求法

现在，我们再来求 $\dfrac{3}{4}$ 之类的分数的倒数。

$\dfrac{3}{4}$ 的倒数，可以用 1 除以 $\dfrac{3}{4}$ 来计算，列算式为：

$1÷\dfrac{3}{4}=1×\dfrac{4}{3}$

$\qquad\quad=\dfrac{4}{3}$

$\dfrac{3}{4}$ 的倒数是 $\dfrac{4}{3}$。

$\dfrac{3}{4}×\dfrac{4}{3}=\dfrac{3×4}{4×3}$

$\qquad\quad=1$

乘积等于 1，可知得数是正确的。

### ● $\dfrac{3}{7}$ 的倒数的求法

$\dfrac{3}{7}$ 的倒数，也可以用相同的方法计算，列算式如下：

$1÷\dfrac{3}{7}=1×\dfrac{7}{3}$

$\qquad\quad=\dfrac{7}{3}$

$\dfrac{3}{7}$ 的倒数是 $\dfrac{7}{3}$。

$\dfrac{3}{7}×\dfrac{7}{3}=\dfrac{3×7}{7×3}=1$

乘积等于 1，因此，这个得数也是正确的。

## ◉ 倒数的求法（2）

我们来比较一下前面求出的两个分数的倒数。

$\dfrac{3}{4}$的倒数是$\dfrac{4}{3}$，$\dfrac{4}{3}$的倒数是$\dfrac{3}{4}$。

$\dfrac{3}{7}$的倒数是$\dfrac{7}{3}$，$\dfrac{7}{3}$的倒数是$\dfrac{3}{7}$。

比较以上的两个例子，可以发现，把分母和分子上下调换后的分数，就成了倒数。

$$\dfrac{3}{4} \times \dfrac{4}{3} \qquad \dfrac{3}{7} \times \dfrac{7}{3}$$

像这样，我们要求分数的倒数时，只要把分母和分子的位置调换就可以了。

> 如果把分母和分子调换，就可以很容易地找出分数的倒数了。

再来求整数和小数的倒数。

## ● 6 的倒数的求法

把整数当成分母是 1 的分数来表示，6 就等于$\dfrac{6}{1}$。求倒数时，只要把分母和分子的位置调换就可以了，因此，6 的倒数是$\dfrac{1}{6}$。

$$\dfrac{6}{1} \times \dfrac{1}{6} = \dfrac{6}{6} = 1$$

两个数的乘积等于 1，由此可知得数是正确的。

## ● 0.9 的倒数的求法

小数也可以用分母是 10 或 100 等的分数来表示，因此，$0.9 = \dfrac{9}{10}$。

如果把小数换算成分数，再把分母和分子的位置互相调换，就得到了原数的倒数。

$0.9 = \dfrac{9}{10}$，它的倒数是$\dfrac{10}{9}$。

$$\dfrac{9}{10} \times \dfrac{10}{9} = \dfrac{9 \times 10}{10 \times 9} = 1$$

两个数的乘积等于 1，可知得数是正确的。

> 整数和小数只要换算成分数，就可以很容易地求出倒数了。

---

## 🐸 动脑时间

### 减法或乘法

两个数相乘的积，与把其中的一个数减另一个数的差相等，用算式表示如下：

$$\blacksquare \times \bullet = \bullet - \blacksquare$$

有这样的例子吗？你一定会认为，绝对没有这样的事。

但是，在分数的世界中，就有这样的例子，我们可以举几个例子来看一看。

$$\dfrac{1}{2} \times \dfrac{1}{3} = \dfrac{1}{2} - \dfrac{1}{3} = \dfrac{1}{6}$$

$$\dfrac{1}{4} \times \dfrac{1}{5} = \dfrac{1}{4} - \dfrac{1}{5} = \dfrac{1}{20}$$

$$\dfrac{2}{5} \times \dfrac{2}{7} = \dfrac{2}{5} - \dfrac{2}{7} = \dfrac{4}{35}$$

$$\dfrac{2}{3} \times \dfrac{2}{5} = \dfrac{2}{3} - \dfrac{2}{5} = \dfrac{4}{15}$$

以上的算式是否正确呢？我们可以验算看一看。另外，再想一想，是不是还有这样的例子呢？

## ◉ 分数的除法和倒数

我们利用倒数来计算分数的除法。

> 利用花圃的 $\frac{2}{3}$ 来种植郁金香。如果郁金香园的面积是 $2\frac{1}{4}$ 平方米，花圃的总面积是多少平方米呢？

这个问题是求总面积（相当于 1 的大小），因此，列成算式为：

$$2\frac{1}{4} \div \frac{2}{3}$$

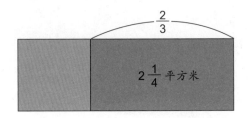

$2\frac{1}{4}$ 平方米是把花圃分成 3 等份后，2 等份的大小。因此，先把郁金香园的面积的 $\frac{1}{2}$ 求出来。

$2\frac{1}{4} \times \frac{1}{2}$，这是花圃的总面积的 $\frac{1}{3}$。

花圃的总面积是它的 3 倍，列算式为：

$$2\frac{1}{4} \times \frac{1}{2} \times 3 = 2\frac{1}{4} \times \frac{3}{2}$$

把这个算式和上面的除法算式做比较，结果变成：

$$2\frac{1}{4} \div \frac{2}{3} = 2\frac{1}{4} \times \frac{3}{2}$$
$$\underbrace{\qquad\qquad}_{倒数}$$

像这样，从意义上看，分数的除法也可以变成乘以除数的倒数。

### ◆ 想一想有关整数的除法

5 的倒数是 $\frac{1}{5}$。

$$75 \div 5 = 75 \times \frac{1}{5} = \frac{\overset{15}{75} \times 1}{\underset{1}{5}} = 15$$

整数的除法，也可以说是乘以除数的倒数。

### ◆ 想一想有关小数的除法

$0.8 = \frac{8}{10}$，0.8 的倒数是 $\frac{10}{8}$。

$$56 \div 0.8 = 56 \div \frac{8}{10}$$
$$= 56 \times \frac{10}{8} = 70$$

笔算写成如右：

① 首先，56 乘上 10 倍，加上一个 0，变成 560。

② 接下来，560 除以 8。

$$0.8 \overline{)56}$$
$$\downarrow$$
$$8 \overline{)560}$$
$$\downarrow$$
$$\begin{array}{r} 70 \\ 8 \overline{)560} \\ \underline{56\phantom{0}} \\ 0 \end{array}$$

在小数除法的计算中，可以变成乘以除数的倒数。

> 除以一个不为 0 的数，等于乘以这个数的倒数。

> ### 整 理
>
> （1）有甲和乙两个数，当 甲 × 乙 =1 时，甲是乙的倒数，乙是甲的倒数。
>
> （2）在分数中，把分母和分子的位置调换后，这个数就是原来分数的倒数。
>
> （3）除以一个不为 0 的数，等于乘以这个数的倒数。

# 分数与小数的乘法及除法

## 分数与小数的乘法

### ◎ 分数 × 小数的计算

小杰和小佳在测量校园中各班级花圃的面积，小杰量出长为 $8\frac{1}{3}$ 米，小佳量出宽为 0.7 米。

那么，花圃的面积是多少平方米呢？

### ● 列出算式

长方形的面积 = 长 × 宽。

因此，列算式为：

$$8\frac{1}{3} \times 0.7$$

### ● $8\frac{1}{3}$ ×0.7 的计算方法

首先，想一想数线的表示。

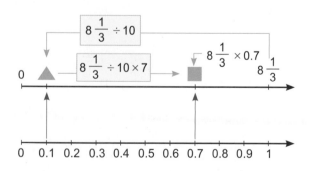

把 $8\frac{1}{3}$ 看成 1 时，以 10 来除，得数为 ▲，即正当 0.1 的位置。然后，7 倍于 0.1 的位置，也就是说 ■ 的位置是 $8\frac{1}{3}$ ×0.7 的得数，这种想法已在前面的小数乘法中学习过。

将整理后的算式表示为：

$$8\frac{1}{3} \times 0.7 = \frac{25}{3} \div 10 \times 7$$

$$= \frac{25}{3 \times 10} \times 7$$

$$= \frac{25 \times 7}{3 \times 10} \quad \text{先约分}$$

$$= \frac{35}{6} = 5\frac{5}{6} \text{（平方米）}$$

所以，求得此花圃的面积为 $5\frac{5}{6}$ 平方米。

## ● 小数换算成分数

如前面所学过的 $0.5+\dfrac{2}{5}$，分数与小数的加法是将小数换算成分数来计算，乘法似乎也是一样的。

$8\dfrac{1}{3}\times0.7$ 的算式，把 $0.7$ 换算成分数来计算。

首先，将 $0.7$ 换算成分数，即：

$$0.7=\dfrac{7}{10}$$

因此，可算出：

$$8\dfrac{1}{3}\times0.7=8\dfrac{1}{3}\times\dfrac{7}{10}$$

$$=\dfrac{25}{3}\times\dfrac{7}{10}$$

$$=\dfrac{\overset{5}{25}\times7}{3\times\underset{2}{10}}$$ ◁ 约分

$$=\dfrac{35}{6}=5\dfrac{5}{6}$$

小数换算成分数是因为这个算式中的 $8\dfrac{1}{3}$ 不能换算成有限小数。

$$8\dfrac{1}{3}=8.333\cdots$$

分数与小数的乘法计算，和加法、减法的一样，可用小数换算成分数的方法。

## ◉ 小数 × 分数的计算

在 $0.35\times\dfrac{6}{7}$ 的算式中，试以小数换算成分数来计算。

首先，将 $0.35$ 换算成分数为：

$$0.35=\dfrac{35}{100}=\dfrac{7}{20}$$

因此，可算出：

### 学习重点

①分数 × 小数、小数 × 分数的计算方法。
②分数 ÷ 小数、小数 ÷ 分数的计算方法。

$$0.35\times\dfrac{6}{7}=\dfrac{7}{20}\times\dfrac{6}{7}$$

$$=\dfrac{\overset{1}{7}\times\overset{3}{6}}{\underset{10}{20}\times\underset{1}{7}}$$ ◁ 约分

$$=\dfrac{3}{10}$$

## ◉ $5\dfrac{1}{3}\times0.36\times1\dfrac{1}{4}$ 的计算方法

在小数和分数的乘法中，有 3 个以上的小数及分数，试着仍然将小数换算成分数来计算。

在 $5\dfrac{1}{3}\times0.36\times1\dfrac{1}{4}$ 的算式中，将小数换算成分数：

$$0.36=\dfrac{36}{100}=\dfrac{9}{25}$$

因此，可算出：

$$5\dfrac{1}{3}\times0.36\times1\dfrac{1}{4}=\dfrac{16}{3}\times\dfrac{9}{25}\times\dfrac{5}{4}$$

$$=\dfrac{\overset{4}{16}\times\overset{3}{9}\times\overset{1}{5}}{\underset{1}{3}\times\underset{5}{25}\times\underset{1}{4}}$$ ◁ 约分

$$=\dfrac{12}{5}=2\dfrac{2}{5}$$

像这样，分数与小数混合的算式，把小数换算成分数，一定可以计算，而且分数在乘除法中也比较容易计算。

# 分数与小数的除法

## ◎ 分数 ÷ 小数的计算

在瓶内加入 6 分满的水，量出其水量有 $2\frac{5}{8}$ 升。

如果要装满这瓶子的话，要加入多少升水呢？

### ● 列出算式

加入半瓶的水，其水量是 2 升，可得整瓶水的水量算式为：

$2 \div 0.5 = 4$（升）

和这个问题一样，列算式如下：

$2\frac{5}{8} \div 0.6$

### ● $2\frac{5}{8} \div 0.6$ 的计算方法

首先，以数线表示如下。

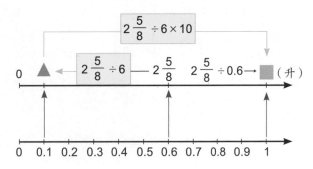

因为相当于 0.6 的数是 $2\frac{5}{8}$，$2\frac{5}{8}$ 除以 6，相当于 0.1 的数（▲）。

如果 ▲ 乘以 10 倍，就相当于 1 的数（■），也就是 $2\frac{5}{8} \div 0.6$ 的得数。列算式如下：

$$2\frac{5}{8} \div 0.6 = 2\frac{5}{8} \div 6 \times 10$$

$$= \frac{21}{8} \div 6 \times 10$$

$$= \frac{21}{8 \times 6} \times 10$$

$$= \frac{21 \times 10}{8 \times 6} \qquad \text{约分}$$

$$= \frac{35}{8}$$

$$= 4\frac{3}{8} \text{（升）}$$

所以，瓶子装满要 $4\frac{3}{8}$ 升水。

$2\frac{5}{8} \div 0.6$，采用小数换算成分数的计算方法。

首先，把小数换算成分数：

$0.6 = \frac{6}{10} = \frac{3}{5}$，

因此，计算过程如下：

$$2\frac{5}{8} \div 0.6 = \frac{21}{8} \div \frac{3}{5}$$

$$= \frac{21}{8} \times \frac{5}{3}$$

$$= \frac{21 \times 5}{8 \times 3} \qquad \text{约分}$$

$$= \frac{35}{8}$$

$$= 4\frac{3}{8}$$

这可以整理成与数线相同的算式。在分数除以小数时，将小数换算成分数也是可以计算的，而且还好算。

## ● 小数 ÷ 分数的计算方法

在 $2.25 \div 1\frac{1}{5}$ 的算式中，以小数换算成分数的方法来计算。首先，把小数换算成分数：

$$2.25 = 2\frac{\overset{1}{\cancel{25}}}{\underset{4}{\cancel{100}}} = 2\frac{1}{4}$$

因此，可以顺利地列出算式：

$$2.25 \div 1\frac{1}{5} = 2\frac{1}{4} \div 1\frac{1}{5}$$

$$= \frac{9}{4} \div \frac{6}{5}$$

$$= \frac{9}{4} \times \frac{5}{6}$$

$$= \frac{9 \times 5}{4 \times \underset{2}{\cancel{6}}}^{3} \qquad \blacktriangleleft \text{约分}$$

$$= \frac{15}{8} = 1\frac{7}{8}$$

在小数除以分数的除法中，也可以用把小数换算成分数的方法来计算。

## ● $2\frac{2}{5} \div 0.3 \times 3.125$ 的计算方法

在乘法与除法混合的计算中，仍以小数换算成分数的方法来计算。

◆ 计算 $2\frac{2}{5} \div 0.3 \times 3.125$

首先，把小数换算成分数：

$$0.3 = \frac{3}{10} \qquad 3.125 = 3\frac{\overset{1}{\cancel{125}}}{\underset{8}{\cancel{1000}}} = 3\frac{1}{8}$$

因此，计算如下：

$$2\frac{2}{5} \div 0.3 \times 3.125$$

$$= \frac{12}{5} \div \frac{3}{10} \times 3\frac{1}{8}$$

$$= \frac{12}{5} \times \frac{10}{3} \times \frac{25}{8}$$

$$= \frac{\overset{4}{\cancel{12}} \times \overset{5}{\cancel{10}} \times \overset{5}{\cancel{25}}}{\underset{1}{\cancel{5}} \times \underset{1}{\cancel{3}} \times \underset{1}{\cancel{8}}} = 25 \qquad \blacktriangleleft \text{约分}$$

在乘法与除法的计算中，也要将小数换算成分数才能计算。

除法中除数的分母与分子的位置调换后，就成了分数的乘法。

### 综合测验

计算下列各题：

① $2\frac{1}{3} \div 5.25$      ② $3.15 \div 2\frac{5}{8}$

③ $0.65 \times 3\frac{1}{3} \div 1.25$

④ $2\frac{1}{4} \div 0.85 \times 3\frac{7}{9}$

---

### 整理

（1）分数与小数混合的乘法或除法的计算，通常将小数换算成分数后，以分数的形式做乘法或除法。

（2）把小数换算成分数之后，在乘法与除法的混合计算中，再将除数的分母与分子的位置调换，转化为乘法计算，如：

综合测验答案：① $\frac{4}{9}$；② $1\frac{1}{5}$；③ $1\frac{11}{15}$；④ 10。

# 分数计算的法则

## ◉ 计算法则可否成立？

整数与小数计算时成立的计算法则，在分数的计算中也同样成立吗？

整数与小数计算时成立的计算法则，如下所列。

$a+b=b+a$

$(a+b)+c=a+(b+c)$

$a\times b=b\times a$

$(a\times b)\times c=a\times(b\times c)$

$a\times c+b\times c=(a+b)\times c$

研究这些计算法则是不是也可用在分数的计算中。

### ● $a+b=b+a$

假设 $a=2\frac{1}{5}$，$b=3\frac{5}{6}$

$$
\begin{array}{c|c}
a\ +\ b & b\ +\ a \\
2\frac{1}{5}+3\frac{5}{6} & 3\frac{5}{6}+2\frac{1}{5} \\
=2\frac{6}{30}+3\frac{25}{30} & =3\frac{25}{30}+2\frac{6}{30} \\
=5\frac{31}{30}=6\frac{1}{30} & =5\frac{31}{30}=6\frac{1}{30}
\end{array}
$$

因为两边得数都是 $6\frac{1}{30}$，所以，$a+b=b+a$ 成立。

### ● $(a+b)+c=a+(b+c)$

假设 $a=2\frac{1}{5}$，$b=3\frac{5}{6}$，$c=\frac{2}{5}$

$$
\begin{array}{c|c}
(\ a\ +\ b\ )+c & a+(\ b\ +\ c\ ) \\
(2\frac{1}{5}+3\frac{5}{6})+\frac{2}{5} & 2\frac{1}{5}+(3\frac{5}{6}+\frac{2}{5}) \\
=(2\frac{6}{30}+3\frac{25}{30})+\frac{12}{30} & =2\frac{6}{30}+(3\frac{25}{30}+\frac{12}{30}) \\
=5\frac{31}{30}+\frac{12}{30} & =2\frac{6}{30}+3\frac{37}{30} \\
=5\frac{43}{30}=6\frac{13}{30} & =5\frac{43}{30}=6\frac{13}{30}
\end{array}
$$

因为两边得数都是 $6\frac{13}{30}$，所以 $(a+b)+c=a+(b+c)$ 成立。

### ● $a\times b=b\times a$

假设 $a=2\frac{1}{5}$，$b=3\frac{5}{6}$

$$
\begin{array}{c|c}
a\ \times\ b & b\ \times\ a \\
2\frac{1}{5}\times3\frac{5}{6} & 3\frac{5}{6}\times2\frac{1}{5} \\
=\frac{11}{5}\times\frac{23}{6}=\frac{11\times23}{5\times6} & =\frac{23}{6}\times\frac{11}{5}=\frac{23\times11}{6\times5} \\
=\frac{253}{30}=8\frac{13}{30} & =\frac{253}{30}=8\frac{13}{30}
\end{array}
$$

因为两边得数同为 $8\frac{13}{30}$，所以 $a\times b=b\times a$ 成立。

● （*a*×*b*）×*c*=*a*×（*b*×*c*）

假设 $a=2\dfrac{1}{5}$，$b=3\dfrac{5}{6}$，$c=\dfrac{2}{5}$

<table>
<tr><td>（ a × b ）× c</td><td>a ×（ b × c ）</td></tr>
</table>

$$（2\dfrac{1}{5}×3\dfrac{5}{6}）×\dfrac{2}{5} \qquad 2\dfrac{1}{5}×（3\dfrac{5}{6}×\dfrac{2}{5}）$$

$$=（\dfrac{11}{5}×\dfrac{23}{6}）×\dfrac{2}{5} \qquad =\dfrac{11}{5}×（\dfrac{23}{6}×\dfrac{2}{5}）$$

$$=\dfrac{253}{30}×\dfrac{2}{5} \qquad\qquad =\dfrac{11}{5}×\dfrac{23}{15}$$

$$=\dfrac{253×2}{30×5} \qquad\qquad =\dfrac{11×23}{5×15}$$

$$=\dfrac{253}{75}=3\dfrac{28}{75} \qquad =\dfrac{253}{75}=3\dfrac{28}{75}$$

本题一样，得数同为 $3\dfrac{28}{75}$ ，所以 （*a*×*b*）×*c*=*a*×（*b*×*c*）成立。

● *a*×*c*+*b*×*c*=（*a*+*b*）×*c*

假设 $a=\dfrac{1}{3}$，$b=\dfrac{1}{4}$，$c=\dfrac{2}{3}$

整数、小数计算的法则同样可应用于分数计算哟。

<table>
<tr><td>a × c + b × c</td><td>（ a + b ）× c</td></tr>
</table>

$$\dfrac{1}{3}×\dfrac{2}{3}+\dfrac{1}{4}×\dfrac{2}{3} \qquad （\dfrac{1}{3}+\dfrac{1}{4}）×\dfrac{2}{3}$$

$$=\dfrac{1×2}{3×3}+\dfrac{1×2}{4×3} \qquad =（\dfrac{4}{12}+\dfrac{3}{12}）×\dfrac{2}{3}$$

$$=\dfrac{2}{9}+\dfrac{1}{6} \qquad\qquad =\dfrac{7}{12}×\dfrac{2}{3}$$

$$=\dfrac{4}{18}+\dfrac{3}{18} \qquad\qquad =\dfrac{7×2}{12×3}$$

$$=\dfrac{7}{18} \qquad\qquad\qquad =\dfrac{7}{18}$$

本题一样，得数同为 $\dfrac{7}{18}$ ，所以 *a*×*c*+*b*×*c*=（*a*+*b*）×*c* 成立。

## ◉ 法则成立的理由

现在，我们想一想这些计算的法则成立的理由吧！

● *a*+*b*=*b*+*a*

首先，将 *a* 与 *b* 想成下图绳子的长度，假设 $a=\dfrac{1}{3}$米，$b=\dfrac{1}{4}$米。

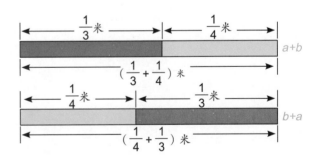

从上图可知，绳子的长度是（$\dfrac{1}{3}+\dfrac{1}{4}$）米，或是（$\dfrac{1}{4}+\dfrac{1}{3}$）米，绳子的长度都是一样的。所以，在分数计算中，*a*+*b*=*b*+*a* 成立。

● $(a+b)+c=a+(b+c)$

仍然以绳子为例，假设 $a=\dfrac{1}{3}$ 米，$b=\dfrac{1}{4}$ 米，$c=\dfrac{2}{3}$ 米。

| $(\dfrac{1}{3}+\dfrac{1}{4})$ 米 | $\dfrac{2}{3}$ 米 |
|---|---|

$(a+b)+c$

$(\dfrac{1}{3}+\dfrac{1}{4})+\dfrac{2}{3}$ 米

| $\dfrac{1}{3}$ 米 | $(\dfrac{1}{4}+\dfrac{2}{3})$ 米 |
|---|---|

$a+(b+c)$

$\dfrac{2}{3}+(\dfrac{1}{4}+\dfrac{2}{3})$ 米

由上图可知，绳子长度是 $[(\dfrac{1}{3}+\dfrac{1}{4})+\dfrac{2}{3}]$ 米，或是 $[\dfrac{1}{3}+(\dfrac{1}{4}+\dfrac{2}{3})]$ 米，绳子的长度都相同，在分数计算中，$(a+b)+c=a+(b+c)$ 也成立。

$\dfrac{1}{3}$、$\dfrac{1}{4}$、$\dfrac{2}{3}$ 通分后，分别得到 $\dfrac{4}{12}$、$\dfrac{3}{12}$、$\dfrac{8}{12}$。列算式如下：

$$(\dfrac{1}{3}+\dfrac{1}{4})+\dfrac{2}{3}=(\dfrac{4}{12}+\dfrac{3}{12})+\dfrac{8}{12}$$

$$=\dfrac{(4+3)+8}{12}$$

$$\dfrac{1}{3}+(\dfrac{1}{4}+\dfrac{2}{3})=\dfrac{4}{12}+(\dfrac{3}{12}+\dfrac{8}{12})$$

$$=\dfrac{4+(3+8)}{12}$$

把 $\dfrac{1}{12}$ 当成 1 个分数单位时，就可以用整数的加法来计算了。

分数的加法计算，把分母通分后，所得的分子相加，这与整数的加法计算相同。所以，在分数计算中，$(a+b)+c=a+(b+c)$ 成立。

● $a×b=b×a$

求右侧长方形的面积。

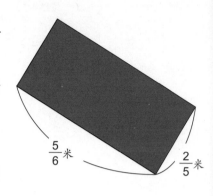

长方形的面积＝长 × 宽。

假设 $\dfrac{2}{5}$ 米为长、$\dfrac{5}{6}$ 米为宽，长方形的面积为：

$$\dfrac{2}{5}（米）×\dfrac{5}{6}（米）$$

再假设 $\dfrac{5}{6}$ 米为长、$\dfrac{2}{5}$ 米为宽，长方形的面积为：$\dfrac{5}{6}（米）×\dfrac{2}{5}（米）$。

上面两个算式都表示同一长方形的面积，所以 $\dfrac{2}{5}×\dfrac{5}{6}=\dfrac{5}{6}×\dfrac{2}{5}$。

假如把长表示为 $a$，宽表示为 $b$，则：$a×b=b×a$ 成立。

● $(a×b)×c=a×(b×c)$

长方体的体积＝底面积 × 高。

首先，把甲作为底面积，长方体的体积为：$(\dfrac{5}{6}×\dfrac{2}{3})×\dfrac{3}{4}\cdots①$

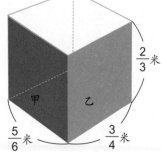

再把乙作为底面积，长方体的体积为：$(\dfrac{2}{3}×\dfrac{3}{4})×\dfrac{5}{6}$

在此，假设把（$\frac{2}{3} \times \frac{3}{4}$）作为 $a$，$\frac{5}{6}$ 作为 $b$，用乘法的法则 $a \times b = b \times a$，则可表示为：$\frac{5}{6} \times (\frac{2}{3} \times \frac{3}{4})$ ……②

①和②都是求相同长方体体积的算式

$$(\frac{5}{6} \times \frac{2}{3}) \times \frac{3}{4} = \frac{5}{6} \times (\frac{2}{3} \times \frac{3}{4})$$

$$(a \times b) \times c = a \times (b \times c)$$

上述法则也成立。

● $a \times c + b \times c =$（$a+b$）$\times c$

求右侧图形的面积。

首先，分别求出甲与乙的面积，其算式是

$$\frac{3}{7} \times \frac{2}{5} + \frac{2}{3} \times \frac{2}{5}$$ ……①

甲的面积　乙的面积

把 $\frac{3}{7}$ 加上 $\frac{2}{3}$，总面积为：

$$(\frac{3}{7} + \frac{2}{3}) \times \frac{2}{5}$$ ……②

①和②都是求相同面积的算式，因此，

$$\frac{3}{7} \times \frac{2}{5} + \frac{2}{3} \times \frac{2}{5} = (\frac{3}{7} + \frac{2}{3}) \times \frac{2}{5}$$

$$a \times c + b \times c = (a + b) \times c$$

$a \times c + b \times c =$（$a+b$）$\times c$ 成立。

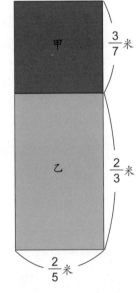

甲　$\frac{3}{7}$ 米

乙　$\frac{2}{3}$ 米

$\frac{2}{5}$ 米

### ● 分数的简便计算

使用计算的法则，以下的计算就简单多了。

① $5\frac{2}{3} + \frac{3}{4} + 2\frac{1}{4}$

$= 5\frac{2}{3} + (\frac{3}{4} + 2\frac{1}{4})$ ← 运用（$a+b$）$+c=a+$（$b+c$）的计算法则

$= 5\frac{2}{3} + 3$

$= 8\frac{2}{3}$

② $3\frac{3}{4} \times \frac{4}{5} + 1\frac{1}{4} \times \frac{4}{5}$

$= (3\frac{3}{4} + 1\frac{1}{4}) \times \frac{4}{5}$ ← 运用 $a \times c + b \times c =$（$a+b$）$\times c$ 的计算法则

$= 5 \times \frac{4}{5} = 4$

---

### 整 理

下面的计算法则在整数、小数、分数的计算中同样成立。

$a+b=b+a$

（$a+b$）$+c=a+$（$b+c$）

$a \times b = b \times a$

（$a \times b$）$\times c = a \times$（$b \times c$）

$a \times c + b \times c =$（$a+b$）$\times c$

# 巩固与拓展

## 整 理

1.分数的乘法

（1）整数 × 分数的计算

$$\bigcirc \times \frac{\square}{\triangle} = \frac{\bigcirc \times \square}{\triangle}$$

$$2 \times \frac{3}{8} = \frac{2 \times 3}{\overset{1}{8}_{4}} = \frac{3}{4}$$

（2）分数 × 分数的计算

$$\frac{\bigcirc}{\triangle} \times \frac{\diamondsuit}{\square} = \frac{\bigcirc \times \diamondsuit}{\triangle \times \square} \rightarrow \frac{1}{2} \times \frac{4}{5} = \frac{1 \times \overset{2}{4}}{\underset{1}{2} \times 5} = \frac{2}{5}$$

●分数相乘时，如果有带分数，先把带分数换算为假分数后再计算。

●在计算中，能约分的先约分，然后相乘。

## 试一试，来做题。

1. 花圃的面积是 20 平方米。

（1）如果用花圃的面积的 $\frac{1}{5}$ 种植水仙，种植水仙的面积是多少平方米？

（2）用花圃的面积的 $\frac{7}{10}$ 种植郁金香，种植郁金香的面积是多少平方米？

（3）如果把种植水仙和郁金香的面积除外，剩余的面积种植玫瑰，种植玫瑰的面积是花圃的面积的几分之几？

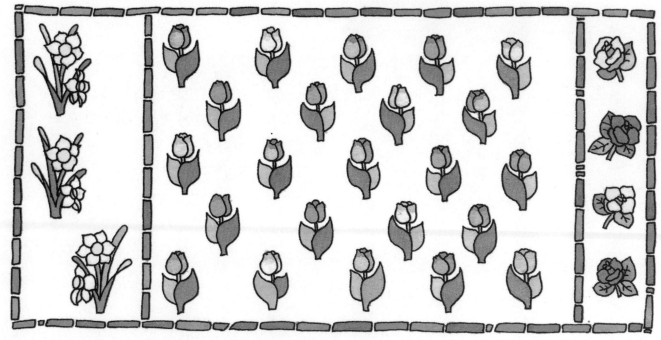

2. 分数的除法

（1）整数 ÷ 分数

$$\bigcirc \div \dfrac{\square}{\triangle} = \dfrac{\bigcirc \times \triangle}{\square}$$

$$6 \div \dfrac{3}{5} = \dfrac{6 \times \overset{2}{5}}{\underset{1}{3}} = 10$$

（2）分数 ÷ 分数

$$\dfrac{\bigcirc}{\diamondsuit} \div \dfrac{\square}{\triangle} = \dfrac{\bigcirc \times \triangle}{\diamondsuit \times \square}$$

$$\dfrac{4}{5} \div \dfrac{2}{3} = \dfrac{4}{5} \times \dfrac{3}{2}$$

$$= \dfrac{4 \times 3}{5 \times \underset{1}{\overset{2}{2}}} = \dfrac{6}{5} = 1\dfrac{1}{5}$$

3. 倒数

如果 $\square \times \triangle = 1$，$\square$ 的倒数是 $\triangle$，$\triangle$ 的倒数是 $\square$。

$2 \times \dfrac{1}{2} = 1$，2 的倒数是 $\dfrac{1}{2}$，$\dfrac{1}{2}$ 的倒数是 2。$\dfrac{4}{5} \times \dfrac{5}{4} = 1$，$\dfrac{4}{5}$ 的倒数是 $\dfrac{5}{4}$，$\dfrac{5}{4}$ 的倒数是 $\dfrac{4}{5}$。除法是乘法的逆运算，所以，除以 $\dfrac{4}{5}$ 等于乘以 $\dfrac{5}{4}$。整数的除法也可简化为乘以除数的倒数，如：

$$72 \div 15 \times 28 \div 21$$

$$= 72 \times \dfrac{1}{15} \times 28 \times \dfrac{1}{21} = \dfrac{32}{5} = 6\dfrac{2}{5}$$

2. 一个数的 $\dfrac{3}{4}$ 是 $1\dfrac{5}{8}$，这个数是多少？

3. 把 $5\dfrac{5}{7}$ 升的油分装到 $1\dfrac{1}{7}$ 升装的小瓶中，总共可以分装几瓶？

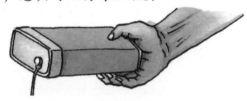

4. 红色丝带长为 $3\dfrac{3}{4}$ 米，蓝色丝带长为 $1\dfrac{1}{8}$ 米，红色丝带的长是蓝色丝带的长的几倍？

5. 圆形土地的面积是 $4\dfrac{4}{5}a$，按照下图分成甲、乙、丙三部分，每一部分的面积是多少？

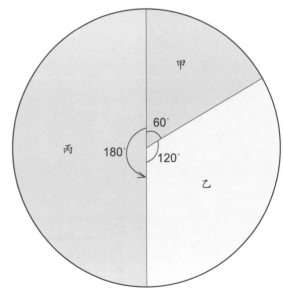

甲：算式（　　　　　）答（　　　）

乙：算式（　　　　　）答（　　　）

丙：算式（　　　　　）答（　　　）

答案：1.（1）4平方米；（2）14平方米；（3）$\dfrac{1}{10}$。2.2$\dfrac{1}{6}$。3.5瓶。4.3$\dfrac{1}{3}$倍。5.甲：$4\dfrac{4}{5}a \times \dfrac{60}{360} = \dfrac{4}{5}a$，$\dfrac{4}{5}a$；乙：$4\dfrac{4}{5}a \times \dfrac{120}{360} = 1\dfrac{3}{5}a$，$1\dfrac{3}{5}a$；丙：$4\dfrac{4}{5}a \times \dfrac{180}{360} = 2\dfrac{2}{5}a$，$2\dfrac{2}{5}a$。

## 解题训练

**■ 分数的乘法和除法的计算**

**1** 计算下列各式。

（1）$\dfrac{5}{8} \times \dfrac{3}{4}$  （2）$\dfrac{2}{7} \times \dfrac{5}{6}$  （3）$\dfrac{7}{9} \times \dfrac{3}{14}$

（4）$1\dfrac{1}{4} \times 2\dfrac{1}{3}$  （5）$3\dfrac{3}{4} \times 2\dfrac{4}{5}$  （6）$1\dfrac{3}{8} \times 1\dfrac{5}{11}$

（7）$\dfrac{7}{8} \div \dfrac{5}{14}$  （8）$\dfrac{6}{7} \div \dfrac{2}{3}$  （9）$\dfrac{5}{6} \div \dfrac{10}{13}$

（10）$\dfrac{3}{8} \div 2\dfrac{1}{4}$  （11）$1\dfrac{2}{5} \div 4\dfrac{2}{3}$  （12）$2\dfrac{1}{2} \div 2\dfrac{1}{7}$

◀ 提示 ▶

乘法、除法的计算方式是：

$$\dfrac{\bigcirc}{\triangle} \times \dfrac{\diamondsuit}{\square} = \dfrac{\bigcirc \times \diamondsuit}{\triangle \times \square}$$

$$\dfrac{\bigcirc}{\triangle} \div \dfrac{\diamondsuit}{\square} = \dfrac{\bigcirc \times \square}{\triangle \times \diamondsuit}$$

把带分数换算成假分数后再计算。

在计算中，能约分的先约分。

除以一个不为0的数就等于乘以这个数的倒数。

**解法**

（1）$\dfrac{5}{8} \times \dfrac{3}{4}$

$= \dfrac{5 \times 3}{8 \times 4}$

$= \dfrac{15}{32}$

（2）$\dfrac{2}{7} \times \dfrac{5}{6}$

$= \dfrac{2 \times 5}{7 \times 6}$

$= \dfrac{5}{21}$

（3）$\dfrac{7}{9} \times \dfrac{3}{14}$

$= \dfrac{7 \times 3}{9 \times 14}$

$= \dfrac{1}{6}$

（4）$1\dfrac{1}{4} \times 2\dfrac{1}{3}$

$= \dfrac{5}{4} \times \dfrac{7}{3}$

$= \dfrac{5 \times 7}{4 \times 3}$

$= \dfrac{35}{12}$

$= 2\dfrac{11}{12}$

（5）$3\dfrac{3}{4} \times 2\dfrac{4}{5}$

$= \dfrac{15}{4} \times \dfrac{14}{5}$

$= \dfrac{15 \times 14}{4 \times 5}$

$= \dfrac{21}{2}$

$= 10\dfrac{1}{2}$

（6）$1\dfrac{3}{8} \times 1\dfrac{5}{11}$

$= \dfrac{11}{8} \times \dfrac{16}{11}$

$= \dfrac{11 \times 16}{8 \times 11}$

$= \dfrac{2}{1}$

$= 2$

你会不会迅速地把带分数换算成假分数？

$3\dfrac{1}{4} = \dfrac{13}{4}$  $4 \times 3 + 1 = 13$ 是分子。

解法

（7）$\dfrac{7}{8} \div \dfrac{5}{14}$

$= \dfrac{7}{8} \times \dfrac{14}{5}$

$= \dfrac{7 \times \overset{7}{14}}{\underset{4}{8} \times 5}$

$= \dfrac{49}{20}$

$= 2\dfrac{9}{20}$

（8）$\dfrac{6}{7} \div \dfrac{2}{3}$

$= \dfrac{6}{7} \times \dfrac{3}{2}$

$= \dfrac{6 \times \overset{3}{3}}{7 \times \underset{1}{2}}$

$= \dfrac{9}{7}$

$= 1\dfrac{2}{7}$

（9）$\dfrac{5}{6} \div \dfrac{10}{13}$

$= \dfrac{5}{6} \times \dfrac{13}{10}$

$= \dfrac{\overset{1}{5} \times 13}{6 \times \underset{2}{10}}$

$= \dfrac{13}{12}$

$= 1\dfrac{1}{12}$

（10）$\dfrac{3}{8} \div 2\dfrac{1}{4}$

$= \dfrac{3}{8} \div \dfrac{9}{4}$

$= \dfrac{3}{8} \times \dfrac{4}{9}$

$= \dfrac{\overset{1}{3} \times \overset{1}{4}}{\underset{2}{8} \times \underset{3}{9}}$

$= \dfrac{1}{6}$

（11）$1\dfrac{2}{5} \div 4\dfrac{2}{3}$

$= \dfrac{7}{5} \div \dfrac{14}{3}$

$= \dfrac{7}{5} \times \dfrac{3}{14}$

$= \dfrac{\overset{1}{7} \times 3}{5 \times \underset{2}{14}}$

$= \dfrac{3}{10}$

（6）$2\dfrac{1}{2} \div 2\dfrac{1}{7}$

$= \dfrac{5}{2} \div \dfrac{15}{7}$

$= \dfrac{5}{2} \times \dfrac{7}{15}$

$= \dfrac{\overset{1}{5} \times 7}{2 \times \underset{3}{15}}$

$= \dfrac{7}{6} = 1\dfrac{1}{6}$

■ 求比较量

**2**　（1）铁棍每米重 $2\dfrac{2}{5}$ 千克，$3\dfrac{3}{4}$ 米长的铁棍重为多少千克？

（2）汽车的时速是 45 千米，1 小时 12 分钟可以走多少路程？

◀ 提示 ▶
每单位的数量 ×
全部的个数 = 全部
的量

解法　（1）1 米的铁棍重 $2\dfrac{2}{5}$ 千克，$3\dfrac{3}{4}$ 米是 1 米的 $3\dfrac{3}{4}$ 倍。

$$2\dfrac{2}{5} \times 3\dfrac{3}{4} = \dfrac{\overset{3}{12} \times \overset{3}{15}}{\underset{1}{5} \times \underset{1}{4}} = 9\,（\text{千克}）$$

（2）路程 = 速度 × 时间，本题的速度指时速，所以先把所需的时间换算成以小时为单位。1 小时 12 分 $=1\dfrac{12}{60}$ 小时 $=1\dfrac{1}{5}$ 小时。列算式如下：

$$45 \times 1\dfrac{1}{5} = \dfrac{45 \times 6}{5} = 54\,（\text{千米}）$$

答案：（1）9 千克；（2）54 千米。

**将分数应用于面积的公式**

**3** 求出下列各图中 $x$ 的值。

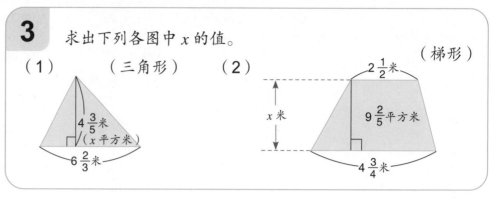

（1）（三角形）

（2）（梯形）

◀ 提示 ▶

分数也适用于公式。

**解法**

（1）三角形的面积 = 底 × 高 ÷ 2，除以 2 等于乘以 $\frac{1}{2}$，列算式为：

$$6\frac{2}{3} \times 4\frac{3}{5} \times \frac{1}{2} = \frac{20 \times 23 \times 1}{3 \times 5 \times 2} = \frac{46}{3} = 15\frac{1}{3}（平方米）$$

（2）梯形的面积 = （上底 + 下底）× 高 × $\frac{1}{2}$

$$(2\frac{1}{2} + 4\frac{3}{4}) \times x \times \frac{1}{2} = 9\frac{2}{3}$$

$$x = 9\frac{2}{3} \div \frac{1}{2} \div (2\frac{1}{2} + 4\frac{3}{4}) \qquad 2\frac{1}{2} + 4\frac{3}{4} = 7\frac{1}{4}$$

$$= \frac{29 \times 2 \times 4}{3 \times 1 \times 29} = \frac{8}{3} = 2\frac{2}{3}（米）$$ 答案：（1）$15\frac{1}{3}$ 平方米；（2）$2\frac{2}{3}$ 米。

**求比值**

**4**

（1）汽车的分速是 $\frac{4}{5}$ 千米，$2\frac{2}{5}$ 千米的路程一共需花费多少分钟？

（2）油漆匠在 10 分钟里可以油漆 $3\frac{3}{5}$ 平方米的面积，地板的总面积是 $9\frac{3}{5}$ 平方米，需要多少分钟才能油漆完毕？

◀ 提示 ▶

（1）时间（分）=
路程 ÷ 分速

（2）时间 = 总面积
÷ 单位的面积

**解法**

（1）$2\frac{2}{5} \div \frac{4}{5} = \frac{12 \times 5}{5 \times 4} = 3（分钟）$

（2）$3\frac{3}{5} \div 10 = \frac{18}{5 \times 10} = \frac{9}{25}（油漆匠每分钟油漆的面积）$

$9\frac{3}{5} \div \frac{9}{25} = \frac{48 \times 25}{5 \times 9} = \frac{80}{3} = 26\frac{2}{3}（分钟）$

答案：（1）3 分钟；（2）$26\frac{2}{3}$ 分钟。

**求基准的大小**

**5**

右图铁板的重量是 $346\frac{2}{3}$ 克。这块铁板每立方厘米重多少克?

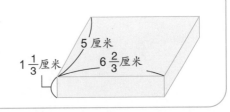

◀ 提示 ▶
全部的重量 = 每立方厘米的重量 × 体积

**求比值的比值**

**解法** 把 1 立方厘米的重当作 $x$ 克,$x×$ 体积 $=346\frac{2}{3}$。铁板的体积为: $5×6\frac{2}{3}×1\frac{1}{3}=\frac{5×20×4}{3×3}=44\frac{4}{9}$ (立方厘米)

$346\frac{2}{3}÷44\frac{4}{9}=7\frac{4}{5}$ (克)

答案: $7\frac{4}{5}$ 克。

**6**

右图是公共汽车的绕行路线。乙地到丙地的路程是甲地到乙地路程的 $\frac{2}{3}$。甲地到丙地的路程是乙地到丙地路程的 $\frac{3}{4}$。甲地到丙地的路程是甲地到乙地路程的几分之几?

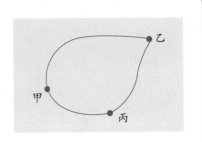

◀ 提示 ▶
把甲、乙间的路程当作 1,乙、丙间的路程就是 $\frac{2}{3}$,而甲、丙间的路程便成为 $\frac{2}{3}$ 的 $\frac{3}{4}$。

**解法**

甲、乙间的路程 — 1

乙、丙间的路程 — $\frac{2}{3}$

乙、丙间的路程 — 1

甲、丙间的路程 — $\frac{3}{4}$

如果以甲、乙间的路程作为基准,甲、丙间的路程是 $\frac{2}{3}$ 的 $\frac{3}{4}$。

$\frac{2}{3}×\frac{3}{4}=\frac{1}{2}$

答案: $\frac{1}{2}$。

**由比值的比值求出基准量**

**7**

小明把这个月零用钱的 $\frac{2}{5}$ 储存之后,又拿剩余零用钱的 $\frac{2}{3}$ 购买书籍,书的价钱总共是 72 元。请问小明这个月的零用钱一共有多少元?

◀ 提示 ▶
先计算剩余零用钱的 $\frac{2}{3}$ 是全部零用钱的几分之几。

**解法**

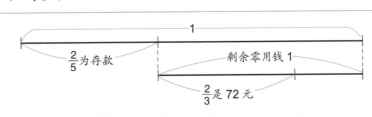

先计算书的价钱占全部零用钱的几分之几，列算式为：

$$\left(1-\frac{2}{5}\right) \times \frac{2}{3} = \frac{2}{5}$$

把全部的零用钱当作 $x$ 元，$x \times \frac{2}{5} = 72$，则：

$$72 \div \frac{2}{5} = 180 \text{（元）}$$

答案：180 元。

## ■ 以比值替代数量来解题

**8** 甲机器 8 小时所完成的工作量，乙机器只要 6 小时便可完成。如果把同样的工作量交由甲、乙两机器同时工作，需要花费几小时？如果同样的工作量先由甲机器工作 1 小时，剩余的工作量再由甲、乙两机器共同完成，一共需花费几小时？

◀ **提示** ▶

把全部的工作量当作 1，求出甲、乙两机器同时工作每小时完成的工作量，然后计算所需的时间。

$a \div x = b$ 代表 $a$ 是 $x$ 的 $b$ 倍，所以可以改写成：$x \times b = a$。

**解法** 把全部的工作量当作 1 的话，甲、乙两机器每小时的工作量分别是：

$$1 \div 8 = \frac{1}{8} \cdots\cdots \text{甲机器}$$

$$1 \div 6 = \frac{1}{6} \cdots\cdots \text{乙机器}$$

如果甲、乙两机器同时工作，每小时完成的工作量是：

$$\frac{1}{8} + \frac{1}{6} = \frac{7}{24}$$

求出全部的工作量是甲、乙两机器同时工作每小时完成的工作量的几倍：

$$1 \div \frac{7}{24} = 3\frac{3}{7} \text{（小时）}$$

甲机器工作 1 小时之后，剩余的工作量是：

$$1 - \frac{1}{8} = \frac{7}{8}$$

求出剩余的工作量是甲、乙两机器同时工作每小时完成的工作量的几倍：

$$\frac{7}{8} \div \frac{7}{24} = 3 \text{（小时）}$$

$$3 + 1 = 4 \text{（小时）}$$

答案：$3\frac{3}{7}$ 小时；4 小时。

■ 求 $x$ 的计算题

◀ 提示 ▶
求 $x$ 值的计算方法和整数或小数的计算方法相同。当计算熟练以后，分数除法的计算可以在稿纸上进行，只要把得数抄进来写出 $x$ =……就行了。

**9** 求出下列各题中 $x$ 的值。

（1） $x \times \dfrac{3}{4} = 2\dfrac{2}{5}$  　　（2） $3\dfrac{5}{6} \times x = 4\dfrac{3}{5}$

（3） $x \div \dfrac{5}{8} = \dfrac{5}{6}$  　　（4） $1\dfrac{5}{9} \div x = 2\dfrac{1}{3}$

**解法** 包含 $x$ 的乘法算式，例如，$3 \times x = 6$，$x \times 2 = 6$，都如 $6 \div 3$、$6 \div 2$ 那样，将等号右边的数除以等号左边已知的数来求得 $x$ 的值。

（1） $x \times \dfrac{3}{4} = 2\dfrac{2}{5}$

$x = 2\dfrac{2}{5} \div \dfrac{3}{4}$

$x = \dfrac{12}{5} \div \dfrac{3}{4}$

$x = \dfrac{12 \times 4}{5 \times 3}$

$x = 3\dfrac{1}{5}$

（2） $3\dfrac{5}{6} \times x = 4\dfrac{3}{5}$

$x = 4\dfrac{3}{5} \div 3\dfrac{5}{6}$

$x = \dfrac{23}{5} \div \dfrac{23}{6}$

$x = \dfrac{23 \times 6}{5 \times 23}$

$x = 1\dfrac{1}{5}$

答案：（1） $3\dfrac{1}{5}$ ；（2） $1\dfrac{1}{5}$。

（3） $x \div \dfrac{5}{8} = \dfrac{5}{6}$

该算式可以改写成： $\dfrac{5}{6} \times \dfrac{5}{8} = x$

$x = \dfrac{5}{6} \times \dfrac{5}{8}$

$x = \dfrac{25}{48}$

（4） $1\dfrac{5}{9} \div x = 2\dfrac{1}{3}$

该算式可以改写成： $2\dfrac{1}{3} \times x = 1\dfrac{5}{9}$

$x = 1\dfrac{5}{9} \div 2\dfrac{1}{3}$

$x = \dfrac{14 \times 3}{9 \times 7} = \dfrac{2}{3}$

$x = \dfrac{2}{3}$

答案：（3） $\dfrac{25}{48}$；（4） $\dfrac{2}{3}$。

※ 包含 $x$ 的乘法算式都可用除法求得 $x$ 的值。但是，包含 $x$ 的除法算式中如果除数是 $x$，可依照（4）的计算方法由除法求得 $x$ 的值。这点很容易弄错，所以应特别留意。

加强练习

1. 在右图三角形中，$D$ 点和 $B$ 点的距离是 $BC$ 边长的 $\frac{2}{3}$。$E$ 点和 $A$ 点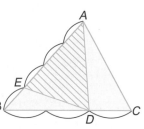的距离是 $AB$ 边长的 $\frac{3}{4}$。三角形 $AED$ 的面积是三角形 $ABC$ 面积的几分之几？

2. 哥哥、姐姐和弟弟将妈妈给的零用钱按下列比例分配。

哥哥分得全部钱数的 $\frac{2}{5}$，姐姐分得剩余钱数的 $\frac{5}{8}$，弟弟则分得最后剩余的钱。弟弟分得的零用钱相当于全部钱数的几分之几？

3. 下图是一个水槽。甲管是水槽的注水管，乙管是水槽的排水管。

如果关闭乙管并让甲管注水，18分钟后可以注满整个水槽。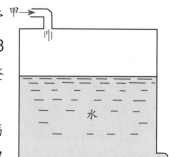

如果在水槽满水的状况下，关闭甲管，并让乙管排水，24分钟可以把水槽的水全部排完。

（1）如果在水槽全空的时候，同时开启甲管和乙管，几分钟后可以注满水槽？

## 解答和说明

1. 三角形的面积 = 底 × 高 ÷ 2。如图所示，三角形 $ABD$ 的面积是三角形 $ABC$ 的面积的 $\frac{2}{3}$。三角形 $AED$ 的面积是三角形 $ABD$ 的面积的 $\frac{3}{4}$。因此，三角形 $AED$ 的面积与三角形 $ABC$ 的面积的关系列算式如下：

$$\frac{2}{3} \times \frac{3}{4} = \frac{1}{2}$$

答案：$\frac{1}{2}$。

2. 如下图所示。

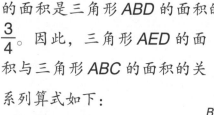

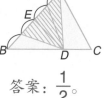

哥哥分得全部钱数的 $\frac{2}{5}$ 后，剩余的钱数是全部钱数的 $\frac{3}{5}$（$1-\frac{2}{5}$）。姐姐分得剩余钱数的 $\frac{5}{8}$，所以姐姐分得全部钱数的 $\frac{3}{5}$ 的 $\frac{5}{8}$。弟弟分得最后剩余的钱，全部钱数的 $\frac{3}{5}$ 的 $\frac{3}{8}$（$1-\frac{5}{8}$）。写成一个算式为：

$$(1-\frac{2}{5}) \times (1-\frac{5}{8}) = \frac{9}{40}$$

答案：$\frac{9}{40}$。

3.（1）甲管负责注水，乙管负责排水，两管同时开启时，每分钟的储水量是 $\frac{1}{18} - \frac{1}{24} = \frac{1}{72}$

则注满水槽所需的时间为：$1 \div \frac{1}{72} = 72$（分钟）。

答案：72分钟

（2）甲管注水12分钟后，水槽的剩余空间是

$$1 - \frac{1}{18} \times 12 = \frac{1}{3}$$

将剩余空间注满水所需时间为：

$$\frac{1}{3} \div \frac{1}{72} = 24 （分钟）$$

（2）如果先让甲管注水 12 分钟，然后同时开启乙管。从甲管单独注水到水槽满水一共需多少分钟？

4.某小学的女生人数是男生人数的 $\frac{8}{9}$，女生比男生少 54 人。该校的男生和女生人数各是多少人？

5 商店里的商品都标明了定价，其中某商品若依定价出售，所得利润将是其成本价的 $\frac{1}{4}$。因为卖不出去，该商品按照定价的 $\frac{7}{8}$ 出售。

该商品获得的利润是 240 元，这件商品的成本价是多少钱？

一共需要的时间为：

12+24=36（分钟）　　　　答案：36 分钟。

4.把男生人数当作 1，女生人数就是 $\frac{8}{9}$，1 和 $\frac{8}{9}$ 相差 54 人。

男生人数列算式为：

$54÷（1-\frac{8}{9}）=486$（人）

女生人数列算式为：

486-54=432（人）

答案：男生人数为 486 人，女生人数为 432 人。

5.把成本价当作 1，定价是：

$1+\frac{1}{4}=1\frac{1}{4}$。

$1\frac{1}{4}$ 的 $\frac{7}{8}$ 是：$1\frac{1}{4}×\frac{7}{8}=\frac{35}{32}=1\frac{3}{32}$

成本价为 1，所以 $1\frac{3}{32}-1=\frac{3}{32}$，为利润 240 元。

这件商品的成本价为：

$240÷\frac{3}{32}=2560$（元）　答案：2560 元。

## 应用问题

1.计算下列各式。

（1）$1.25×1\frac{1}{5}$（2）$（2\frac{1}{3}-1.2）÷3\frac{2}{5}$

（3）$2\frac{2}{3}÷1\frac{3}{5}-0.4$

2.求出下列算式中 $x$ 的值。

$（5\frac{1}{3}-x）×1\frac{3}{4}=2\frac{5}{8}$

3.甲市的人口去年比前年增加 $\frac{2}{25}$，今年又比去年增加 $\frac{1}{9}$。

（1）今年人口是前年人口的几分之几？

（2）今年人口比前年多 7800 人，前年人口是多少人？

4.有若干钱，如果全部用来买橘子，可以买 36 个；如果全部用来买苹果，可以买 24 个。

（1）橘子和苹果每个的价格各占全部钱数的几分之几？

（2）如果把 1 个橘子和 1 个苹果当作 1 组，用同样的钱数总共可以买得几组？

5.有若干钱，买画图颜料用掉了 $\frac{3}{5}$，买本子又用掉了 $\frac{1}{4}$，剩余 150 元。买本子总共花了多少钱？

6.某数除以 $1\frac{1}{5}$ 等于 $1\frac{2}{3}$，如果将这个数乘以 $1\frac{1}{5}$，得数是多少？

答案：1.（1）$1\frac{1}{2}$；（2）$\frac{1}{3}$；（3）$1\frac{4}{15}$。2.$3\frac{5}{6}$。3.（1）$1\frac{1}{5}$；（2）39000 人。4.（1）橘子占 $\frac{1}{36}$，苹果占 $\frac{1}{24}$；（2）14 组。5.250 元。6.$2\frac{2}{5}$。

**数的智慧之源**

### 有趣的分数

两数相加的和等于两数相乘的积，在整数中只有 $2+2=2×2$ 和 $0+0=0×0$。但是，在分数中，这样的情形却非常多，例如：

$$3+\frac{3}{2}=3×\frac{3}{2}=4\frac{1}{2}$$

$$5+\frac{5}{4}=5×\frac{5}{4}=6\frac{1}{4}$$

$$\frac{7}{2}+\frac{7}{5}=\frac{7}{2}×\frac{7}{5}=4\frac{9}{10}$$

$$\frac{8}{3}+\frac{8}{5}=\frac{8}{3}×\frac{8}{5}=4\frac{4}{15}$$

$$\frac{10}{3}+\frac{10}{7}=\frac{10}{3}×\frac{10}{7}=4\frac{16}{21}$$

此外，还有像下面的这种情形：

$$\frac{2}{3}-\frac{1}{3}=(\frac{2}{3}×\frac{2}{3})-(\frac{1}{3}×\frac{1}{3})=\frac{1}{3}$$

可是，你能明白下面的算式吗？

$$4×(1-\frac{1}{3}+\frac{1}{5}-\frac{1}{7}+\frac{1}{9}-\frac{1}{11}+\frac{1}{13}…)$$

这个算式中所用分数的个数越多，得数越接近圆周率。小杰计算了一下，得数为 3.14 的话，所用分数的个数非得达到 300 个不可。

$$4×(1-\frac{1}{3})≈2.67$$

$$4×(1-\frac{1}{3}+\frac{1}{5})≈3.47$$

$$4×(1-\frac{1}{3}+\frac{1}{5}-\frac{1}{7})≈2.895$$

$$4×(1-\frac{1}{3}+\frac{1}{5}-\frac{1}{7}+\frac{1}{9})≈3.34$$

$$4×(1-\frac{1}{3}+\frac{1}{5}-\frac{1}{7}+\frac{1}{9}-\frac{1}{11})≈2.98$$

得数时而比 3.14 小，时而比 3.14 大，却逐渐接近 3.14。

我国古代的数学家祖冲之发现圆周率近似值分数在 $\frac{22}{7}$ 和 $\frac{355}{113}$ 之间。

$$\frac{22}{7}≈3.1429 \qquad \frac{355}{113}≈3.1415929$$

现在，人们算出的圆周率为 3.1415926535…，因此，可知 $\frac{355}{113}$ 直到小数点后第六位都与圆周率相同。

多令人吃惊啊！

用分数解题的理由是，在乘除计算中，它可以约分，算起来较容易。

步印童书馆
编著

北京市数学特级教师 丁益祥
北京市数学特级教师 司 梁
『卢说数学』主理人 卢声怡
力联
荐袂

# 小牛顿

## 数学分级读物

第六阶　　2 比和比值

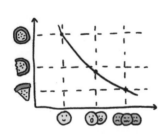

中国儿童的数学分级读物
培养有创造力的数学思维

讲透原理 ➡ 系统进阶 ➡ 思维转换

电子工业出版社
**Publishing House of Electronics Industry**
北京·BEIJING

**图书在版编目（CIP）数据**

小牛顿数学分级读物. 第六阶. 2, 比和比值 / 步印
童书馆编著. -- 北京：电子工业出版社，2024.6.
ISBN 978-7-121-48178-9

Ⅰ. O1-49

中国国家版本馆CIP数据核字第2024ZT2495号

特别鸣谢本书组稿策划人郑利强先生。

责任编辑：赵　妍　季　萌
印　　刷：当纳利（广东）印务有限公司
装　　订：当纳利（广东）印务有限公司
出版发行：电子工业出版社
　　　　　北京市海淀区万寿路173信箱　邮编：100036
开　　本：889×1194　1/16　印张：18.5　字数：373.2千字
版　　次：2024年6月第1版
印　　次：2024年6月第1次印刷
定　　价：120.00元（全6册）

凡所购买电子工业出版社图书有缺损问题，请向购买书店调换。若书店售缺，请与本社发行
部联系，联系及邮购电话：（010）88254888，88258888。
质量投诉请发邮件至zlts@phei.com.cn，盗版侵权举报请发邮件至dbqq@phei.com.cn。
本书咨询联系方式：（010）88254161转1860，jimeng@phei.com.cn。

# 比和比值·5

比和比值

# 比的意义与比值

## 比与比值

右图是一台老式电视机，电视画面的宽和长的比值是多少呢？

让我们从各方面来看看。

"我们可以先看一看宽与长的比是怎么样的，然后再作答。"

"是要算宽是长的几倍，还是要算长是宽的几倍呢？"

◆ 让我们看一看宽与长的比吧！

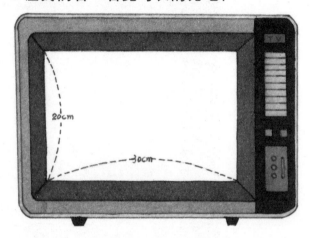

宽是 20 厘米，长是 30 厘米，宽与长的比，可以写成 20：30，念成 20 比 30。

20：30 也可以叫作"20 与 30 的比"或"20 比 30"。

在 20：30 中，"："叫作比号，20 是比的前项，30 是比的后项。

让我们再把学过的比与比值的关系复习一次。宽与长的比值是 20：30 时，以长为基准，宽的比值是：

$$20 \div 30 = \frac{20}{30} = \frac{2}{3}$$

在 20：30 中，比的前项除以比的后项，所得的商就叫作比值。

比值 ＝ 前项 ÷ 后项

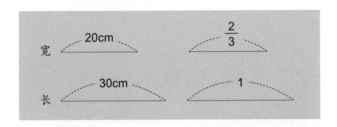

宽为 20 厘米、长为 30 厘米的电视画面，以 1 厘米为单位，那么宽与长的比是 20：30。

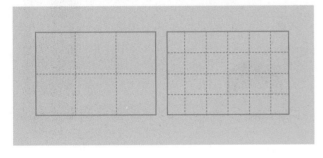

以 10 厘米为单位　　以 5 厘米为单位

电视画面的宽与长的比可以换成下列各种方式：

以 1 厘米为单位，比为 20：30

以 5 厘米为单位，比为 4：6

以 10 厘米为单位，比为 2：3

三个比值分别为：

$$20÷30=\frac{2}{3}$$

$$4÷6=\frac{2}{3}$$

$$2÷3=\frac{2}{3}$$

比值相等的比可以用等号连接起来，变成下列方式：

$$20：30 = 4：6 = 2：3$$

## ◉ 列出各种等比

由前面的说明，我们可以知道，即使长与宽改变，只要比值相同，就是相等的比，即等比。

让我们再列一些与 20：30 等比的例子。20：30 的比值是 $20÷30=\frac{20}{30}$。

| 比值 | 比 |
|---|---|
| $\frac{20}{30}$ | $\longrightarrow$ 20：30 $=（20÷2）：（30÷2）=$ |
| $\frac{20÷2}{30÷2}=\frac{10}{15}$ | $\longrightarrow$ 10：15 $=（10÷5）：（15÷5）=$ |
| $\frac{10÷5}{15÷5}=\frac{2}{3}$ | $\longrightarrow$ 2：3 $=$ 20：30 $=（20×2）：（30×2）=$ |
| $\frac{20×2}{30×2}=\frac{40}{60}$ | $\longrightarrow$ 40：60 |

上面的 20：30、10：15、2：3、40：60 都是等比。

※ 比的前项跟后项同时乘以或除以 0 以外的任何数，比值不变。把 20：30 化成最简单的整数比，叫作比的简化，也叫作化简比。

## 比的应用

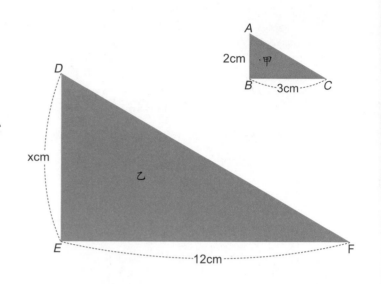

### ◉ 应用比的性质

三角形甲是直角三角形，$AB$ 与 $BC$ 的边长比是 $2:3$。

三角形乙是三角形甲的等比三角形，也就是相似三角形，$EF$ 边长为 12 厘米。

请问 $DE$ 边长是多少厘米？

### ◆ 四个人的不同想法。

"两个三角形虽然大小不同，但形状却一样。是不是可以应用比来解答呢？"

"嗯，甲三角形的 $AB$ 与 $BC$ 的边长比是 $2:3$。乙三角形的 $DE$ 与 $EF$ 的边长比应该和甲三角形的相同嘛！"

"我也是这么想的。乙三角形的 $DE$ 与 $EF$ 的边长比应该同样是 $2:3$ 嘛！"

"这么说来，乙三角形的 $DE$ 是 $EF$（长为 12 厘米）的多少倍呢？"

---

### ◆ 以比值相等的想法来计算。

甲三角形 $AB$ 与 $BC$ 的边长比是：

$$2:3=\frac{2}{3}$$

（以 $BC$ 边为准，$AB$ 边是 $\frac{2}{3}$。）

乙三角形的 $DE$ 与 $EF$ 的边长比和甲三角形的相同，因此，可以列算式为：

$$12\times\frac{2}{3}=8（厘米）$$

答：$DE$ 边长为 8 厘米。

### ◆ 利用等比的性质来计算。

乙三角形的 $DE$ 长是 $x$ 厘米，可以用下列算式计算：

$$2:3=x:12$$
$$(2\times4):(3\times4)=x:12$$

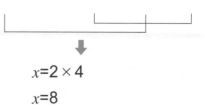

$$x=2\times4$$
$$x=8$$

答：$DE$ 边长为 8 厘米。

**例　题**

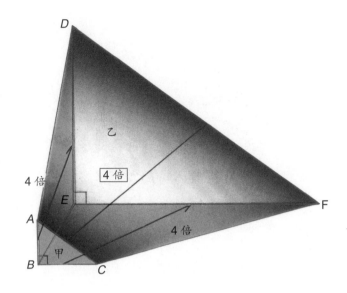

上图中乙三角形是甲三角形等比例放大 4 倍形成的。

AB 边长为 1.2 厘米，AC 边长为 2.1 厘米，请算出下列的问题。

①DE 与 DF 边长各是几厘米？

②求出 AB 边与 AC 边，以及 DE 边与 DF 边的比和比值。

### ● 与整体相比

◆在 1 小时的广播节目中，主持人谈话的时间与播放音乐的时间比是 1∶4，如下图所示。请问播放音乐与主持人谈话的时间各为多少分钟？

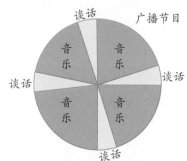

播完音乐后，主持人谈话，然后播放音乐，节目就这样循环进行下去。

经过整理之后，我们就可以知道，在 1 小时的节目里，主持人谈话与播放音乐的总时间比是 1∶4，如下图所示。

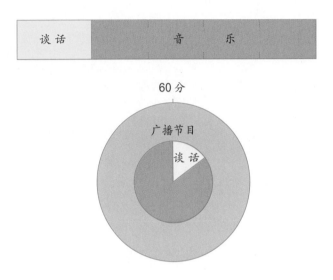

因为 1 小时等于 60 分。这样一来好像简单多了。

既然 1∶4=$\frac{1}{4}$

那是不是 60×$\frac{1}{4}$

=15（分钟）？

主持人谈话的时间为 15 分钟，60−15=45（分钟），播放音乐的时间为 45 分钟。

在上面的计算中，主持人谈话的时间与播放音乐的时间比是 15∶45=1∶3，并不是 1∶4，所以是错误的。

那么，究竟错在哪儿呢？让我们重新整理一次。

例题答案：①DE 边长为 4.8 厘米，DF 边长为 8.4 厘米；②1.2∶2.1=4∶7，比值为 $\frac{4}{7}$；4.8∶8.4=4∶7，比值为 $\frac{4}{7}$。

### 想一想

本题中主持人谈话的时间与播放音乐的时间比是 1∶4，求出它的比值是 $\frac{1}{4}$。

假如我们以播放音乐的时间为准，谈话时间为它的 $\frac{1}{4}$，如果播放音乐的时间为 60 分钟，那么谈话时间为 15 分钟。

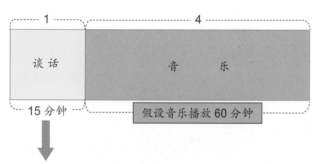

但本题是主持人谈话的时间和播放音乐的时间合计为 60 分钟。

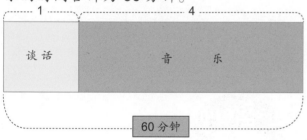

因此，我们必须考虑主持人谈话的时间与整个节目的时间比才可以。

哎呀！对啦，主持人谈话与播放音乐的时间合起来是 1 小时才可以嘛！

主持人谈话的时间和节目总时间的比是：

1∶（1+4）=1∶5

因此，主持人谈话的时间应该是：

$60 \times \frac{1}{5} = 12$（分钟）

播放音乐的时间也可用同样的方法求出。列算式为：

$60 \times \frac{4}{5} = 48$（分钟）

此外，如果把主持人谈话的时间用 $x$ 代替，也可以换成下列的算式来计算：

$1∶5 = x∶60$

$60 = 5 \times 12$，所以，

$(1 \times 12)∶(5 \times 12) = x∶60$

$x = 1 \times 12 = 12$（分钟）

答：主持人谈话的时间为 12 分钟，播放音乐的时间为 48 分钟。

哈哈，这样就对了。

### 整 理

（1）4 和 5 的比写成 4∶5，读作 4 比 5。

（2）4∶5 的表示方法叫作比。

（3）用比的前项除以后项，所得的商叫作比值。

（4）比的前项和比的后项，乘以或除以同一个数（0 除外），其比值都不会改变。

（5）两个比相等时，可以用等号来连接，例如 4∶5=8∶10。

# 数的智慧之源

**怎样分配骆驼才好呢?**

从前,在阿拉伯有一位老先生,留下了 17 头骆驼和遗言之后就去世了。

我死后,大儿子可以分得 $\frac{1}{2}$ 的骆驼,二儿子分得 $\frac{1}{3}$ 的,三儿子分得 $\frac{1}{9}$ 的,千万要记住哦!

但是 17 却不能被 2、3、9 除尽。三个儿子都不知道应该怎么办才好。刚好在这个时候,有一位骑着骆驼的学者经过。学者听完他们三个人的谈话后,这样说道:

我有一个好主意。我把自己的 1 头骆驼借给你们,然后你们加起来,再分配看一看吧!

加上学者的骆驼后,总共有 18 头骆驼,三兄弟立刻开始动手分骆驼。

$18 \times \frac{1}{2} = 9$, $18 \times \frac{1}{3} = 6$, $18 \times \frac{1}{9} = 2$

3 人分到的骆驼总数是 9+6+2=17(头)。三兄弟向学者道谢后,把剩下的 1 头骆驼送还给了他。学者骑着他的骆驼继续去旅行了。

但是,假使没有学者的那头骆驼,我们也可以分这 17 头骆驼。因为老先生遗言的意思是,要三兄弟把 17 头骆驼按照 $\frac{1}{2}$、$\frac{1}{3}$、$\frac{1}{9}$ 的比例分配。列算式如下:

$\frac{1}{2} : \frac{1}{3} : \frac{1}{9} = \frac{9}{18} : \frac{6}{18} : \frac{2}{18} = 9 : 6 : 2$

9+6+2=17,按照这个比例分配,大儿子分得 9 头,二儿子分得 6 头,三儿子分得 2 头。与上面的分配结果是一样的。

可以看出,学者借出的那头骆驼,让这个问题更好计算了。

# 正比的意义

## ◉ 同时变化的两个数量的关系

如图所示，用两个水杯接水。让我们来看一看，当这两个水杯中的水越来越多时，水量会有什么变化呢？

甲水杯和乙水杯的水量会有什么样的变化呢？

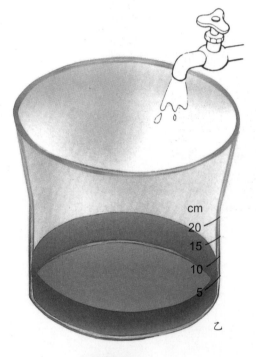

甲

乙

◆ 两个水杯水深和水量的变化经过记录之后，列成下表。我们一起来看一看水深和装入的水量的关系。

"水深到 16 厘米时两个水杯的水深完全相同。从 17 厘米水深以后，乙水杯的水量开始增加了哦！"

| 甲水杯 | 水深 a（cm） | 1 | 2 | 3 | 4 | 5 | | 15 | 16 | 17 | 18 | 19 | 20 | 21 | 22 | 23 |
|---|---|---|---|---|---|---|---|---|---|---|---|---|---|---|---|---|
| | 水量 b（l） | 0.5 | 1 | 1.5 | 2 | 2.5 | | 7.5 | 8 | 8.5 | 9 | 9.5 | 10 | 10.5 | 11 | 11.5 |

| 乙水杯 | 水深 a（cm） | 1 | 2 | 3 | 4 | 5 | | 15 | 16 | 17 | 18 | 19 | 20 | 21 | 22 | 23 |
|---|---|---|---|---|---|---|---|---|---|---|---|---|---|---|---|---|
| | 水量 b（l） | 0.5 | 1 | 1.5 | 2 | 2.5 | | 7.5 | 8 | 8.7 | 9.4 | 10.3 | 11.6 | 13.7 | 15.4 | 18.6 |

## ●同时变化之中两个数量的关系

先让我们看一看甲水杯的变化。

甲水杯的水深（*a* 厘米）以及水量（*b* 升）的变化，到底有什么关系呢？大家仔细想一想。

| 水深 *a*（cm） | 1 | 2 | 3 | 4 | 5 | 6 | 7 | 8 | 9 | 10 | 11 | 12 | 13 | 14 | 15 | 16 | 17 | 18 |
|---|---|---|---|---|---|---|---|---|---|---|---|---|---|---|---|---|---|---|
| 水量 *b*（*l*） | 0.5 | 1 | 1.5 | 2 | 2.5 | 3 | 3.5 | 4 | 4.5 | 5 | 5.5 | 6 | 6.5 | 7 | 7.5 | 8 | 8.5 | 9 |

2倍　3倍　4倍

| 水深 *a*（cm） | 1 | 2 | 3 | 4 | 5 | 6 | 7 | 8 | 9 | 10 | 11 | 12 | 13 | 14 | 15 | 16 | 17 | 18 |
|---|---|---|---|---|---|---|---|---|---|---|---|---|---|---|---|---|---|---|
| 水量 *b*（*l*） | 0.5 | 1 | 1.5 | 2 | 2.5 | 3 | 3.5 | 4 | 4.5 | 5 | 5.5 | 6 | 6.5 | 7 | 7.5 | 8 | 8.5 | 9 |

2倍　3倍　4倍

从表中可以清晰地看出，水深从1厘米、2厘米、3厘米……开始增加后，水量也跟着增加0.5升。

由此可见，水深增加为2倍、3倍……之后，水量必然会跟着增加为2倍、3倍……

**求证看一看**

水深是1厘米或2厘米时，水量的确增加2倍、3倍。但是，当水深继续增加时，水量是否也同样增加相同的倍数呢？让我们用更大的数字求证一下。

2倍　2倍　3倍

| 水深 *a*（cm） | 1 | 2 | 3 | 4 | 5 | 6 | 7 | 8 | 9 | 10 | 11 | 12 | 13 | 14 | 15 |
|---|---|---|---|---|---|---|---|---|---|---|---|---|---|---|---|
| 水量 *b*（*l*） | 0.5 | 1 | 1.5 | 2 | 2.5 | 3 | 3.5 | 4 | 4.5 | 5 | 5.5 | 6 | 6.5 | 7 | 7.5 |

2倍　2倍　3倍

真的呀，水深增加为2倍，水量也增加为2倍。3倍的时候也一样呀！

甲水杯的水深增加为2倍、3倍时，水量似乎也跟着增加为2倍、3倍。

◆查一查，当水深减少为 $\frac{1}{2}$、$\frac{1}{3}$……时，

水量是否也减少为 $\frac{1}{2}$、$\frac{1}{3}$……?

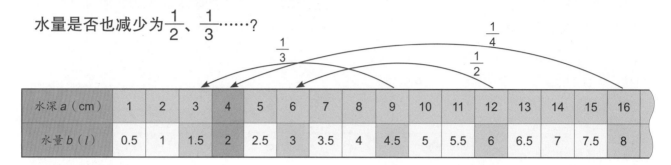

| 水深 a（cm） | 1 | 2 | 3 | 4 | 5 | 6 | 7 | 8 | 9 | 10 | 11 | 12 | 13 | 14 | 15 | 16 |
|---|---|---|---|---|---|---|---|---|---|---|---|---|---|---|---|---|
| 水量 b（l） | 0.5 | 1 | 1.5 | 2 | 2.5 | 3 | 3.5 | 4 | 4.5 | 5 | 5.5 | 6 | 6.5 | 7 | 7.5 | 8 |

## ◉ 正比的意义

◆让我们把前面学过的再整理一遍。

水深为 4 厘米和 10 厘米时，

水深比为 4：10=2：5

水量比为 2：5

水深比和水量比完全相同。水深为 4 厘米时，水量与水深的比值是：

$$2：4=\frac{1}{2}$$

水深为 10 厘米时，水量与水深的比值是：

$$5：10=\frac{1}{2}$$

可见水量与水深的的比的比值相等。

有两个同时变化的数量 a、b，a 增加为 2 倍、3 倍时，b 也跟着增加为 2 倍、3 倍；a 减少为 $\frac{1}{2}$、$\frac{1}{3}$、$\frac{1}{4}$ 时，b 也跟着减少为 $\frac{1}{2}$、$\frac{1}{3}$、$\frac{1}{4}$，这种现象我们称为 a 与 b "成正比例"，或 b 与 a "成正比例"。有两个成正比例的数量 a、b 存在时，a 与 b 的比值永远相等。

看过上面的说明之后，大家是不是已经知道正比的意义了？接下来我们再看一看乙水杯。

◆大家一起来想一想乙水杯的状况吧！乙水杯的水深（a 厘米）与水量的变化方式又是怎样呢?

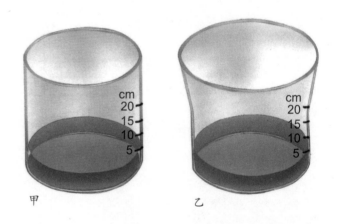

甲　　　　乙

| 水深 a（cm） | 1 | 2 | | 15 | 16 | 17 |
|---|---|---|---|---|---|---|
| 水量 b（l） | 0.5 | 1 | | 7.5 | 8 | 8.7 |

从上表可以看出，水深增加，水量也增加，与甲水杯的情况一模一样。

水深从 1 厘米到 2 厘米、3 厘米……时，水量也不断增加 0.5 升，但从 16 厘米以后，水增多的量不再和甲水杯的一样。

乙水杯水深到 17 厘米后，水量突然增加到 8.7 升，这好像和水杯的形状有一些关系，乙水杯的上半段，似乎有些不一样。

◆ 乙水杯水深增加为 2 倍、3 倍……时，水量也增加为 2 倍、3 倍……但从 16 厘米深以后，水量却又有别的变化。

水深到 16 厘米为止，水量和水深成正比例。

不行啦，一定要整体成正比例才可以呀！

| 水深 a（cm） | 1 | 2 | 3 | 4 | 5 | 6 | 11 | 15 | 16 | 17 | 18 | 19 | 20 | 21 | 22 |
|---|---|---|---|---|---|---|---|---|---|---|---|---|---|---|---|
| 水量 b（l） | 0.5 | 1 | 1.5 | 2 | 2.5 | 3 | 5.5 | 7.5 | 8 | 8.7 | 9.4 | 10.3 | 11.6 | 13.7 | 15.4 |

再来看一看，水深减少为 $\frac{1}{2}$、$\frac{1}{3}$……时，水量是不是也同时减少为 $\frac{1}{2}$、$\frac{1}{3}$……呢？

由表可以知道，到 16 厘米为止，水深减少为 $\frac{1}{2}$、$\frac{1}{3}$……时，水量也跟着减少为 $\frac{1}{2}$、$\frac{1}{3}$……我们再看一看，水深在 16 厘米以上时，水量的变化又是怎么样呢？

①水深　　22cm 时　水量　15.4l

水深变为 $\frac{1}{2}$ 时　　11cm　　　　5.5l

15.4÷2=7.7　　水量不到 $\frac{1}{2}$

②水深　　18cm 时　水量　9.4l

水深变为 $\frac{1}{3}$ 时　　6cm　　　　3l

9.4÷3=3.133……　水量不到 $\frac{1}{3}$

③水深　　20cm 时　水量　11.6l

水深变为 $\frac{1}{5}$ 时　　4cm　　　　2l

11.6÷5=2.32　　水量不到 $\frac{1}{5}$

和我们原先所想的一样，水深超过 16 厘米后，水量也增加，但这种增加的方式，却不能叫作成正比例。

换句话说，乙水杯的水深超过 16 厘米以后，因为杯子的形状改变，所以水量与水深就已经不成正比例了。

当我们探究两个数量是不是成正比例的时候，并不是只比较一部分数量关系，而是要比较全部数量关系。

**整　理**

有两个数量 a 和 b，a 改变的话 b 也随之改变，a 增加为 2 倍、3 倍……时，b 也增加为 2 倍、3 倍……

a 减少为 $\frac{1}{2}$、$\frac{1}{3}$……时，b 也减少为 $\frac{1}{2}$、$\frac{1}{3}$……

b 与 a 的比值一定时，叫作 b 与 a 成正比例。

# 表示正比的关系

一个人以每小时 4 千米的时速步行，另一个人以每小时 10 千米的时速骑自行车。步行和骑自行车的时间与距离的关系是怎么样的呢？

我们可以画成图表，看一看是不是和前一题水深与水量的关系一样。

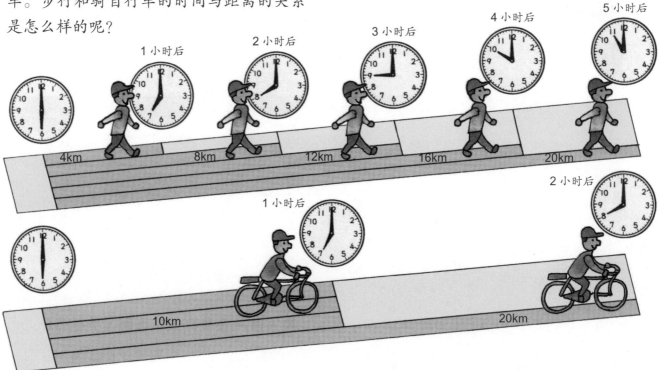

查一查

先看一看步行的时间与距离是怎样的。

用 $x$ 小时表示时间，用 $y$ 千米表示距离，画成图表，先看一看以 4 千米时速步行的人，他步行的时间与距离的关系如何。

步行时间加倍，走的距离也加倍。

步行时间增加为 5 倍，走的距离也增加为 5 倍。

| 时间 $x$（小时） | 0 | 1 | 2 | 3 | 4 | 5 | 6 | 7 | 8 | 9 | 10 | 11 |
|---|---|---|---|---|---|---|---|---|---|---|---|---|
| 距离 $y$（km） | 0 | 4 | 8 | 12 | 16 | 20 | 24 | 28 | 32 | 36 | 40 | 44 |

看样子，好像距离与步行时间成正比例的关系。

我们再看一看，表内的数字如果减少为 $\frac{1}{2}$、$\frac{1}{3}$、$\frac{1}{4}$ 时，关系又会变成怎样呢？

步行的时间（$x$ 小时）增加为 2 倍、3 倍……时，步行的距离也增加为 2 倍、3 倍……因为他永远保持 4 千米的时速。

| 时间 $x$（小时） | 0 | 1 | 2 | 3 | …… | 10 | 11 |
|---|---|---|---|---|---|---|---|
| 距离 $y$（km） | 0 | 10 | 20 | 30 | …… | 100 | 110 |

$y \div x$

| 4 | ÷ | 1 | = | 4 |
| 8 | ÷ | 2 | = | 4 |
| 12 | ÷ | 3 | = | 4 |
| … | | … | | … |
| 40 | ÷ | 10 | = | 4 |
| 44 | ÷ | 11 | = | 4 |

写成算式是：$y \div x = 4$。

因为每小时都走 4 千米，所以也可以写成算式 $y = 4 \times x$。

**查一查**

我们再看一看骑自行车的时间与距离的关系。假设骑自行车以每小时 10 千米的速度前进，行驶时间表示为 $x$，行驶距离表示为 $y$，$x$ 和 $y$ 的关系可以如下表所示。

$y \quad x$

| 10 | ÷ | 1 | = | 10 |
| 20 | ÷ | 2 | = | 10 |
| 30 | ÷ | 3 | = | 10 |
| … | | … | | … |
| 100 | ÷ | 10 | = | 10 |

※ $y \div x = 10$，商为一定的。

行驶的距离是：

1 小时行驶的距离 × 时间

$y$ 是 $x$ 的 10 倍，因此也可以写成：

$y = 10x$。

同时变化的两个数量 $x$ 和 $y$，当 $x$ 和 $y$ 成正比例时，$x$ 和 $y$ 的关系表示如下：

$y =$ 一定的值 $\times x$

或 $y \div x =$ 一定的值

● 步行的时间与距离的关系表示如下：

$y = 4 \times x$

● 骑自行车的时间与距离的关系表示如下：

$y = 10 \times x$

在上面的算式中，已知 $x$ 求 $y$，或已知 $y$ 求 $x$，应该怎样计算呢？

◆ $y=4\times x$ 时，已知 $x$，求 $y$ ☰

每小时以 4 千米时速步行的人，假设他的步行时间为 $x$ 小时，距离为 $y$ 千米，列算式为：

$$y=4\times x$$

假设 $x$ 值减为 $\frac{1}{3}$ 小时，$y$ 是多少？

$y=4\times x$，$x$ 是 $\frac{1}{3}$，因此，

$$y=4\times\frac{1}{3}$$

$$y=1\frac{1}{3}$$

距离为 5.2 千米时，时间是 1.3 小时。

时间减为 $\frac{1}{3}$ 小时，距离变成 $1\frac{1}{3}$ 千米哦！

◆ $y=4\times x$ 时，已知 $y$，求 $x$ ☰

看一看 $y$ 是 5.2 千米的情形又是怎么样。

将 $y=5.2$ 代入算式 $y=4\times x$ 中：

$$5.2=4\times x$$
$$x=5.2\div 4$$
$$x=1.3$$

$x$ 或 $y$ 可以是分数，也可以是小数哦！

## 综合测验

让我们来看一看右图圆的直径和周长的关系。①下表是圆的直径（$x$ 厘米）和圆周（$y$ 厘米）的变化记录。

请在表上空白地方填上正确的数字。

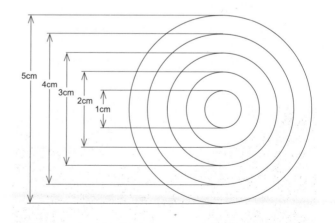

| 直径 $x$（cm） | 0 | 1 | 2 | 甲 | 4 | 乙 |
|---|---|---|---|---|---|---|
| 圆周长 $y$（cm） | 0 | 3.14 | 丙 | 9.42 | 丁 | 15.7 |

②请写出表示 $x$ 和 $y$ 关系的算式。

综合测验答案：①甲 3、乙 5、丙 6.28、丁 12.56；② $y=3.14\times x$ ☰

◆ $y=10×x$ 的时候，已知 $x$，请问 $y$ 是多少。

以时速 10 千米前进的自行车，时间为 $x$ 小时，距离为 $y=10×x$。

我们看一看 $x$ 值 0 的时候 $y$ 是多少。

将 $x=10$ 代入算式 $y=10×x$ 中：

$y=10×0$

$y=0$

> $x=0$，$y$ 也是 0 时，代表什么意思呢？

在第三阶时，我们学过一个数乘以 0 积也是 0，上面 $x=0$ 的计算就是属于这种情形。

$x$ 是 0，$y$ 也是 0，表示自行车行驶 0 小时，距离也是 0 千米。换句话说，这是自行车行驶之前的静止状况。

---

**整 理**

$y$ 和 $x$ 成正比例，而且 $y$ 对 $x$ 的比值是 5 时，用 $y=5×x$ 来表示。

像 $y=5×x$ 一样，有正比关系存在时，$y$ 和 $x$ 的比值是一定的数。

---

**动脑时间**

我们已经做过许多乘法的习题，也学了不少算式。

1 米的价格为 28 元的绳子买 1.5 米，因为长度和费用成正比例，所以费用是 $28×1.5=42$（元）。这是由 $y$（费用）$=28×x$ 的算式转换而来的。

在 4 点到 5 点之间，时钟的长针与短针的夹角第一次成为直角是在 4 点几分的时候呢？

图上的长针和短针的夹角刚好成为直角，但这是错误的，因为长针移动的时候，短针也会随着慢慢移动，因此，短针不可能还停留在 4 点整的位置上，应当比 4 过了一些。

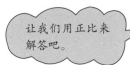

> 让我们用正比来解答吧。

长针每分钟移动 $6°$，短针每分钟移动 $0.5°$，每分钟长针比短针多移动 $6-0.5=5.5°$。

4 点时长针与短针的夹角比直角还大 $30°$，因此，可用下列算式计算：

$30=5.5×x$

$x=5\frac{5}{11}$

答：长针与短针的夹角首次成为直角的时间是 4 点 $5\frac{5}{11}$ 分。

## 表示正比关系的图标

一个长方形长为3厘米，当长方形的宽改变时，长（*a*厘米）和面积（*b*平方厘米）的关系如下表：

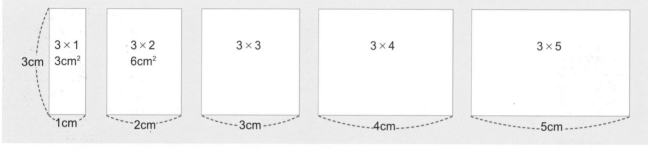

宽增加2倍、3倍……面积也增加2倍、3倍……哦！

面积和宽成正比例哦！

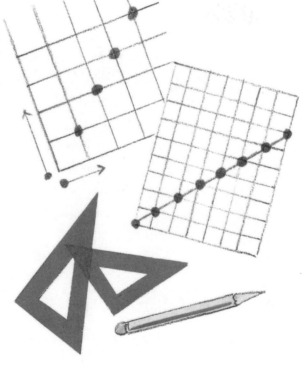

◆ 长不变，都是3厘米。

用*a*表示宽，*b*表示面积，列成算式：

$b=$ 一定的数 $\times a$

这里，"一定的数"是指3厘米的长。

因此，*b*与*a*成正比。改画成图表就可看出正比的关系。把*a*与*b*的变化列成表吧！

| | 一 | 二 | 三 | 四 | 五 | 六 | 七 | 八 | 九 | |
|---|---|---|---|---|---|---|---|---|---|---|
| 长方形的宽度a（cm） | 0 | 1 | 2 | 3 | 4 | 5 | 6 | 7 | 8 | …… |
| 长方形的面积b（cm²） | 0 | 3 | 6 | 9 | 12 | 15 | 18 | 21 | 24 | …… |

横轴的刻度代表宽，纵轴的刻度代表面积。

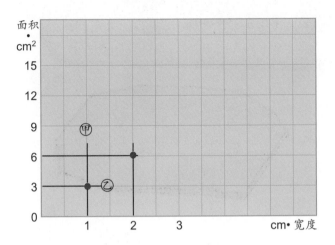

宽为 1 厘米时（甲线），面积是 3 平方厘米（乙线），因此，在甲线与乙线的交点处做上记号。

宽为 2 厘米时，面积是 6 平方厘米。

上页的表可以转变为下面的图。

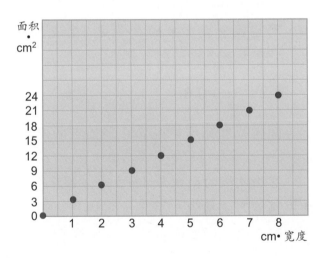

宽为 0.5 厘米时，面积是：

$b=3\times0.5=1.5$（平方厘米）

宽 1.5 厘米时，面积是：

$b=3\times1.5=4.5$（平方厘米）

在右上的统计图中，宽各为多少厘米？

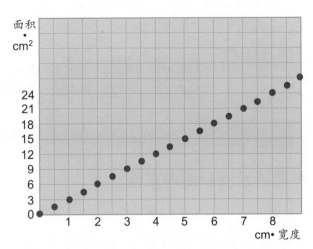

计算更多宽为不同值所对应的面积，描成点，并连线，会发现这条线恰好是一条直线，如下图所示。这条线通过 0 点，这个 0 点叫作"原点"。

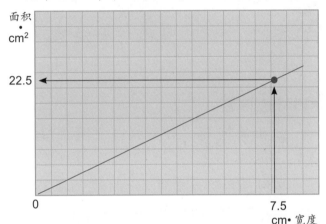

宽为 7.5 厘米，面积为 22.5 平方厘米时，刚好画在上面的这条线上。

> 使用图表也可以求出宽和面积的值。

## 整 理

表示成正比的各个数量之间的关系，可画成通过 0 点（原点）的一条线。

# 利用比例关系测定

## ● 无法直接测定的东西

如右图，有一块厚度一样的铁板。它的重量是 940 克。请问这块铁板的面积是多少平方厘米？

> 既然知道重量，难道不能从重量求它的面积吗？

> 长度跟面积有关系，可是，我认为重量跟面积没有关系。

## ● 铁板的测定

上面的问题，只知道"重量是 940 克"，面积不知道。

从同样的铁板中剪下一块边长为 2 厘米的正方形铁板，再想一想怎样计算面积。

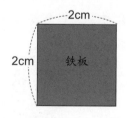

铁板边长为 2 厘米，这块铁板的面积是 4 平方厘米。再称一下这块正方形铁板的重量，结果是 3.2 克。

| 重量（g） | 3.2 | 940 |
|---|---|---|
| 面积（cm²） | 4 | □ |

## ◆ 计算一下铁板的面积。

因为 4 平方厘米的重量是 3.2 克，所以，1 平方厘米铁板的重量是：

$$3.2 \times \frac{1}{4} = 0.8（克）$$

整块的重量是 940 克，它的面积为：
940÷0.8=1175（平方厘米）

这块铁板的面积为 1175 平方厘米。

## ◆ 用其他方法检查一下。

把铁板的面积表示为 $x$ 平方厘米：

$940 : 3.2 = x : 4$

前项是后项的（940÷3.2）倍，则面积计算如下：

$4 \times 940 ÷ 3.2 = 1175$（平方厘米）

这块铁板的面积为 1175 平方厘米。

### ●计算成捆铁丝的长度

有一捆铁丝，重量是 784 克。不把铁丝拉长，请量出它的长度。

"量出这捆铁丝的重量，然后再量出已经知道长度铁丝的重量就可以了。"

铁丝（16g）

~~2m~~

784g 是 □ m

| 重量（g） | 16 | 784 |
|---|---|---|
| 长度（m） | 2 | □ |

◆求出铁丝的长度。

方法 1：$2 \div 16 = \dfrac{1}{8}$（克）

$\dfrac{1}{8} \times 784 = 98$（米）

方法 2：$\dfrac{784}{16} = 49$ 倍

$49 \times 2 = 98$（米）

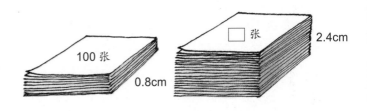

### 学习重点

难以直接测定的重量、长度等，可以利用比例关系来计算。

### ●从纸的厚度来测定

根据一定数量的纸的厚度，求出一叠纸的张数。

□ 张

2.4cm

100 张

0.8cm

$2.4 \div 0.8 = 3$ 倍　$100 \times 3 = 300$（张）

答：有 300 张纸。

---

### 整　理

难以直接测定的重量、长度等，可以利用比例关系来计算。

非长方形或正方形铁板的 面积 → 重量

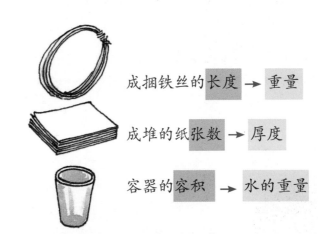

成捆铁丝的 长度 → 重量

成堆的纸 张数 → 厚度

容器的 容积 → 水的重量

# 反比的意义

## 反比的关系

同样的面积也有各种不同的形状哦!

让我们看一看面积为 24 平方厘米的长方形,它的长与宽的关系是怎样的。

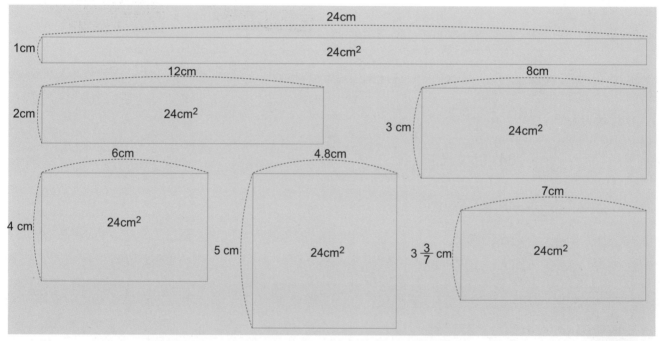

◆ a 表示长度,b 表示宽度,a、b 间的关系如何呢?

a 与 b 不成正比哦!画成图表试一试吧。

| 长 a(cm) | 1 | 2 | 3 | 4 | 5 | 6 | 7 | 8 | 9 | 10 |
|---|---|---|---|---|---|---|---|---|---|---|
| 宽 b(cm) | 24 | 12 | 8 | 6 | 4.8 | 4 | $3\frac{3}{7}$ | 3 | $2\frac{2}{3}$ | 2.4 |

查一查

"由表可看出,长由 1 扩大为 2、3 时,宽则由 24 缩小为 12、8。我们再仔细看一看长与宽的关系!"

| 长 a(cm) | 1 | 2 | 3 | 4 | 5 | 6 |
|---|---|---|---|---|---|---|
| 宽 b(cm) | 24 | 12 | 8 | 6 | 4.8 | 4 |

长扩大，宽就缩小，长扩大为 2 倍、3 倍……宽度缩小为 $\frac{1}{2}$ 倍、$\frac{1}{3}$ 倍……而且长和宽相乘都是 24 平方厘米。

长扩大为 2 倍、3 倍……相对应的宽则缩小为 $\frac{1}{2}$ 倍、$\frac{1}{3}$ 倍……

学习重点

①两个数的积一定的时候，这两个数成反比例。
②反比的意义以及表示反比关系的算式。
③表示反比关系的图表。

有两个同时变化的数 $a$ 和 $b$，当 $a$ 扩大为 2 倍、3 倍……，$b$ 却相反地缩小为 $\frac{1}{2}$ 倍、$\frac{1}{3}$ 倍……而当 $a$ 缩小为 $\frac{1}{2}$ 倍、$\frac{1}{3}$ 倍……$b$ 则扩大为 2 倍、3 倍……这种情形就叫作 $b$ 与 $a$ 成反比例。

## 表示反比关系的算式

甲市与乙镇之间距离为 240 千米。让我们看一看，汽车从甲市到乙镇的速度以及所需要的时间的关系如何。

◆ 先看速度和时间的关系吧。

下表中的时速是 $a$ 千米，需要的时间是 $b$ 小时，距离为 240 千米，从表上的数字我们可以看出什么呢？

| 速度 $a$（km） | 5 | 10 | 20 | 30 | 40 | 50 | 60 | 70 | 80 | 90 | 100 |
|---|---|---|---|---|---|---|---|---|---|---|---|
| 时间 $b$（小时） | 48 | 24 | 12 | 8 | 6 | 4.8 | 4 | $3\frac{3}{7}$ | 3 | $2\frac{2}{3}$ | 2.4 |

**想一想**

在前页的表上有没有发现什么呢?

"速度扩大为 2 倍,时间减为 $\frac{1}{2}$;速度扩大为 4 倍,时间减为 $\frac{1}{4}$,所以,速度与时间成反比例的关系。"

"5×48=240, 10×24=240, 它们的积不变。"

也就是说,速度和时间成反比例,$a×b=240$。让我们再仔细地看看,$a×b$ 是不是永远都是 240。

| $a$ | × | $b$ | | |
|---|---|---|---|---|
| 5 | × | 48 | = | 240 |
| 10 | × | 24 | = | 240 |
| 20 | × | 12 | = | 240 |
| 30 | × | 8 | = | 240 |
| ⋮ | | ⋮ | | ⋮ |
| 90 | × | $2\frac{2}{3}$ | = | 240 |
| 100 | × | 2.4 | = | 240 |

※ 虽然 $a$、$b$ 的值一直在变化,但 $a$ 与 $b$ 的积却都是 240,积为一定的数(一定的值)。

◆**列成公式算一算**

距离 = 速度 × 时间

距离是 240 千米,因此:

$a×b=240$(千米)

用下面的公式也可以求出速度:

**速度 = 距离 ÷ 时间**

因此,$a=240÷b$。

同时变化的两个数量,若 $a$ 与 $b$ 成反比例,则 $a$ 与 $b$ 的关系可以用下列算式表示:

$a×b=$ 一定的值,或:

$b=$ 一定的值 $÷a$

$a=$ 一定的值 $÷b$

---

**整  理**

(1)有 $a$ 与 $b$ 两个数,$a$ 扩大为 2 倍、3 倍……,$b$ 反而缩小为 $\frac{1}{2}$ 倍、$\frac{1}{3}$ 倍……则 $b$ 与 $a$ 或 $a$ 与 $b$ 成反比例。

(2)$b$ 与 $a$ 成反比例时,$b$ 与 $a$ 的关系如下:

$b=$ 一定的值 $÷a$

$a×b=$ 一定的值

(3)两个成反比例的数可以画成曲线图。

## 表示反比关系的图表

◆面积为 24 平方厘米的长方形，长（$a$ 厘米）和宽（$b$ 厘米）的关系画成图是什么形状呢？

| 长 $a$（cm） | 1 | 2 | 3 | 4 | 5 | 6 | 7 | 8 | 9 | 10 | 11 |
|---|---|---|---|---|---|---|---|---|---|---|---|
| 宽 $b$（cm） | 24 | 12 | 8 | 6 | 4.8 | 4 | $3\frac{3}{7}$ | 3 | $2\frac{2}{3}$ | 2.4 | $2\frac{2}{11}$ |

以长（$a$ 厘米）为横轴，宽（$b$ 厘米）为纵轴，可以画成下面的图。

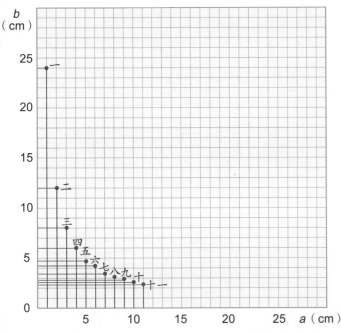

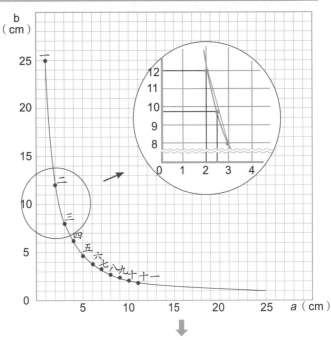

把上面的一、二、三……点连接起来就成曲线。与正比关系图通过 0（原点）的直线不一样。

◆用图再确认一下。

把一、二、三点再加以放大，然后连接起来，可以看出连成的并不是直线，而是一条曲线，你觉得这条曲线像什么呢？

例如，$a$ 为 2.5，$b$ 为 $9\frac{3}{5}$，这一点位于直线稍下方。

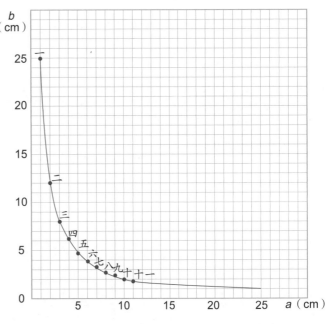

# 正比和反比的整理

## ● 正比关系和反比关系

前面我们已经学过，两个数会有正比和反比的情况。让我们画成图表来复习正比、反比的关系。

| | 正比 | 反比 |
|---|---|---|
| 意义 | 有两个同时变化的数 $a$ 和 $b$，$a$ 扩大为 2 倍、3 倍……$b$ 也随着扩大为 2 倍、3 倍……$a$ 缩小为 $\frac{1}{2}$ 倍、$\frac{1}{3}$ 倍……$b$ 也随着缩小为 $\frac{1}{2}$ 倍、$\frac{1}{3}$ 倍…… | 有两个同时变化的数 $a$ 和 $b$，$a$ 扩大为 2 倍、3 倍……$b$ 反而缩小为 $\frac{1}{2}$ 倍、$\frac{1}{3}$ 倍……$a$ 缩小为 $\frac{1}{2}$ 倍、$\frac{1}{3}$ 倍……$b$ 反而扩大为 2 倍、3 倍…… |
| 算式 | $b \div a =$ 一定的数 <br> $b =$ 一定的数 $\times a$ | $a \times b =$ 一定的数 <br> $b =$ 一定的数 $\div a$ |
| 图 | 通过 0（原点）的直线 | 曲线 |

## ◉ 正比的问题

一种电子秤应用正比的关系，在其显示屏上会自动显示出商品的价钱。例如，把肉放在电子秤上，它会立即显示出这块肉的价钱。

① 正比和反比的关系做比较、整理。
② 用各种方法解答正比的问题。

| 肉重 $a$（克） | 100 | 650 |
|---|---|---|
| 价钱 $b$（元） | 3 | ? |

肉 100 克的价钱是 3 元，1 克肉的价钱为：

3÷100=0.03（元）

650 克肉的价钱是：

0.3×650=19.5（元）

650 克肉的价钱是 19.5 元。

◆ **利用正比的乘法算式来解答。**

肉的价钱和重量成正比例。

每克肉的价钱是 $\dfrac{3}{100}$ =0.03（元），这是一定的数，因此，列算式为：

$$b=0.03×a,$$
$$b=0.03×650,$$
$$b=19.5（元）$$

◆ **应用正比的意义来解答**

650 克肉是 100 克肉的几倍？

650÷100=6.5

因此，价钱是 3 元的 6.5 倍，列算式为：

3×6.5=19.5（元）

◆ **利用正比的除法算式来解答**

肉的价钱和重量成正比例。

# 同时变化的数量关系（1）

## ● 查证两个数的关系

小明他们用如图的长方体水族箱养金鱼。在换水的时候，小明看到朋友捧着水族箱，箱内的水不断地在摇晃，因而发现了一个有趣的现象。

我们和小明一起来想一想吧！

"水族箱的水平时保持水平，但在摇晃时，为什么左右两边的水深会不一样呢？请大家观察下图。"

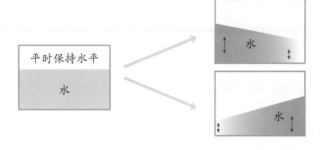

查一查

我们用小容器来查一查水深的变化状况如何。

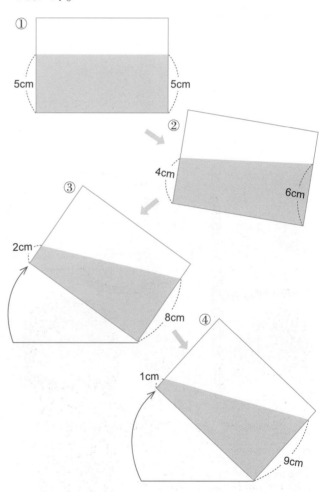

测量水族箱左边的水深和右边的水深，结果如上图①至④所示。应用（　）来整理水族箱左边和右边的水深，可以看出①（5厘米，5厘米）、②（4厘米，6厘米）、③（2厘米，8厘米）、④（1厘米，9厘米）。①至④括号内数字的和都是10厘米。

**查一查**

我们应用前面的结果，查一查深度的变化。

"（ ）内的和都是 10 厘米，那是因为装在容器内的水量都没有改变。"

"是呀，如果左边的水深分别是 5 厘米、4 厘米、2 厘米时，右边的水深就是 5 厘米、6 厘米、8 厘米哦！"

◆ 将两数字和一定的关系列成表看看。

| 左 | | 右 | | 整体的水深 |
|---|---|---|---|---|
| 5 | | 5 | | 10 |
| 4 | + | 6 | = | 10 |
| 2 | | 8 | | 10 |

变化　　　　不变

◆ 把变化状况列成表。

水族箱的深度是 10 厘米。如果水族箱往右倾斜到极限，而且水不会倒出来，那么右边的水深是 10 厘米，左边的水深是 0 厘米。右边的水深没有办法超过 10 厘米。从右边水深 10 厘米的地方慢慢再倒回左边，可以列成右上表。

让我们看一看它的变化情况吧！

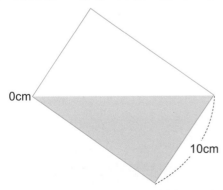

0cm

10cm

| 右边的水深（cm） | 10 | 9 | 8 | 7 |
|---|---|---|---|---|
| 左边的水深（cm） | 0 | 1 | 2 | 3 |

| 6 | 5 | 4 | 3 | 2 | 1 | 0 |
|---|---|---|---|---|---|---|
| 4 | 5 | 6 | 7 | 8 | 9 | 10 |

上表左、右两边的水深加起来的和也是 10 厘米。用 $a$ 厘米表示左边的水深，$b$ 厘米表示右边的水深，那么 $a+b=10$。也可以写成 $a=10-b$。

$a$ 确定的话，$b$ 也随之确定。

$a$ 每增加 1，$b$ 就减少 1；$a$ 增加 2，$b$ 就减少 2。

由此可知，$a$ 和 $b$ 就是和一定的关系。

bcm

acm

◆ 再确定一遍。

如右图所示的水箱，用 $a$ 表示左边的水深，$b$ 表示右边的水深。如果使 $b$ 倾斜到最小程度时，$b$ 的水深是多少厘米呢？请利用前面学过的方法计算一下。

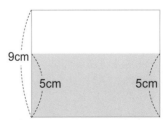

9cm

5cm　　　　5cm

## ● 用图表示和一定的关系

箱子内有红球和白球。伸手从箱子内摸出 15 个球，其中红球和白球的关系是怎样的呢？请仔细想一想。

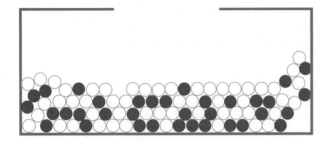

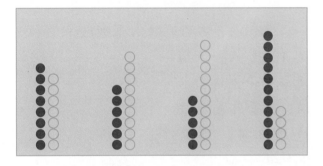

$a$ 个代表红球，$b$ 个代表白球，那么 $a$ 与 $b$ 的和都是 15，用算式表示为：

$a+b=15$

$a=15-b$

知道 $a$ 以后必定知道 $b$。

**综 合 测 验**

① $a$ 或 $b$ 会成为小数或分数吗？

② $a$ 或 $b$ 会成为 0 吗？

③ $a$ 最多的时候可能有几个呢？红球和白球的关系排列如右上图。

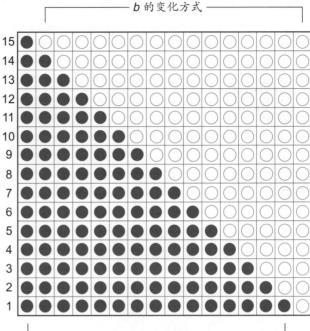

④ $a$ 与 $b$ 是怎样变化的呢？

⑤ $a$ 比 $b$ 多时，$a$ 应该是几个以上？

⑥ $a$ 是 $b$ 的 $\frac{1}{2}$ 时，$a$ 是几个？

⑦ $b$ 是 $a$ 的 4 倍时，$b$ 是几个？

**整　理**

（1）　若 $a+b=15$，$a=15-b$ 的时候，$a$ 确定后，$b$ 也随之确定。

（2）$a$ 减少 1，$b$ 增加 1，表示 $a$ 与 $b$ 关系的图如右上所示。

（3）$a+b=15$，$a=15-b$，那么，$a$ 与 $b$ 有和一定的关系。

综合测验答案：①不会；②会；③15 个；④$b$ 增加 1 个，$a$ 就减少 1 个；⑤8 个以上；⑥5 个；⑦12 个。

# 图形的智慧之源

**国王的珠宝出了什么错误？**

很久以前，有一位国王，他拥有 64 颗宝石，每颗宝石的形状、颜色都一模一样。国王把宝石藏在如下图的珠宝箱内，每天都很愉快地欣赏这些宝石。

珠宝箱共分为 8 格，每格内装 8 颗宝石，所以每边的宝石数量都是 24 颗。

国王有四个头脑非常好，但却很顽皮的王子。有一天，四个王子商量，决定跟国王开个玩笑。

当天晚上，大王子悄悄地走进国王放珠宝箱的房间，看样子好像进去搞了什么恶作剧。第二天早上，当国王打开珠宝箱的时候，他惊讶地发现，宝石的排列方法已经不对了。宝石的排列方法如图①所示。国王立即令侍卫调查。

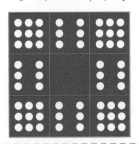

图①

侍卫调查发现，每边的宝石数量都是 24 颗，国王这才放下心来。

接下来轮到二王子，二王子把宝石排列如图②所示，但每边的宝石数量依然是 24 颗。三王子、四王子也都各把宝石排列成图③、图④。

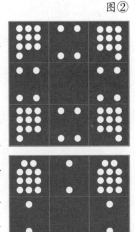

图②

图③

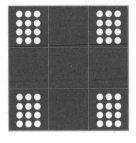

图④

最后一天，国王发觉宝石似乎少了几颗，于是他亲自把宝石数了一遍，12×4=48（颗），原来的 64 颗宝石，四个晚上之后竟然只剩下了 48 颗。但是，每边的宝石数量仍然是 24 颗，这到底是怎么回事呢？

答案如图所示。

原来的样子

| 8 | 8 | 8 |
|---|---|---|
| 8 |   | 8 |
| 8 | 8 | 8 |

大王子

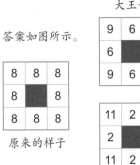

| 9 | 6 | 9 |
|---|---|---|
| 6 |   | 6 |
| 9 | 6 | 9 |

二王子

| 10 | 4 | 10 |
|----|---|----|
| 4  |   | 4  |
| 10 | 4 | 10 |

三王子

| 11 | 2 | 11 |
|----|---|----|
| 2  |   | 2  |
| 11 | 2 | 11 |

四王子

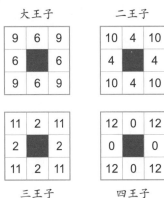

| 12 | 0 | 12 |
|----|---|----|
| 0  |   | 0  |
| 12 | 0 | 12 |

# 同时变化的数量关系（2）

## ◉ 差一定的变化关系

今天是小伟 12 岁的生日，他的妈妈 36 岁，妈妈的年龄是小伟的年龄的 3 倍。小伟刚上小学时，妈妈的年龄是他的 5 倍。我们来看一看小伟和妈妈的年龄的变化。

### ◆ 查证年龄增加的方式。

每过一次生日，年龄就增加 1 岁。

小伟每增加 1 岁，妈妈也跟着增加 1 岁。小伟刚上小学时，妈妈的年龄是他的 5 倍。但是，小伟上 6 年级时，妈妈的年龄却变成他的 3 倍。小伟觉得这太奇怪了！

于是他列式来计算。现在小伟是 12 岁，妈妈是 36 岁。

36÷12=3 倍

小伟上小学的时候是在 6 年前：

小伟的年龄：　12－6=6（岁）

妈妈的年龄：　36－6=30（岁）

　　　　　　　30÷6=5 倍

小伟刚上小学的时候，妈妈的年龄是他的 5 倍。

妈妈 24 岁时生下小伟，这时候小伟是 0 岁。

小伟 1 岁的时候，妈妈 25 岁，妈妈的年龄是小伟的 25 倍。

原来的 25 倍变成 5 倍、3 倍，一定有倍数的变化关系存在，我们来查一查。

| 小伟（岁） | 妈妈（岁） | 比例（倍） |
|---|---|---|
| 1 | 25 | 25 |
| 2 | 26 | 13 |
| 3 | 27 | 9 |
| 4 | 28 | 7 |
| 5 | 29 | $5\frac{4}{5}$ |
| 6 | 30 | 5 |

竖式

从上图可以看出，比例（倍）的数越来越小。

● **用图表查一查**

我们应用图表来看一看年龄的变化。

爸爸 30 岁的时候小伟出生，小伟今年已经 12 岁，所以爸爸今年是 42 岁。

30+12=42（岁）　42÷12=3.5 倍

爸爸今年的年龄是小伟的 3.5 倍，小伟 1 岁的时候，爸爸的年龄是他的 31 倍。

下表就是爸爸与小伟的年龄的关系。

| 小伟（岁） | 0 | 1 | 2 | 3 | 4 | 5 |
|---|---|---|---|---|---|---|
| 爸爸（岁） | 30 | 31 | 32 | 33 | 34 | 35 |

| 6 | 7 | 8 | 9 | 10 | 11 | 12 | …… |
|---|---|---|---|---|---|---|---|
| 36 | 37 | 38 | 39 | 40 | 41 | 42 | …… |

让我们看一看爸爸与小伟的年龄比是怎样的。

前面我们说过，小伟 1 岁时，爸爸的年龄是他的 31 倍；小伟 12 岁时，爸爸的年龄是他的 3.5 倍。从上表也可看出，小伟在 2 岁、3 岁、6 岁、10 岁、12 岁时，爸爸与小伟的年龄比：

从 31 倍减少为 16 倍➡11 倍➡6 倍➡4 倍➡3.5 倍。

但是，爸爸和小伟的年龄差始终不变。

30−0=30（岁）　31−1=30（岁）

32−2=30（岁）　42−12=30（岁）

爸爸永远比小伟大 30 岁。

◉ **差一定的关系的算式**

应用文字算式看一看小伟和爸爸的年龄关系。

用 $x$ 岁表示小伟的年龄，$y$ 岁表示爸爸的年龄，两人的年龄关系如下：

①小伟与爸爸每年都增加 1 岁，因此，$x$ 增加 1，$y$ 也增加 1。

②小伟出生那一年（$x=0$），爸爸的年龄是（$y=0+30$）30 岁，因此，列算式如下：

$$y-x=30-0$$
$$=30 \text{ 岁}$$

③小伟 $x$ 岁时，爸爸的年龄是：

$$y=x+30$$

④小伟 $x$ 岁时，与爸爸的年龄差是：

$$y-x=(x+30)-x$$
$$=x+30-x$$
$$=30 \text{ 岁}$$

⑤$y-x=30$ 的时候，无论 $x$ 怎么变化，$x$ 与 $y$ 之间始终有如下的关系：

$$y-x=30$$

◆ **接下来看一看小伟跟妈妈的年龄关系**

用 $x$ 岁表示小伟的年龄，$y$ 岁表示妈妈的年龄，因为妈妈永远比小伟大 24 岁，所以，可写成下列的算式：

$$y-x=24$$

当 $x$ 变化时，$y$ 也会跟着变化，如上面的算式所示，$x$ 和 $y$ 之间的差有一定的关系。

如果把爸爸跟小伟的年龄差 30，或妈妈跟小伟的年龄差 24 等一定的数用 $a$ 表示，那么，$y-x=a$。

● **用加法的算式表示**

能够用算式 $y-x=a$ 表示两个变化的数 $x$ 和 $y$，我们叫作"差一定的关系"。

以小伟的年龄 $x$ 岁为基准，爸爸的年龄 $y$ 岁可以应用下列加法的算式来表示：

$$y=x+30$$

这个算式表示 $y$ 永远比 $x$ 大 30，此外，$x$ 增加 1，$y$ 也增加 1。

※$y-x=a$，$y=x+a$ 的算式，表示 $x$ 和 $y$ 的差有一定的关系。

● **用图来表示**

接下来我们应用图来看一看。

小伟出生后每年增加 1 岁，可以画成下面的图。

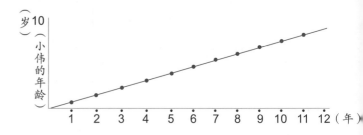

小伟的年龄和爸爸的年龄的变化，可以画在同一张图里，如下图所示：

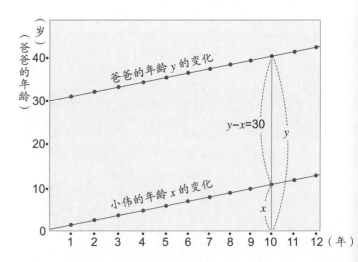

表示爸爸年龄 $y$ 变化的线，与表示小伟年龄 $x$ 变化的线，是两条平行线。

小伟 0 岁的时候，爸爸是 30 岁，两条平行线距离 30。

小伟 10 岁的时候，两条线同样还是距离 30。

※ 当 $x$ 改变时，$y$ 也跟着改变，$x$ 和 $y$ 的差有一定的关系，可以画成下面的图。

两条线的距离永远不变，这就是 $x$ 和 $y$ 的差。

右图中一定的差是 4，因此，可以写成算式：

$$y-x=4，y=x+4$$

**求证看一看**

小伟 10 岁的时候，爸爸是 40 岁。

我们来看一看这个时候他们的年龄的关系是怎么样的。

小伟 10 岁时，爸爸的年龄是他的 4 倍。

两人的年龄相差 30 岁，因此，两人的年龄相差的倍数为：4−1=3（倍）。

爸爸的年龄是小伟的 3 倍时，小伟的年龄为：

30÷（3−1）=15。（岁）

小伟 15 岁的时候，爸爸 45 岁，爸爸的年龄正好是小伟的 3 倍。

◆ **用其他的方法再确定一遍。**

有如图的甲、乙两个水槽，甲水槽有水 120 升，乙水槽是空的。两个水槽每分钟各注入 20 升的水。我们用 $y$ 升表示甲水槽内的水量，$x$ 升表示乙水槽内的水量。

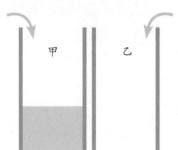

开始注水 10 分钟后，两边水槽的水量如下：

乙　$x=20×10$

甲　$y=120+20×10$

因此，两个水槽的水量差就是 $y-x=120$（升）。

若最初甲水槽内注水 50 升，$x$ 和 $y$ 的关系是：

$$y-x=50（升）。$$

**整　理**

（1）当 $x$ 有变化而且 $y$ 也随着变化的时候，$x$ 的增加量和 $y$ 的增加量相同，$x$ 和 $y$ 的差也一定。

（2）差一定的 $x$ 和 $y$ 写成算式为：$y-x=a$。

（3）差一定的两个数量画成图，成为平行的线。

# 同时变化的数量关系（3）

## ◆ 和一定的 $a$ 与 $b$

长方形的长与宽的和是 24，用 $a$ 厘米表示长，$b$ 厘米表示宽，写成下面的算式：

$a+b=24$ 　或

$b=24-a$

长方形图：$a\,\text{cm}$、$b\,\text{cm}$，$a+b=24$

$a$ 分别是 2 厘米、4 厘米、12 厘米时，$b$ 分别是 22 厘米、20 厘米、12 厘米。

| $a$ | 1 | 2 | 3 | 4 | …… | 12 | …… | 21 | 22 | 23 |
|---|---|---|---|---|---|---|---|---|---|---|
| $b$ | 23 | 22 | 21 | 20 | …… | 12 | …… | 3 | 2 | 1 |

如果 $a$ 增加，$b$ 就减少。如：

$a$ 由 2 ➡ 4，$4\div2=2$ 倍；

$b$ 由 22 ➡ 20，$20\div22=\dfrac{10}{11}$ 倍；

$a$ 由 4 ➡ 12，$12\div4=3$ 倍；

$b$ 由 20 ➡ 12，$12\div20=\dfrac{3}{5}$ 倍。

**$a$ 与 $b$ 不成反比例。**

## ◆ 积一定的 $a$ 与 $b$

长方形的面积为 24 平方厘米，用 $a$ 厘米表示长，$b$ 厘米表示宽，可以写成下面的算式：

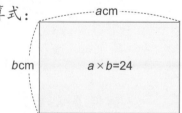

长方形图：$a\,\text{cm}$、$b\,\text{cm}$，$a\times b=24$

$a\times b=24$ 或 $b=24\div a$

$a$ 分别是 2 厘米、4 厘米、12 厘米时，$b$ 分别是 12 厘米、6 厘米、2 厘米。

| $a$ | 1 | 2 | 3 | 4 | 6 | 8 | 12 | 24 |
|---|---|---|---|---|---|---|---|---|
| $b$ | 24 | 12 | 8 | 6 | 4 | 3 | 2 | 1 |

$a$ 由 2 ➡ 4，$4\div2=2$ 倍；

$b$ 由 12 ➡ 6，$6\div12=\dfrac{1}{2}$ 倍；

$a$ 由 4 ➡ 12，$12\div4=3$ 倍；

$b$ 由 6 ➡ 2，$2\div6=\dfrac{1}{3}$ 倍。

**$a$ 增加的话，$b$ 就减少。**

① $a$ 增加，$b$ 就减少，$a$ 与 $b$ 并不一定成反比例。
② $a$ 和 $b$ 的积一定时，$a$ 与 $b$ 成反比例。

## ◆ 差一定的 $a$ 与 $b$

哥哥存款比妹妹多 1000 元，哥哥和妹妹每月存款 200 元，哥哥的存款用 $b$ 元表示，妹妹的存款用 $a$ 元表示，可以写成下列的算式：

$b-a=1000$ 　或 　$b=a+1000$

$a$ 分别是 600 元、1000 元、2200 元时，$b$ 分别是 1600 元、2000 元、3200 元。

| $a$ | …… | 600 | 800 | 1000 | …… | 2000 | 2200 |
|---|---|---|---|---|---|---|---|
| $b$ | …… | 1600 | 1800 | 2000 | …… | 3000 | 3200 |

**如果 $a$ 增加，$b$ 也随之增加。**

$a$ 由 600 ➡ 1000，

$$1000 \div 600 = 1\frac{2}{3} 倍；$$

$b$ 由 1600 ➡ 2000，

$$2000 \div 1600 = 1\frac{1}{4} 倍；$$

$a$ 由 1000 ➡ 2200，

$$2200 \div 1000 = 2\frac{1}{5} 倍；$$

$b$ 由 2000 ➡ 3200，

$$3200 \div 2000 = 1\frac{3}{5} 倍。$$

**$a$ 与 $b$ 不成正比。**

◆ 商一定的 $a$ 与 $b$

时速 $a$ 千米的汽车行驶 3 小时的距离是 $b$ 千米，距离除以时速就是时间，因此，可写成下列的算式：

$$\frac{b}{a} = 3 \quad 或 \quad b = a \times 3$$

$a$ 分别是 4 千米、6 千米、10 千米，$b$ 分别是 12 千米、18 千米、30 千米。

| $a$ | 1 | 2 | 3 | 4 | 5 | 6 | 7 | 8 | 9 | 10 |
|-----|---|---|---|---|---|---|---|---|---|----|
| $b$ | 3 | 6 | 9 | 12 | 15 | 18 | 21 | 24 | 27 | 30 |

**如果 $a$ 增加，$b$ 也随之增加。**

$a$ 由 4 ➡ 6，$6 \div 4 = 1\frac{1}{2}$ 倍；

$b$ 由 12 ➡ 18，$18 \div 12 = 1\frac{1}{2}$ 倍；

$a$ 由 6 ➡ 10，$10 \div 6 = 1\frac{2}{3}$ 倍；

$b$ 由 18 ➡ 30，$30 \div 18 = 1\frac{2}{3}$ 倍。

**$a$ 与 $b$ 成正比。**

◆ 图所表示的增加和减少的方式

① 和一定以及积一定时，画成图。

如下两图所示，$a$ 增加的话，$b$ 就减少。

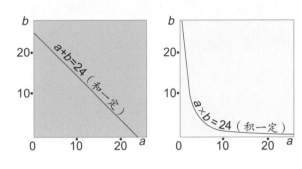

②差一定以及商一定时，画成图。

如下图所示，差一定时，直线不通过原点；商一定的时候，直线通过原点。

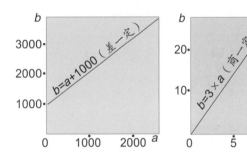

**整 理**

（1）积一定时，$a$ 与 $b$ 成反比例。

（2）商一定时，$a$ 与 $b$ 成正比。

（3）和一定、差一定、积一定、商一定的图，各有不同的特征。

# 巩固与拓展 1

## 整理

### 1. 比

右图长方形的宽与长的比是 20 比 30，或 10 比 15，或 2 比 3。如果利用 "：" 比号，可以写成 20 ： 30，或 10 ： 15，或 2 ： 3。以上述方式所表示的比例叫作比。

在表示比时，甲和乙的比用甲：乙来表示。

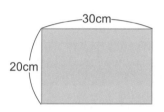

## 试一试，来做题。

1. 长方形花圃的长是 2.5 米，宽是 2 米。花圃长和宽的比是多少？

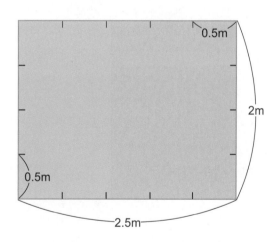

2. 求下面直角三角形的底和高的比值。

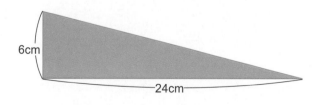

3. 在下列②、③、④、⑤ 4 个长方形中，哪个长方形的长和宽的比值不同于① 长方形的长和宽的比值？

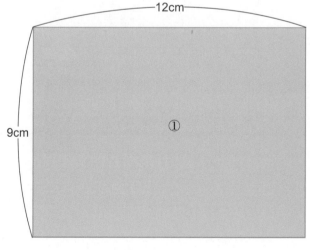

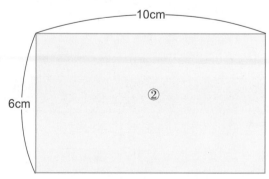

**2. 比值**

比的前项除以比的后项（后项不能为0）所得的商叫作比值。

比的前项 ÷ 比的后项 = 比值

甲 : 乙的比值是甲 ÷ 乙 = $\dfrac{甲}{乙}$。

**3. 等比**

当两个比的比值相等时，表示这两个比相等，又叫作等比。如：

$4 : 7 \Rightarrow 4 \div 7 = \dfrac{4}{7}$

$2 : 3.5 \Rightarrow 2 \div 3.5 = \dfrac{20}{35} = \dfrac{4}{7}$

比相等 ⟷ 比值相等

$4 : 7 = 2 : 3.5 \;\;\longleftrightarrow\;\; \dfrac{4}{7} = \dfrac{20}{35}$

甲 : 乙 = 丙 : 丁 $\;\;\longleftrightarrow\;\;$ $\dfrac{甲}{乙} = \dfrac{丙}{丁}$

**4. 化简比**

一个比的前项和后项同乘以或除以一个不为 0 的数后，所得的比和原来的比相等。把一个比的前项和后项化成最简单的整数比，叫作化简比。

$1.2 : 3.6 = (1.2 \times 10) : (3.6 \times 10)$
$\qquad\quad = 12 : 36$
$\qquad\quad = (12 \div 12) : (36 \div 12)$
$\qquad\quad = 1 : 3$

---

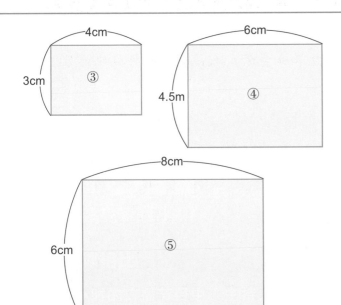

4. 把下列各比化为最简单的整数比。

（1）4 千克 : 500 克

（2）$\dfrac{2}{3}$ 米 : $\dfrac{4}{5}$ 米

5. 学校体育馆的宽是 48 米，长是 96 米。把体育馆的宽和长化为最简单的整数比。

6. 下图直角三角形甲的高和底的比是 3 : 5。直角三角形乙和直角三角形甲的比相等，如果直角三角形乙的底是 15 厘米，高应该是多少厘米？

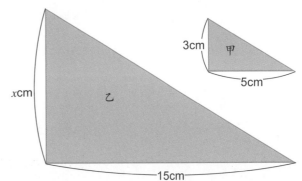

答案：1.5 : 4。2.4。3. ②。4.（1）8 : 1；（2）5 : 6。5.1 : 2。6.9厘米。

## 解题训练

**■ 把比化为最简比**

### 1

某校参加游艺会的男生有36人，女生有24人。把男生和女生的人数的比，用最简单的比表示出来。

**◄ 提示 ►**
比的前项和后项同乘以或除以一个不为0的数后，所得的比和原来的比相等。

**解法**　先把男生与女生的人数的比除以最大公因数。

男生与女生的人数的比是 36：24=（36÷12）：（24÷12）=3：2

答：男生和女生的人数最简单的整数比为 3：2。

**■ 求比与比值**

### 2

求下图各三角形的底和高的比与比值。其中哪两个三角形的比值相等。

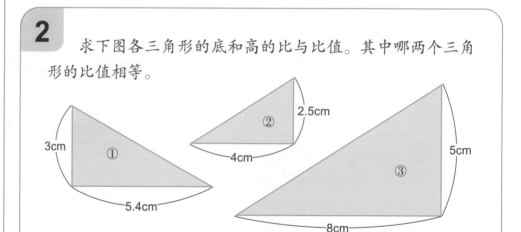

**◄ 提示 ►**
先把每个三角形的底和高的比化为最简单的整数比。
比值＝比的前项÷比的后项

**解法**　求每个三角形底和高的比与比值。

三角形①的底和高的比为：5.4：3=54：30=9：5 ➡ 比值为：$\frac{9}{5}=1\frac{4}{5}$

三角形②的底和高的比为：4：2.5=40：25=8：5 ➡ 比值为：$\frac{8}{5}=1\frac{3}{5}$

三角形③的底和高的比为：8：5 ➡ 比值为：$\frac{8}{5}=1\frac{3}{5}$

答：三角形①的底和高的比为9：5，比值为$1\frac{4}{5}$；三角形②的底和高的比为8：5，比值为$1\frac{3}{5}$；三角形③的底和高的比为8：5，比值为$1\frac{3}{5}$。比值相等的三角形是②与③。

■ 等比的应用

**3**　池塘的长与宽的比是 8：7。池塘的宽是 45.5 米，池塘的长是多少米？

◀ 提示 ▶
如果把长表示为 *x* 米，长与宽的比是 *x*：45.5。

**解法**　把长表示为 *x* 米，并列出长和宽的等比。

8：7=*x*：45.5

比的前项和后项同乘以或除以一个不为 0 的数后，所得的比和原来的比相等。

（45.5÷7）倍

8：7=*x*：45.5

（45.5÷7）倍

*x*=8×（45.5÷7）= 52（米）

答：池塘的长是 52 米。

■ 把全体人数依照比例加以分配

**4**　6 年级的学生人数是 153 人，男生和女生的人数的比是 8：9。男生和女生的人数各是多少人？

◀ 提示 ▶
把全体人数依照 8：9 的比例加以分配，全体人数可以当作（8+9）份。

**解法**　把全体人数依照 8：9 的比例加以分配。

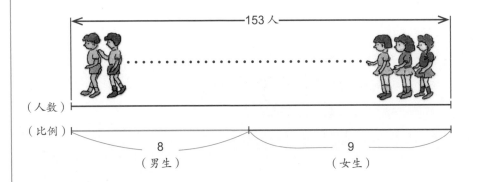

把全部人数当作（8+9）的时候，男生人数占 8 份，女生人数占 9 份。

男生人数为：153÷（8+9）×8=72（人）

女生人数为：153÷（8+9）×9=81（人）

答：男生人数为 72 人，女生人数为 81 人。

**加强练习**

1. 长方形庭院中有个圆形水池，水池的直径和庭院围墙宽的比是3：5。庭院围墙的宽是85厘米，圆形水池的直径是多少厘米？

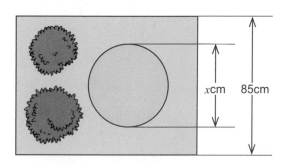

2. 甲地和乙地相距2千米，如果把甲、乙两地画在比例尺1：25000的地图上，甲、乙两地的距离是多少厘米？

3. 某校的男生人数是539人，女生人数是637人。

（1）求出男生和女生的人数的比。

（2）求出女生人数和全校学生总人数的比。

4. 小英和小玉在同一时间内各走了5步和7步。

小英每步的步长是55厘米，小玉每步的步长是50厘米。

求出小英和小玉的步行速度的比。

## 解答和说明

1. 把圆形的直径表示为 $x$ 厘米，圆形的直径与长方形庭院宽度的比是3：5=$x$：85。由此可知：

$x$=85÷5×3=17×3=51（厘米）

答：圆形水池的直径是51厘米。

2. 2千米=200000厘米，如果把地图上的长度表示为 $x$ 厘米，$x$：200000=1：25000，所以，

$x$=1×（200000÷25000）=8（厘米）

答：甲、乙两地的距离是8厘米。

3.（1）男生和女生人数的比是539：637。把这个比化为最简单的整数比，必须用最大公因数来除。

539：637=（539÷49）：（637÷49）

=11：13

（2）女生人数和全校学生人数的比是637：（539+637）=637：1176，把这个比化为最简单的整数比：

637：1176=（637÷49）：（1176÷49）

=13：24

另外，也可以利用（1）的答案，按照下列方式计算：

13：（11+13）=13：24

答：（1）男生和女生的人数比为11：13。

（2）女生人数和全校学生总人数的比为13：24。

4. 比较两人在相同时间内步行的距离。

小英：55×5=275（厘米）

小玉：50×7=350（厘米）

速度的比是：

275：350=（275÷25）：（350÷25）

=11：14

答：小英和小玉的步行速度的比是11：14。

5. 有 64 克的食盐水，食盐和水的重量比是 1：15。后来又在食盐水中加入若干克的食盐，结果食盐和水的重量比成为 1：6。

算一算，后来添加了多少克的食盐？

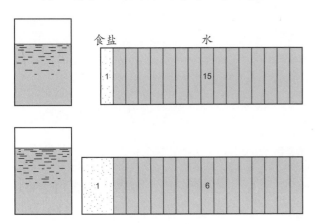

6. 原本哥哥的零用钱和弟弟的零用钱的比是 9：7。后来，哥哥和弟弟又各得了 600 元，结果两人的零用钱的比成为 6：5。哥哥原本有多少零用钱？

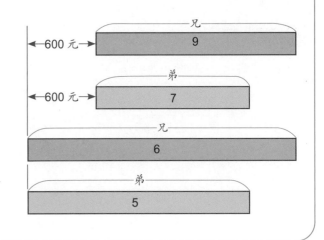

5. 首先把 64 克的食盐水依 1：15 的比例加以分配，然后分别求出食盐与水的重量。

食盐的重量：64÷（1+15）×1=4（克）

水的重量：64÷（1+15）×15=60（克）

接着把后来添加的食盐表示为 $x$ 克，列算式如下：

（4+$x$）：60=1：6

4+$x$=60÷6=10

$x$=10-4=6（克）

答：后来添加了 6 克食盐。

6. 因为两人同样又得到 600 元，所以两人的零用钱的差额依然不变。最初两人零用钱相差的比例是 9-7=2，后来相差的比例是 6-5=1。若以全体来看，最初相差的比例"2"与后来相差的比例"1"相同，即：6×2-9=3，此部分相当于 600 元。列算式为：

（600÷3）×9=1800（元）

答：哥哥原本有 1800 元。

## 应用问题

1. 有甲、乙两个装米的容器。甲容器里的米比乙容器的米多 2.4 千克，两个容器内米的重量比是 7：5。甲容器里的米是多少千克？

2. 小明和小华一起玩猜拳游戏。进行到第 15 回合时，小明赢了 9 回，小华赢了 6 回。如果两人输赢的比例不变，到第 120 回时，小明总共赢得多少回？

3. 有红色和白色两种纽扣。红色纽扣的 $\frac{2}{5}$ 和白色纽扣的 $\frac{1}{6}$ 的个数相等。求红、白两种纽扣个数的比（化为最简单的整数比）。

答案：1. 8.4 千克。2. 72 回。3. 5：12。

# 巩固与拓展 2

## 整 理

### 1. 正比

有甲、乙两个数量，当甲的值变成 2 倍、3 倍……时，乙的值也随着变成 2 倍、3 倍……；当甲的值变成 $\frac{1}{2}$ 倍、$\frac{1}{3}$ 倍……时，乙的值也随着变成 $\frac{1}{2}$ 倍、$\frac{1}{3}$ 倍……；这种情形表示甲和乙成正比例。

当甲和乙成正比例时，乙除以甲的商 $\text{乙} \div \text{甲} = \frac{\text{乙}}{\text{甲}}$ 将不变。

$12 \div 4 = 3$　　$24 \div 8 = 3$

例如：

| 甲 | 1 | 2 | 3 | 4 | 5 | 6 | 7 | 8 | 9 | 10 | 11 |
|---|---|---|---|---|---|---|---|---|---|----|----|
| 乙 | 3 | 6 | 9 | 12 | 15 | 18 | 21 | 24 | 27 | 30 | 33 |

## 试一试，来做题。

1. 下表表示玩具汽车的行驶时间和距离的关系。

| 时间（分） | 1 | 2 | 3 | 4 | 5 | 6 | 7 | 8 | 9 |
|---|---|---|---|---|---|---|---|---|---|
| 距离（米） | 4 | 8 | 12 | 16 | 20 | 24 | 28 | ? | 36 |

（1）玩具汽车行驶 8 分钟的话，总共走了多少距离？

（2）把行驶时间表示为甲分钟，行走距离表示为乙米。求距离的算式应该怎么写？

（3）玩具汽车的行驶时间和距离有着什么样的关系？

（4）玩具汽车行驶 12 分钟可以走多少米？行驶 $3\frac{2}{3}$ 分钟可以走多少米？

（5）玩具汽车如果行走 44 米，需要花费多少分钟？如果行走 26 米，需要花费多少分钟？

（6）把行走距离表示为甲，行驶时间表示为乙，可以列成下列的算式：

乙＝甲÷①，乙＝②×甲，利用表中的数量求出□中的数字。甲和乙是不是成正比例？

### 2. 正比的算式

●当甲和乙成正比例时，甲和乙的关系可以用下列算式表示。

$$乙 \div 甲 = 常数$$

例如：乙 ÷ 甲 =3。

或

$$乙 = 常数 \times 甲$$

例如：乙 =3× 甲。

### 3. 正比的关系图

●如右图所示，通过原点（横轴和纵轴的交会点）的直线就是表示两个数量成正比例时的相互关系。

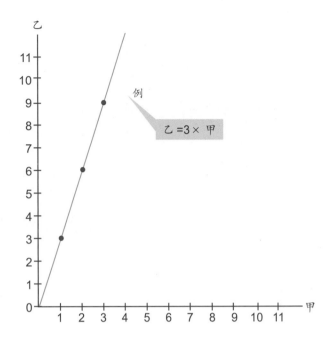

例

乙 =3× 甲

---

2. 如果把1题的表中玩具汽车的行驶时间和距离的关系画成关系图，下图中①至⑤的哪一条线才是正确答案？

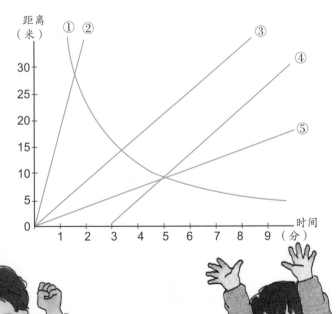

3. 铁丝长为2米，重为32克。后来又剪了数米同样粗细的铁丝，结果重量是256克。后来剪的铁丝长度是多少米？

4. 下面各例中，两个数量成正比例的是哪些？

①面积为48平方米的长方形的长和宽。

②圆的半径和圆周。

③正方形的边长和面积。

④底长6厘米的三角形高和面积。

⑤行走一定路程的速度和时间。

答案：1.（1）32米；（2）乙 =4× 甲；（3）正比的关系；（4）48米，14$\frac{2}{3}$米；（5）11分钟，6$\frac{1}{2}$分钟；（6）①4，②$\frac{1}{4}$，成正比例。2.③。3.16米。4.②、④。

## 解题训练

由表中找出两个数量的关系，列出算式并利用算式计算问题

**1**

下表是时速为 60 千米的汽车的行驶时间和行走路程的关系表。看表回答下列问题。

| 行走时间（小时） | 1 | 2 | 3 | 4 | 5 | 6 | 7 | |
|---|---|---|---|---|---|---|---|---|
| 行走路程（千米） | 60 | 120 | 180 | ① | 300 | ② | 420 | |

（1）①、②的空格里应填什么数？

（2）把行驶时间表示为甲，行走路程表示为乙，写出算式表示甲和乙的关系。

（3）汽车行驶 2 小时半可以行驶多少千米？

（4）汽车如果行驶 520 千米，需要花多少小时？

◀ **提示** ▶
路程 ÷ 时间的商永远是 60。

**解法**　在上面列表中，路程 ÷ 时间的商不变，所以路程和时间成正比例。

（1）路程 ÷ 时间 =60 千米 / 小时，所以，

①为：60×4=240（千米）

②为：60×6=360（千米）

答：①为 240 千米；②为 360 千米。

（2）因为路程 ÷ 时间 =60 千米 / 小时，所以，用甲、乙列出算式为：

乙 ÷ 甲 =60　　乙 =60× 甲

答：乙 =60× 甲。

（3）利用（2）的算式，并将甲为 2.5 小时，列算式为：

乙 =60×2.5=150（千米）

答：汽车行驶 2 小时半可行驶 150 千米。

（4）和（3）的计算方法相同，乙为 520 千米，列算式为：

$520=60×$ 甲　　甲 $=520÷60=8\frac{2}{3}$（小时）

答：需要花 $8\frac{2}{3}$ 小时。

## 表示正比关系的关系图

**2** 下表显示长方体水槽中水量和水深的关系。看表回答下列的问题。

| 水量（*l*） | 0 | 1 | 2 | 3 | 4 | 5 | 6 | |
|---|---|---|---|---|---|---|---|---|
| 水深（cm） | 0 | 6 | 12 | 18 | 24 | 30 | 36 | |

（1）把水量表示为甲，水深表示为乙，把甲和乙的关系画成关系图。

（2）水深为 15 厘米时，水量是多少升？

◀ 提示 ▶
表示正比关系的关系图是通过原点的直线。

**解法** 在横轴上标出甲的值，在纵轴上标出乙的值。

（1）由上表得知，水深 ÷ 水量 =6（厘米），也就是乙 ÷ 甲 =6，所以，确定甲和乙成正比例的关系。因此，关系图是通过原点的直线。

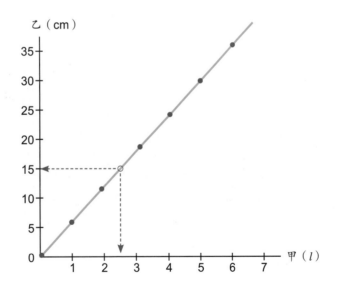

（2）由上图可以看出，当乙是 15 厘米时，甲大约是 2.5 升。利用算式来计算，乙 =6× 甲，把乙 =15 代入，得：

15=6× 甲，甲 =15÷6=2.5（升）

答：水量是 2.5 升。

## 把正比的关系列成算式并加以区别

**3**

下面各题中，两个数量成正比例的是哪几个？列出算式表示正比的关系。

①时速为 80 千米的列车，行车时间（甲）和行车路程（乙）的关系。

②总共有 2000 元，买东西使用的钱数（甲）和剩余的钱数（乙）的关系。

③面积为 36 平方厘米的三角形的底（甲）和高（乙）的关系。

④每千克 26 元的糖的重量（甲）和价钱（乙）的关系。

◀ 提示 ▶

如果乙÷甲＝常数，或者乙＝常数×甲，都表示甲和乙成正比例。

**解法** 当两个数量相除时，若商永远不变，则这两个数量成正比例。

①此题可以套用：路程÷时间＝速度，所以，乙÷甲=80，乙=80×甲，甲和乙成正比例。

②使用的钱数和剩余的钱数相加等于 2000 元，所以，甲＋乙=2000，甲和乙不成正比例。

③如果套用：三角形面积＝底×高÷2，本题可写成：甲×乙÷2=36→甲×乙=72，甲和乙的积是 72，甲和乙不成正比例。

④因为：1 千克的价钱×重量＝该重量的价钱，所以，26×甲=乙，乙÷甲=26。因为商一定，所以甲和乙成正比例。

答案：①成正比例，算式为：乙=80×甲；

④成正比例，算式为：乙=26×甲。

## 利用正比的关系求重量

**4**

有 2 根粗细相同的铁棒。甲棒的长是 20 厘米，重量是 4 千克；乙棒的长度是 70 厘米。乙棒的重量是多少千克？

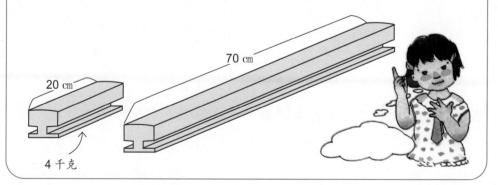

70 cm

20 cm

4 千克

◀ 提示 ▶
相同粗细的铁棒长度和重量成正比例。

**解法** 因为铁棒的粗细相同，当长度扩大 2 倍、3 倍时，重量也扩大 2 倍、3 倍，所以长度和重量成正比例。

把 70 厘米的铁棒重量表示为 $x$ 千克，因为商一定，所以：

$4 \div 20 = x \div 70$

$x = (4 \div 20) \times 70$

$x = 14$

| 长度（cm） | 重量（kg） |
| --- | --- |
| 20 | 4 |
| 70 | $x$ |

答：乙棒的重量为 14 千克。

### ■ 利用正比的关系来解题

**5**

小明每天从家里步行到学校都要花 27 分钟左右；哥哥骑自行车走相同的路程只花 9 分钟左右。小明如果以平常的速度从家里步行到邮局，需要花 18 分钟。哥哥若以平常的速度骑自行车走相同的路程，约需要多少分钟？

◀ 提示 ▶
先计算小明步行到邮局所花的时间是步行到学校所花时间的几倍。

**解法** 步行的时间和骑车的时间成正比例。因为商一定，所以：

$27 \div 9 = 18 \div x$

$x = 18 \div (27 \div 9) = 6$（分钟）

| 步行（分） | 自行车（分） |
| --- | --- |
| 27 | 9 |
| 18 | $x$ |

> 由 27÷9 可以算出，自行车行驶 1 分钟的路程若改用步行则需 3 分钟。

另外，可以采用上面表格中的算法，求出步行时间的倍数，然后再以求出的倍数乘自行车所需的时间，因此，可以写成：

$9 \times (18 \div 27) = \dfrac{\overset{3}{9} \times \overset{2}{18}}{\underset{\underset{1}{\overset{1}{3}}}{27}} = 6$（分钟）

答：需要约 6 分钟。

## 加强练习

1. 图①是一个铜板打造的模型。将图①的模型描绘在一块厚度均匀的厚纸板上，然后把画好的模型剪下来，结果纸板模型的重量是 9 克。

此外，在另一张相同的纸板上画出边长为 6 厘米的正方形，把画好的正方形（如图②）剪下来并称一称重量，结果正方形的重量是 12 克。如①的面积是多少平方厘米？

2. 从 400 升的海水中可以提炼出 10 千克的盐。如果要提炼出 42 千克的盐，需要多少升这样的海水？

3. 高度每升高 100 米，温度会降低 0.6 摄氏度。高度 640 米的山上气温是 20 摄氏度，那么，高度 3776 米的山顶上气温是多少摄氏度？（得数如果是小数，要四舍五入成整数）

## 解答和说明

1. 纸的厚度相同，纸的重量和面积成正比例，所以商不变。

| 重量 | 面积 |
|------|------|
| 9 | $x$ |
| 12 | $6 \times 6$ |

把图①的面积表示为 $x$ 平方厘米，

$9 \div x = 12 \div (6 \times 6)$，所以：

$x = 9 \div (12 \div 36) = 27$（平方厘米）

答：图①的面积是 27 平方厘米。

2. 海水的量和提炼出的盐量成正比例，所以，把海水的量表示为 $x$ 升时，列算式为：$400 \div 10 = x \div 42$

$x = (400 \div 10) \times 42 = 1680$（升）

答：需要这样的海水 1680 升。

3. 先计算 3776 米比 640 米高多少米，然后再和 100 米相互比较就成为右边的形式。

| 100m | 3136m |
|------|-------|
| ↓ | ↓ |
| 0.6℃ | $x$℃ |

$3776 - 640 = 3136$（米）

$0.6 \times 31.36 \approx 19$

$3136 \div 100 = 31.36$（倍）

$20 - 19 = 1$（摄氏度）

答：山顶上气温是 1 摄氏度。

4. 有人可能误认为甲跑 100 米会落后 4 米，所以甲跑 200 米会落后 8 米，因此，乙应该从起跑点后面 8 米的地方出发，但这却是错误的计算方法。下面是简略的对应表。

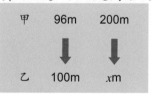

跑了 200 米时，乙跑的距离是：

$x = 100 \times \dfrac{200}{96}$

$x = 208\dfrac{1}{3}$

$208\dfrac{1}{3} - 200 = 8\dfrac{1}{3}$（米）

答：乙必须从起跑点后面 $8\dfrac{1}{3}$ 米的地方出发。

4. 甲、乙两人参加 100 米赛跑。乙到达终点时，甲离终点尚有 4 米。如果两人参加 200 米赛跑而他们跑步的速度不变，甲、乙若要同时到达终点，乙必须从起跑点后面几米的地方出发？

5. 右图是一个由长方体组合而成的水槽。现在每分钟往水槽注水 10 升，右边的关系图表示注水的时间和水深的关系。

（1）水深和注水时间成正比例是在注水几分钟之内？

（2）水槽底部的长方形的面积是多少平方厘米？

（3）当水面超过甲部分之后，乙部分每分钟注入的水深是多少厘米？

（4）求出甲、乙斜线部分的全部面积是多少。

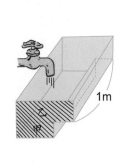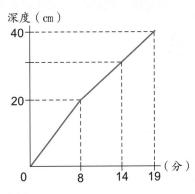

5.（1）表示正比的关系图是指通过原点（横轴与纵轴的交会点）的直线，所以在右边的关系图中，通过 0 点的直线是从 0 分到 8 分。也就是说，水深和注水时间在注水后的最初 8 分钟内成正比例。

（2）每分钟注水 10 升 =10000 立方厘米。起初 8 分钟注入同样的长方体，所以水槽底部的长方形的面积是：

10000×8÷20=4000（平方厘米）

（3）乙部分的深度是 40−20=20（厘米）。注水所花的时间是 19−8=11（分钟），每分钟注入的水深列算式为：

$20÷11=1\frac{9}{11}$（厘米）

（4）把 19 分钟注入的全部水量除以 100 厘米（柱体的体积 = 底面积 × 高度）：

10000×19÷100=1900（平方厘米）

答：（1）成正比例是在 8 分钟之内。
（2）长方形的面积是 4000 平方厘米。（3）乙部分每分钟注入的水深是 $1\frac{9}{11}$ 厘米。
（4）全部面积是 1900 平方厘米。

## 应用问题

1. 以下各题中，甲和乙成正比例的是哪几题？

① 乙 $=\frac{3}{5}×$ 甲 　② 甲 =8× 乙 +1

③ 甲 =72× 乙

2. 以下各题，两个数量成正比的是哪些？

① 以一定速度行驶的汽车，其行车时间和路程。

② 电报的字数和费用。

③ 父亲的年龄和孩子的年龄。

④ 每人每日进食的米量一定时，5 天内所吃的米量和人数。

3. 弹簧吊秤的长度是 20 厘米，放上 60 克的秤砣后，弹簧的长度变成 25 厘米。后来又加上 1 个若干克的秤砣，结果弹簧的长度变成 28 厘米。请问，后来增加的秤砣重多少克？

答案：1.①、③。2.①、④。3.36 克。

# 巩固与拓展 3

## 整 理

**1. 反比**

有甲、乙两个数量，当甲的值变成 2 倍、3 倍……时，乙的值反而变成 $\frac{1}{2}$ 倍、$\frac{1}{3}$ 倍……；当甲的值变成 $\frac{1}{2}$ 倍、$\frac{1}{3}$ 倍……时，乙反而变成 2 倍、3 倍……；这种情形表示甲和乙成反比例。

| | | $3 \times 16 = 48$ | | | | | $7 \times 6\frac{6}{7} = 48$ | | | |
|---|---|---|---|---|---|---|---|---|---|---|
| 甲 | 1 | 2 | 3 | 4 | 5 | 6 | 7 | 8 | 9 | 10 | 11 |
| 乙 | 48 | 24 | 16 | 12 | $9\frac{3}{5}$ | 8 | $6\frac{6}{7}$ | 6 | $5\frac{1}{3}$ | 4.8 | $4\frac{4}{11}$ |

## 试一试，来做题。

1. 下表显示下图天平右侧的重量和长度改变后的平衡情况，也就是重量和长度相互关系表。

| 重量（甲 g） | 36 | 24 | 18 | 16 | 12 | 8 | 6 | 4 |
|---|---|---|---|---|---|---|---|---|
| 长度（乙 cm） | 4 | 6 | 8 | 9 | 12 | 18 | 24 | 36 |

（1）把重量表示为甲，长度表示为乙，写出算式表示甲和乙的关系。

（2）表里的重量和长度有着什么样的关系？

（3）在这种关系中，长度若是 2.5 厘米，重量应该是多少克？

（4）在这种关系中，重量如果变成 $\frac{1}{2}$ 倍、$\frac{1}{3}$ 倍、$\frac{1}{4}$ 倍，长度会变成几倍？

当甲和乙成反比例时，甲乘以乙的积不变。

2. 反比的算式

甲和乙成反比例时，甲和乙的关系为：

$$甲 × 乙 = 一定的数$$

例如，甲 × 乙 =48。

或：

$$乙 = 一定的数 ÷ 甲$$

例如，乙 =48 ÷ 甲。

3. 反比的关系图

右图的曲线表示两个数量成反比例。

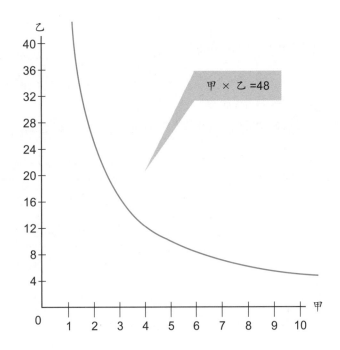

2. 如果把题1中的重量和长度的关系画成关系图，下面①至⑤哪条线是正确的？

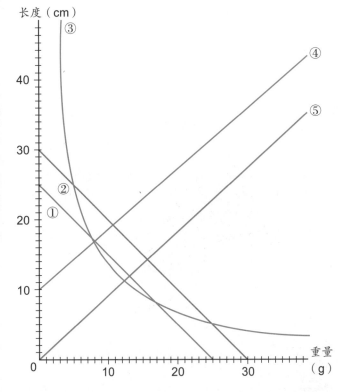

3. 在下列各题中，两个数量成反比例的是哪几题？

①10小时内所走的路程和速度。

②把900元分给姐妹两人，两人分得的钱数。

③面积80平方厘米的菱形两条对角线长度。

④用1米长的绳子做成长方形时，长方形的长度和宽度。

⑤由1人负责10日内可以完成的工程，完成工程所需的人数和日数。

4. 平行四边形 A 的底长 40 厘米，高是 12 厘米。平行四边形 B 的底长是 7 厘米，面积和平行四边形 A 的面积一样。平行四边形 B 的高度是多少厘米？

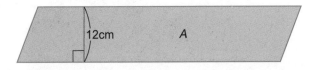

答案：1.（1）甲 × 乙 =144；（2）反比的关系；（3）57.6 克；（4）2 倍、3 倍、4 倍。2.③。3.③、⑤。4.68 $\frac{4}{7}$ 厘米。

## 解题训练

■ 由表中找出两个数量的关系，列出算式并利用算式计算问题

**1**

下表是面积为 24 平方厘米的三角形的底和高的关系表。看表回答下列问题。

| 底长（cm） | 1 | 2 | 3 | 4 | 5 | 6 | 7 | |
|---|---|---|---|---|---|---|---|---|
| 高（cm） | 48 | 24 | ① | 12 | ② | 8 | ③ | |

（1）①、②、③的空格里应该填入什么数？

（2）把底表示为甲，把高表示为乙，写出算式表示甲和乙的关系。

（3）如果底是 10 厘米，请问高是多少厘米？

（4）当高是 5.5 厘米时，请问底是多少厘米？

◀ 提示 ▶
底 × 高的积永远是 48。

**解法** 由上表可以看出，底 × 高的积永远相等，所以底和高成反比例。

（1）底 × 高 =48，所以，

①是：48÷3=16。

②是：48÷5=9.6。

③是：48÷7=$6\frac{6}{7}$。　　　　答：①为 16；②为 9.6；③为 $6\frac{6}{7}$。

（2）因为底 × 高 =48，用甲、乙列出算式就成为：

甲 × 乙 =48，或乙 =48÷甲。

答：算式为甲 × 乙 =48（或乙 =48÷甲）。

（3）利用（2）的算式，底（甲）为 10 厘米，高（乙）为：

48÷10=4.8（厘米）

答：高是 4.8 厘米。

（4）和（3）的算法相同，高（乙）为 5.5 厘米，底（甲）为：

48÷5.5=$8\frac{8}{11}$（厘米）

答：底是 $8\frac{8}{11}$ 厘米。

**表示反比关系的关系图**

**2**
A、B 两地相距 12 千米。下表显示步行速度和时间的相互关系。

| 时间（小时） | 1 | 2 | 3 | 4 | 5 | 6 | 7 | 8 | |
|---|---|---|---|---|---|---|---|---|---|
| 时速（千米） | 12 | 6 | 4 | 3 | 2.4 | 2 | $1\frac{5}{7}$ | 1.5 | |

（1）把时间表示为甲，时速表示为乙，把甲和乙的关系画成关系图。

（2）如果在 2.5 小时之内从甲地步行到乙地，时速应是多少千米？

◀ 提示 ▶
表示反比的关系图是一条渐渐接近横轴与纵轴，却不经过原点的曲线。

**解法** 在横轴上标出甲的值，在纵轴上标出乙的值。

（1）由上表可以看出，时速 × 时间 =12，也就是甲 × 乙 =12，所以，确定甲和乙成反比例。因此，其关系图如下图所示。

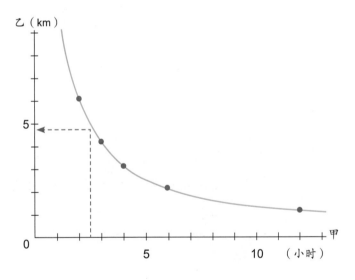

（2）由关系图可以看出，当甲为 2.5 小时，乙的值比 5 稍小。

利用算式来计算，2.5× 乙 =12，所以，乙 =12÷2.5=4.8（千米）。

答：时速应是 4.8 千米。

■ 把反比的关系
列成算式并加
以区别

**3**
　　在下面各题中，两个数量成反比例的是哪几题？列出算式表示反比关系。
　　①正六边形的边长（甲）和周长（乙）。
　　②周长为 60 厘米的长方形的宽（甲）和长（乙）。
　　③由 8 人负责 4 天可以完成的工程，完成该工程所需的人数（甲）和天数（乙）。
　　④面积为 20 平方厘米的三角形底（甲）和高（乙）。
　　⑤时速为 30 千米的汽车行车时间（甲）和路程（乙）。

◀ 提示 ▶

如果甲×乙＝一
定的数量，或者乙
＝一定的数量÷
甲，都表示甲和乙
成反比例。

■ 利用反比的关系
来解题

**解法**　如果两个数量相乘时，积保持不变，那么这两个数量成反比例。
①因为边长×6=周长，所以，甲×6=乙，甲和乙成正比。
②宽＋长＝周长÷2，所以，甲＋乙=60÷2→甲＋乙=30（厘米），甲与乙的和一定，甲和乙不是反比。
③由 8 人负责，4 天可以完成的工程的总天数是：4×8=32（天），所以，乙×甲就等于总天数，即乙×甲=32，因为积一定，所以，甲和乙成反比例。
④本题可以套用三角形的面积公式：甲×乙÷2=20（平方厘米），甲×乙=40（平方厘米），底和高成反比例。
⑤本题可以套用公式：时速×时间＝路程，所以，可以用30×甲=乙的算式表示，因此，甲和乙成正比而非反比。
答：③成反比例，算式为：乙×甲=32；④成反比例，算式为：甲×乙=40。

**4**
　　小明骑自行车骑行 8 千米的时间，汽车可以行驶 20 千米。如果自行车和汽车的车速都不变，小明骑车40 分钟的路程，请问汽车需要行驶多少分钟？

◀ 提示 ▶
先计算汽车的车速是自行车的车速的几倍。

**解法**　路程一定时，车速和时间成反比例。汽车的速度是自行车的速度的倍数为：$20÷8=\dfrac{5}{2}$（倍）。所以，行驶相同的路程时，汽车的行驶时间是自行车的骑行时间的$\dfrac{2}{5}$。

因此，$40×\dfrac{2}{5}=16$（分钟）。

或者，因为积保持不变，则：

$1×40=\dfrac{5}{2}×x$

$x=40÷\dfrac{5}{2}$

$x=16$

答：汽车需要行驶 16 分钟。

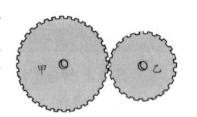

把自行车的车速当作1，汽车的车速就是$\dfrac{5}{2}$。

| 速度 | 时间 |
|------|------|
| 1 | 40 |
| $\dfrac{5}{2}$ | $x$ |

■ **利用反比的关系来解题**

**5**　有甲、乙两个齿轮。甲齿轮的齿数是 36，乙齿轮的齿数是 24。甲齿轮旋转 200 圈时，乙齿轮总共旋转多少圈？

◀ 提示 ▶
先计算甲齿轮每转 1 圈，乙齿轮需转几圈。

**解法**　齿轮的齿数和转数成反比例。

甲齿轮每转 1 圈，乙齿轮旋转的圈数是：

$36÷24=\dfrac{3}{2}$（圈）。因此，当甲齿轮转 200 圈的时候，乙齿轮旋转的圈数是 $200×\dfrac{3}{2}=300$（圈）。

此外，因为积不变，所以也可采用下列的方法求出答案。

$36×200=24×x$

$x=36×200÷24=300$（圈）

答：乙齿轮总共旋转 300 圈。

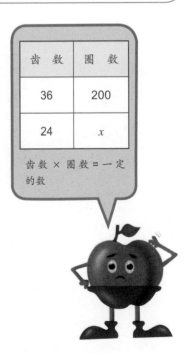

| 齿　数 | 圈　数 |
|------|------|
| 36 | 200 |
| 24 | $x$ |

齿数 × 圈数 = 一定的数

## 加强练习

1. 有甲、乙两个齿轮。甲齿轮的齿数是 40，乙齿轮的齿数是 35。甲在 30 秒钟内旋转 14 圈，乙齿轮在 1 分钟内旋转多少圈？

2. 4 名木工 10 天之内可以完成一项工程。如果工程的工作量增加 2.5 倍，需要几名木工才可以在 20 天之内做完全部的工程？

3. 下图是一个在平衡状态的天平。如果把丙点的砝码重量改为 10 千克，

甲、丙之间的长度应该缩短多少厘米，才能让天平继续保持平衡？

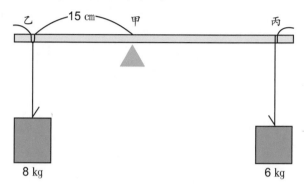

4. 骑自行车从甲地前往乙地的预定往返时间是 3 小时，但到达乙地时却已耗费 1 小时又 45 分钟。如果要在预定的时间内

## 解答和说明

1. 乙齿轮的齿数是甲齿轮齿数的 $\frac{35}{40}$ = $\frac{7}{8}$（倍）。所以，乙齿轮在 30 秒钟内的旋转圈数是 $14 \times \frac{8}{7}$ =16（圈），则 1 分钟内的旋转圈数为：

16×2=32（圈）

答：乙齿轮在 1 分钟内旋转 32 圈。

2. 原先工程所需的总人数是 4×10=40（人）。当工程工作量增加 2.5 倍时，所需的总人数是 40×2.5=100（人）。工程限定在 20 天内完成，需要的木工人数为：100÷20=5（人）。

答：需要的木工人数为 5 人。

3. 先计算原先甲和丙之间的长度。把甲、丙之间的长度表示为□厘米，则有：

8×15=6× □

□ =8×15÷6=20（厘米）

当两点的砝码重量改成 10 千克时，把甲、丙之间的长度表示为△厘米，则有：

8×15=10× △

△ =8×15÷10=12（厘米）

甲、丙之间后来的长度比原先缩短为：

20－12=8（厘米）

答：甲、丙之间的长度应该缩短 8 厘米。

4. 回程的时间是 1 小时又 15 分钟（$1\frac{1}{4}$ 小时）。回程的时间和去程的时间的比为：$1\frac{1}{4}$ ÷$1\frac{3}{4}$ = $\frac{5}{7}$。

因为车速和时间成反比例，所以回程的车速是去程的车速的 $\frac{7}{5}$（$1\frac{2}{5}$）。列算式为：

$1\frac{2}{5}$ －1= $\frac{2}{5}$

答：回程的车速必须比去程的车速增加 $\frac{2}{5}$。

回到甲地，回程的车速必须比去程的车速增加多少？

5. 小英有若干钱。如果用这笔钱买苹果，恰巧可以买 24 个；如果用这笔钱买橘子，刚好可以买 36 个。苹果的单价和橘子的单价相差 4 元。请问小英原本有多少钱？

6. 右边的关系图表示甲改变时，乙也跟着改变的四种情况。在①至④的四条线中，哪一条是代表正比的关系图？哪一条是代表反比的关系图？正比和反比的算

式各是下面哪一个？乙 = 甲 × $\frac{2}{3}$，乙 = 6 ÷ 甲。

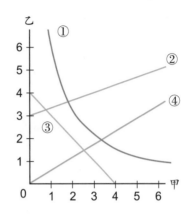

5. 以同样钱数买得的水果个数比是 24 : 36 = 2 : 3。

因为单价和个数成反比例，所以苹果的单价和橘子的单价的比是 3 : 2，也就是相差 4 元。苹果的单价为：

4 ÷ （3−2） × 3 = 12（元）

原本有的钱数列算式为：

12 × 24 = 288（元）

答：小英原来有 288 元。

6. 通过原点的直线表示正比的关系，所以④代表正比的关系图。就④的关系图来看，当甲是 3 时，乙是 2，所以，乙 = 甲 × $\frac{2}{3}$。因为反比的关系图呈曲线，所以①代表反比的关系图。

甲 × 乙 = 6，所以，乙 = 6 ÷ 甲。

答：④代表正比的关系图，乙 = 甲 × $\frac{2}{3}$；①代表反比的关系图，乙 = 6 ÷ 甲。

## 应用问题

1. 下列各题中，两个数量成正比的是哪几个？成反比例的是哪几个？

①有若干钱，购物所花的钱和剩余的钱。

②以一定的速度步行，步行的时间和路程。

③两个齿轮的齿数比和旋转数的比。

2. 下图是利用木棒来移动 280 千克重的石头。甲、乙的长度是 30 厘米，甲、丙的长度是 2.1 米。必须在丙点施力多少千克才能移动石头？

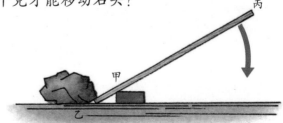

答案：1.②成正比；③成反比例。

2.40 千克。

步印童书馆 编著

北京市数学特级教师 丁益祥
北京市数学特级教师 司 梁
『卢说数学』主理人 卢声怡 联袂力荐

# 小牛顿

## 数学分级读物

第六阶 **3** 统计图表

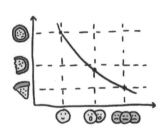

中国儿童的数学分级读物
培养有创造力的数学思维

**讲透原理** ➡ **系统进阶** ➡ **思维转换**

电子工业出版社
**Publishing House of Electronics Industry**
北京·BEIJING

**图书在版编目（CIP）数据**

小牛顿数学分级读物. 第六阶.3, 统计图表 / 步印
童书馆编著. —— 北京：电子工业出版社，2024. 6.
ISBN 978-7-121-48178-9

Ⅰ. O1-49

中国国家版本馆CIP数据核字第2024ZL5145号

特别鸣谢本书组稿策划人郑利强先生。

责任编辑：赵　妍　季　萌
印　　刷：当纳利（广东）印务有限公司
装　　订：当纳利（广东）印务有限公司
出版发行：电子工业出版社
　　　　　北京市海淀区万寿路173信箱　邮编：100036
开　　本：889×1194　1/16　印张：18.5　字数：373.2千字
版　　次：2024年6月第1版
印　　次：2024年6月第1次印刷
定　　价：120.00元（全6册）

凡所购买电子工业出版社图书有缺损问题，请向购买书店调换。若书店售缺，请与本社发行
部联系，联系及邮购电话：（010）88254888，88258888。

质量投诉请发邮件至zlts@phei.com.cn，盗版侵权举报请发邮件至dbqq@phei.com.cn。

本书咨询联系方式：（010）88254161转1860，jimeng@phei.com.cn。

# 统计图表·5

统计图表

# 矩形统计图

## ◉ 矩形统计图的分析方法

下图是某年甲国从各国进口铁矿石所占的百分率。

这种统计图叫作矩形统计图。

矩形统计图是用矩形来表示全部,然后画出每一个部分的百分率。从下图中你能看出什么吗?

甲国从世界各国进口铁矿石所占的百分率

总进口量 13261000 万千克

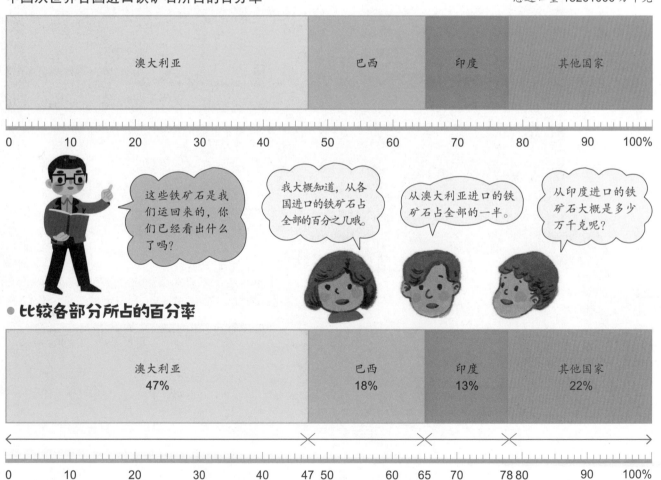

● 比较各部分所占的百分率

从上图中,可以看出,从各国进口铁矿石在全部进口量中所占的百分率。

从澳大利亚进口的铁矿石占全部进口量的 47%,约占全部的 $\frac{1}{2}$。

### ● 看一看各部分所占的百分率

我们可以从图中分别比较从澳大利亚及巴西进口铁矿石的百分率。

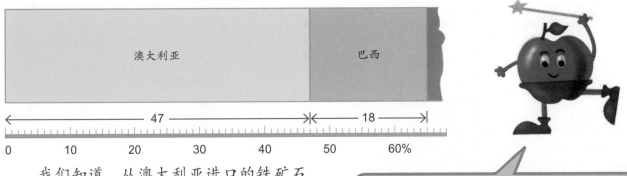

我们知道，从澳大利亚进口的铁矿石占全部的 47%、从巴西进口的铁矿石占全部的 18%，因此，从澳大利亚的进口量大约是从巴西进口量的 2.6 倍。

### ● 各部分的实际数量也可以用大概的数量来代替

从澳大利亚进口的铁矿石占全部的 47%，那么大概是多少万千克呢？我们用上面的百分率来算一算其大概数量。

从巴西进口的铁矿石占全部的 18%，我们也可以算出其大概是多少万千克。

部分的数量可用下列方法求出：

全体的数量 × 部分所占的百分率＝部分的数量

※ 从澳大利亚进口的铁矿石数量：

13261000×0.47=6232670（万千克）

从澳大利亚进口的铁矿石数量大约是 6200000 万千克。

※ 从巴西进口的铁矿石的数量：

13261000×0.18=2386980（万千克）

从巴西进口的铁矿石数量大约是 2400000 万千克。

### 综合测验

再请看前一页的图，回答下列问题。

① 从印度进口铁矿石的占全部的百分之几？

② 从巴西进口的铁矿石约占全部的几分之几？

③ 从印度进口的铁矿石大约有多少万千克？请保留最高两位有效数字的近似数来回答。

**整 理**

（1）把矩形分成好几个部分的统计图叫作矩形统计图。

（2）矩形统计图可以看出全部与部分的数量关系，并且可以简单地比较各个部分所占的百分率。

（3）由全部的总数和各部分所占百分率，可以求出各部分的实际数量。

综合测验答案：① 13%；② 约占 $\frac{1}{5}$；③ 1700000 万千克。

## 矩形统计图的绘制方法

右表是某年某个国家各种水果的进口量的统计。

为了比较全部和各种类水果的数量关系，让我们把它改画成矩形统计图。

各种水果的进口量　（单位：万千克）

| 种类 | 进口量 |
|---|---|
| 香蕉 | 82500 |
| 葡萄 | 16100 |
| 柠檬 | 10500 |
| 菠萝 | 7800 |
| 芒果 | 1700 |
| 其他 | 11400 |
| 合计 | 130000 |

各部分占总数的百分之几呢？

各部分应该怎么区别呢？

矩形大概要画多长啊？

### 各部分在总数中所占的百分率

用下列方法可以求出各部分在总数中所占的百分率。

部分的数量 ÷ 全部的数量

= 部分在总数中所占的百分率

如果合计的百分率大于100%，就减少高的百分率，使合计的百分率刚好是100%。

| | | 每种水果所占的百分率 | 累计百分率 |
|---|---|---|---|
| 香蕉 | 82500÷130000=0.634… | 63% | 64% |
| 葡萄 | 16100÷130000=0.123… | 12% | 76% |
| 柠檬 | 10500÷130000=0.080… | 8% | 84% |
| 菠萝 | 7800÷130000=0.06 | 6% | 90% |
| 芒果 | 1700÷130000=0.013… | 1% | 91% |
| 其他 | 11400÷130000=0.087… | 9% | 100% |
| | | | 合计 99% |

如果合计的百分率不满100%，可以增加最高那个的百分率，使合计的百分率刚好是100%。

## ● 绘制矩形统计图的注意事项

请利用下面的矩形绘制成矩形统计图。

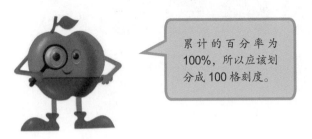

累计的百分率为 100%，所以应该划分成 100 格刻度。

使用累计的百分率，即可画出各部分所占的百分率。

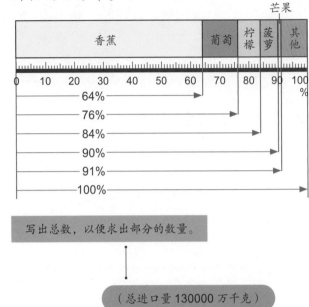

写上项目名称

各种水果的进口量比例

写出总数，以便求出部分的数量。

（总进口量 130000 万千克）

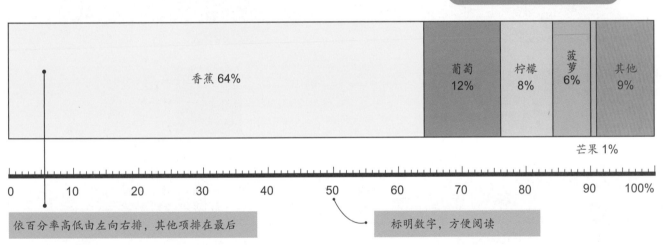

芒果 1%

```
0    10   20   30   40   50   60   70   80   90   100%
```

依百分率高低由左向右排，其他项排在最后

标明数字，方便阅读

---

**整　理**

用下列方法绘制矩形统计图。

（1）先求出各部分占全体的百分率。如果各部分的百分率的合计如果不满或超过 100% 时，可以增加或减少高的百分率，使得合计是 100%。

（2）配合矩形的长度画出 100 个刻度，并标上数字。

（3）标出各部分所占的百分率，并加以区分。

（4）依百分率从高到低由左向右排，"其他"的部分放在最后。

# 矩形统计图的应用

## ◉ 矩形统计图的应用

◆ 使用几种矩形统计图分析百分率的不同变化

下面的矩形统计图是甲国各种工业的生产量每隔 10 年的调查记录。

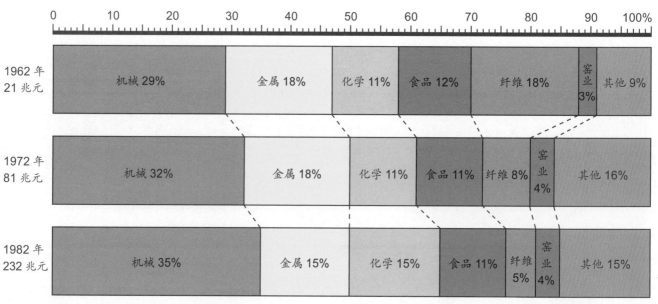

甲国各种工业的生产量所占的百分率

备注：1 兆元等于 10000 亿元。

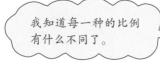

我知道每一种的比例有什么不同了。

也可以推算以后的变化哦！

从上图可以明显看出，机械的生产量的变化为：29% → 32% → 35%，一直往上升。我们也知道，纤维的生产量一直下降，18% → 8% → 5%。

从矩形的长度以及百分率，可以预测机械、化学的生产量会继续提高，而纤维的生产量可能会再降低下去。金属的生产量的变化为：18% → 18% → 15%；食品生产量的变化为：12% → 11% → 11%。这两类的生产量应该不会有很大的变化，窑业也没有重大的变化。

## 想一想

统计的项目不一样，但是互相有联系的统计图可以画在一起比较吗？下面这三种矩形统计图应该怎样比较才最合适呢？

大小工厂数量所占的百分率　%
0 10 20 30 40 50 60 70 80 90 100

| 4～29人 87% |
| 30～299人 12.1% |
| 300人以上 0.9% |

工人人数所占的百分率　%
0 10 20 30 40 50 60 70 80 90 100

| 4～29人 35.1% | 30～299人 36.9% | 300人以上 28% |

产量大小所占的百分率　%
0 10 20 30 40 50 60 70 80 90 100

| 30～299人 34.1% | 300人以上 48.4% |

4～29人 17.5%

像右图这样就很容易比较了。

从图上可以看出，工人人数4～29人的小工厂占绝大多数（87%），工人约占总工人数量的$\frac{1}{3}$，产量约占全部产量的$\frac{1}{5}$。

300人以上的大工厂还不到1%，但产量约占全部产量的一半。从矩形统计图上可以了解很多情况。

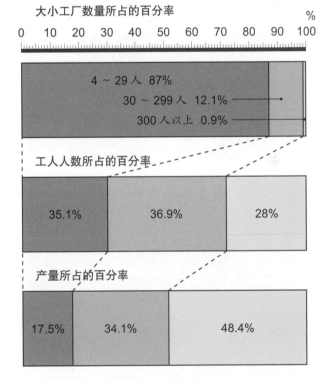

大小工厂数量所占的百分率　%
0 10 20 30 40 50 60 70 80 90 100

4～29人 87%
30～299人 12.1%
300人以上 0.9%

工人人数所占的百分率
35.1% | 36.9% | 28%

产量所占的百分率
17.5% | 34.1% | 48.4%

## 整 理

（1）排列数个矩形统计图，可以了解百分率如何改变，并且预测未来的变化。

（2）使用数种不同类型的矩形统计图，可以发现不同的问题。

# 扇形统计图

## ◉ 扇形统计图的分析方法

　　如右图所示，用一个圆的面积表示事物总体，以扇形面积表示各部分占总体的百分率的统计图，叫作扇形统计图。

　　从右图可以看出各部分所占的百分率，除此以外，还可以看出什么呢？

机械工业占总体的几分之几呢？产量又是多少亿元呢？

**甲国各种工业的生产量所占的百分率**

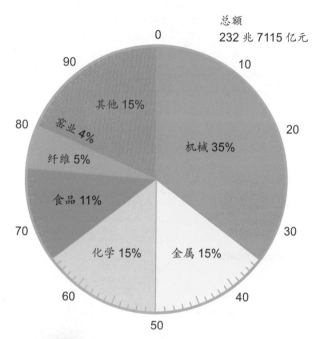

总额
232 兆 7115 亿元

## ● 可以看出各部分占总体的百分之几

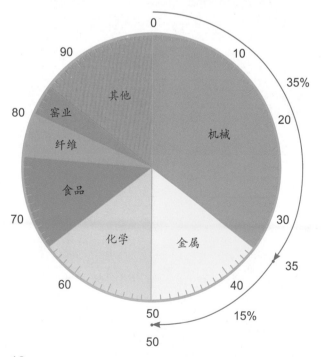

左图中从 0 算起，可以看出机械工业与金属工业的生产量占总体的 50%，加上化学工业的生产量则占总体的 65%。

　　扇形统计图中显示机械工业的生产量占总体的 $\frac{1}{3}$，金属与化学工业的也占总体的 $\frac{1}{3}$。这种图经常用于宣传方面。

## ● 可以清晰地看出各部分所占的百分率

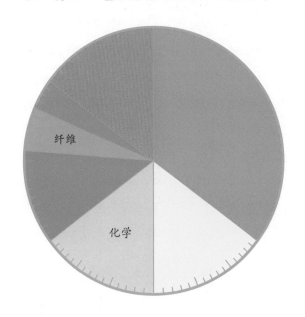

接下来，以一种工业与其他工业做个比较，并计算它们之间的倍数关系。

化学工业的生产量占总体的 15%，是纤维工业的 3 倍。

可以了解好多事哦！

◆ 从总数及各部分所占百分率求出各部分的实际数量。

### 综合测验

请看上页的扇形统计图，回答下列问题。

①化学工业的生产量占总体的百分之几？

②金属工业的生产量约占总体的几分之几？

③化学工业的生产量约为多少亿元？请用最高位起 4 位有效数字的近似数表示。

①了解扇形统计图的优点以及如何分析。

②了解扇形统计图的画法。

## ● 用近似数来代替各部分的实际数量。

| 总生产量 | 232 兆 7115 亿元 |
| --- | --- |
| 机械工业所占的百分率 | 35% |
| 机械工业的生产量 | ？亿元 |

**总体的数量 × 部分的比例 = 部分的数量**

2327115　　　×　　　0.35　　　≈　　814490.3

机械工业的生产量约 81 兆 4500 亿元。

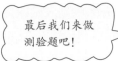

最后我们来做测验题吧！

### 整 理

（1）用一个圆的面积表示事物总体，以扇形面积表示各部分占总体的百分率的统计图，叫作扇形统计图。

（2）使用扇形统计图，容易看出各部分占总体的百分率。

（3）由总体的数量和各部分所占的百分率，可以求出各部分的实际数量。

综合测验答案：① 15%；②约占 $\frac{1}{7}$；③ 2327115×0.15=349067.3，约有 34 兆 9100 亿元。

## ◉ 扇形统计图的绘制方法

右表是某一年甲国从各国或地区进口原油的总额。

让我们把它改成扇形统计图，以便更容易看出总体与部分、部分与部分之间的数量关系。

| 甲国由各国进口原油的总额 | （单位 万美元） |
|---|---|
| 沙特阿拉伯 | 780000 |
| 伊朗 | 394000 |
| 印度尼西亚 | 335000 |
| 阿拉伯联合酋长国 | 270000 |
| 其他国家 | 578000 |
| 合计 | 2357000 |

各部分占总体的百分之几？

把圆形划分为扇形吧。

各部分的界线应该怎么区分呢？

百分率的合计不满100%时，增加高的百分率，凑足100%。

### ● 各部分所占的百分率的求法

部分的数量 ÷ 总体的数量
= 部分所占的百分率

| | | 各国所占的百分率 | 累计的百分率 |
|---|---|---|---|
| 沙特阿拉伯 | 780000÷2360000=0.330…… | 33% | 34% |
| 伊朗 | 394000÷2360000=0.166…… | 17% | 51% |
| 印度尼西亚 | 335000÷2360000=0.141…… | 14% | 65% |
| 阿拉伯联合酋长国 | 270000÷2360000=0.114…… | 11% | 76% |
| 其他国家 | 578000÷2360000=0.244…… | 24% | 100% |
| | | 合计 99% | |

※ 先算出从各国进口原油的亿位数总额的概数，然后求出各部分所占的百分率，绘制成下页的扇形统计图。

如果百分率的合计大于100%，减少高的百分率，使合计的百分率为100%。

● **绘制扇形统计图的注意事项**

◆ 如下图所示，使用 100% 刻度的纸画扇形统计图

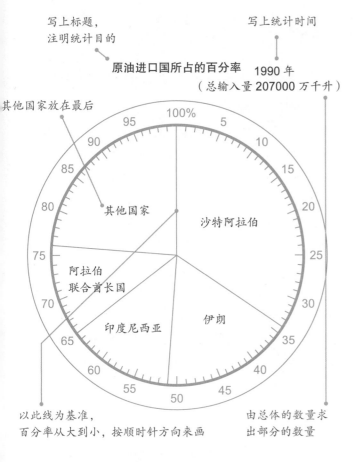

写上标题，注明统计目的

写上统计时间

原油进口国所占的百分率

1990 年
（总输入量 207000 万千升）

其他国家放在最后

100%

以此线为基准，百分率从大到小，按顺时针方向来画

由总体的数量求出部分的数量

如果使用没有刻度的纸时，该怎么画扇形统计图呢？

● **使用无刻度的纸画扇形统计图**

如下图所示，求出扇形的圆心角，例如，伊朗的百分率为 17%，则其对应的圆心角度数为：360×0.17=61.2°。

圆心角合计为 360°，可以看情况加或减高的百分率。沙特阿拉伯的百分率为 34%，其对应的圆心角度数为：360×0.34=122.4°。

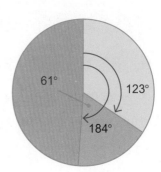

我们可以将 122.4° 当作 123°。

| 各国的百分率 | 圆心角 | 圆心角累计 |
|---|---|---|
| 34% | 122° | 123° |
| 17% | 61° | 184° |
| 14% | 50° | 234° |
| 11% | 40° | 274° |
| 24% | 86° | 360° |

※ 绘制扇形统计图时，先画出各部分对应的圆心角累计的度数线，就不必反复使用量度器量了。

**整 理**

（1）如果各部分的百分率总和不是 100%，可以加或减高的百分率，使累计的百分率为 100%。

（2）使用扇形统计图用纸，百分率从大到小按顺时针方向来画。"其他"的部分一定要放在最后。

（3）使用无刻度的纸画扇形统计图时，可用下列公式求出圆心角的度数。

360° × 各部分所占的百分率 = 圆心角的度数

# 扇形统计图的应用

## 扇形统计图的两种变化类型

◆ 如果使用下面这种详细刻度的扇形统计图,我们可以了解些什么呢?

### 比较地球表面海洋与陆地的面积的关系(上下半圆的扇形统计图)

海洋面积与陆地面积所占百分率

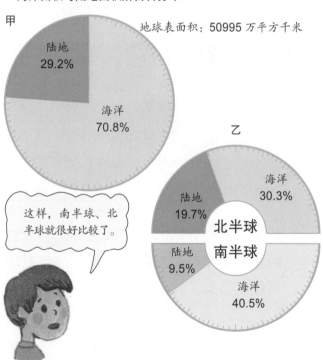

地球表面积:50995 万平方千米

这样,南半球、北半球就很好比较了。

### 甲国各种税收所占的百分率(内外两层的扇形统计图)

税收种类

单位:亿元

( ) 内为百分率

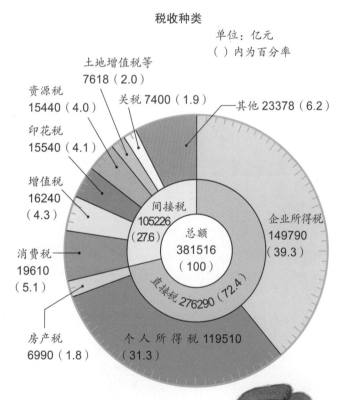

中间是总额,381516 亿元为 100%。

从甲图可以看出地球表面海洋与陆地的面积所占的百分率:海洋面积占 70.8%;陆地面积占 29.2%。

乙图则是把地球表面分为南半球、北半球,使我们更容易看出海洋与陆地的面积所占的百分率。南半球的海洋面积比较大,北半球则是陆地面积比较大。

从内圆可以看出,税收分为直接税与间接税,两种税所占的百分率也一目了然。

从外圆可以了解直接税的种类与其所占的百分率,以及间接税的种类与其他所占的百分率。

## ◉ 统计图的特征

◆ 前面我们学习了四种统计图，请回想一下这些统计图的用法。

**学习重点**

①用心绘制、分析各种统计图。
②牢记条形统计图、折线统计图、矩形统计图、扇形统计图的特征。

### ● 条形统计图（条形图）

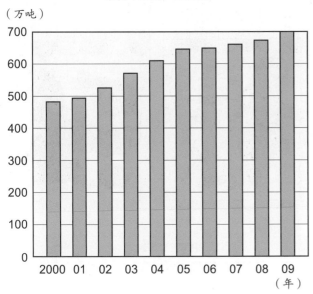

某省牛奶的产量变化

### ● 扇形统计图（扇形图）

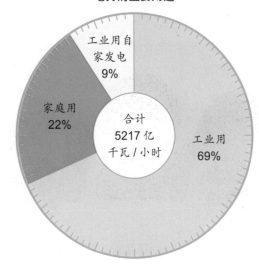

电力的主要用途

### ● 矩形统计图（矩形图）

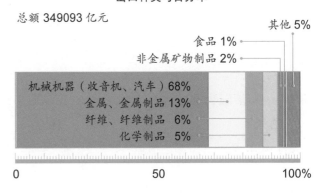

出口种类与百分率

### ● 折线统计图（折线图）

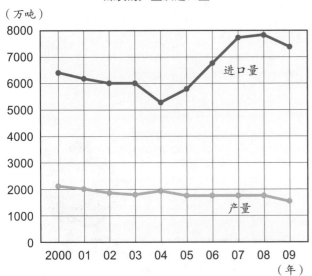

煤炭的产量及进口量

统计图的特征

| 条形统计图 | 用在比较数量时 |
|---|---|
| 折线统计图 | 用在比较变化状况时 |
| 矩形统计图<br>扇形统计图 | 比较总体与部分、部分与部分的数量时 |

# 平均值与数量范围的统计

## ◉ 求平均值

下图是甲、乙两店每月的营业记录，请问哪一家的生意比较好呢？

甲店的营业额 （单位：万元）

| 月 | 3 | 4 | 5 | 6 | 7 | 8 | 9 | 10 |
|---|---|---|---|---|---|---|---|---|
| 营业额 | 60 | 50 | 44 | 48 | 55 | 59 | 53 | 55 |

乙店的营业额 （单位：万元）

| 月 | 2 | 3 | 4 | 5 | 6 | 7 | 8 | 9 | 10 | 11 |
|---|---|---|---|---|---|---|---|---|---|---|
| 营业额 | 42 | 58 | 50 | 51 | 48 | 54 | 47 | 61 | 44 | 65 |

◆ 我们可以比较甲、乙两店生意最好和最差的月份，以及营业额的总计，然后整理成下表。

| 生意最好的月份 | | 生意最差的月份 | | 营业额总计 | |
|---|---|---|---|---|---|
| 甲店 | 乙店 | 甲店 | 乙店 | 甲店 | 乙店 |
| 60 万元 ＜ 65 万元 | | 44 万元 ＞ 42 万元 | | 424 万元 ＜ 520 万元 | |

生意最好的月份是乙店占优势，生意最差的月份则是甲店占优势。在营业额总计方面，甲店营业 8 个月，乙店营业 10 个月，如此一来，到底哪一家每月的营业额较多，实在看不出来。那么，应该怎么比较才好呢？

请使用我们学过的平均值来想一想。

18

※ 甲、乙两店每个月的营业额高低不定，调查的时间也不同，如果想要比较甲、乙两店每月营业额的高低，可以求出每月的平均营业额来作比较。

①用求平均值的方法，可以比较两个数量。
②了解数量范围的表示方法。

---

营业额总计 ÷ 月数 = 每月的平均营业额

甲店的平均营业额为：424÷8=53（元）
乙店的平均营业额为：520÷10=52（元）
甲店每月的平均营业额比较多。

## ● 范围的表现方法

假如我们把甲店每月的营业额按 5 万元的差额来分段，那么就可以整理如下表。

甲店的营业额 （单位：万元）

| 营业额 | 40 以上 不满 45 | 45 以上 不满 50 | 50 以上 不满 55 | 55 以上 不满 60 | 60 以上 不满 65 |
|---|---|---|---|---|---|
| 月数 | 1 | 1 | 2 | 3 | 1 |

◆ 在表示数量范围的时候，我们经常使用以上、以下、不满等词，让我们再来看一看这些词所代表的意思。

## 综合测验

①乙店每月的营业额是在多少万元以下、多少万元以上的范围内呢？

②乙店的营业额有几个月是在 40 万元以上，但不满 50 万元呢？

综合测验答案：①42 万元以上 65 万元以下；②4 个月。

---

※ 所谓 40 万元以上，表示刚好 40 万元或比 40 万元还要多，也就是包括本数。

| 35 万元 | 40 万元 | 45 万元 | 50 万元 |

※ 不满 45 万元，表示还不到 45 万元，也就是不包括本数。

| 40 万元 | 45 万元 | 50 万元 | 55 万元 |

※ 60 万元以下是指正好 60 万元或比 60 万元还少，也包括本数。

| 50 万元 | 55 万元 | 60 万元 | 65 万元 |

甲店每月的营业额在 44 万元以上、60 万元以下的范围之内。

---

整 理

（1）用求平均值的方法来比较两个数量。

（2）在表示数量范围的时候，可以用以上、以下或不满等词。

① 10 以上不满 15，表示为：

| 9 | 10 | 11 | 12 | 13 | 14 | 15 | 16 |

② 10 以上 15 以下，表示为：

| 9 | 10 | 11 | 12 | 13 | 14 | 15 | 16 |

# 不规则数据的统计

## ● 分析不规则的数据

下表是甲、乙两队的投球记录，我们来比较看一看，哪一队的成绩比较好。

比较甲队与乙队的投球平均值，甲队910÷32≈28.4（米），乙队848÷30≈28.3（米），几乎差不多嘛！

用数线来分析单独的记录，好吗？

投球的记录　　　　甲队

| 号码 | 距离（m） | 号码 | 距离（m） | 号码 | 距离（m） | 号码 | 距离（m） |
| --- | --- | --- | --- | --- | --- | --- | --- |
| 1 | 25 | 9 | 34 | 17 | 29 | 25 | 33 |
| 2 | 23 | 10 | 15 | 18 | 27 | 26 | 22 |
| 3 | 34 | 11 | 32 | 19 | 14 | 27 | 18 |
| 4 | 20 | 12 | 30 | 20 | 34 | 28 | 36 |
| 5 | 38 | 13 | 24 | 21 | 27 | 29 | 23 |
| 6 | 30 | 14 | 26 | 22 | 38 | 30 | 39 |
| 7 | 16 | 15 | 33 | 23 | 37 | 31 | 32 |
| 8 | 27 | 16 | 18 | 24 | 42 | 32 | 34 |

乙队

| 号码 | 距离（m） | 号码 | 距离（m） | 号码 | 距离（m） | 号码 | 距离（m） |
| --- | --- | --- | --- | --- | --- | --- | --- |
| 1 | 26 | 9 | 28 | 17 | 22 | 25 | 24 |
| 2 | 27 | 10 | 34 | 18 | 28 | 26 | 25 |
| 3 | 25 | 11 | 27 | 19 | 25 | 27 | 30 |
| 4 | 30 | 12 | 25 | 20 | 22 | 28 | 26 |
| 5 | 26 | 13 | 36 | 21 | 24 | 29 | 32 |
| 6 | 35 | 14 | 39 | 22 | 32 | 30 | 34 |
| 7 | 34 | 15 | 36 | 23 | 21 | | |
| 8 | 16 | 16 | 30 | 24 | 29 | | |

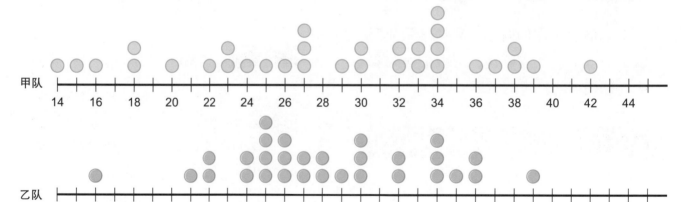

甲队的成绩有点分散，但乙队的成绩大部分在24米至36米之间。

多数数据很接近，但也有个别单独数据很分散。

在比较两组数据时，也可以用各自单独的数据相比。

## ● 绘制不规则分散数据的统计表

用什么样的图表才能把零散的数据整理得简单明了呢？

把投球距离限定在 5 米内，并做成右表，就容易看清楚了。我们约定，表中的"5 ~ 10"表示 5 米以上不满 10 米。

※ 在绘制数据比较分散的统计表时，使用"正"字来统计，非常方便。

甲队

| 号码 | 距离（m） | |
|---|---|---|
| 1 | 25 | |
| 2 | 23 | |
| 3 | 34 | |
| 4 | 20 | |
| 5 | 38 | |
| 6 | 30 | |
| 7 | 16 | |
| 8 | 27 | |

甲队

| 距离（m） | 人数（人） |
|---|---|
| 5 ~ 10 | |
| 10 ~ 15 | 一 |
| 15 ~ 20 | 正 |
| 20 ~ 25 | 正 |
| 25 ~ 30 | 正一 |
| 30 ~ 35 | 正正 |
| 35 ~ 40 | 正 |
| 40 ~ 45 | 一 |

投球的记录

| 距离（m） | 人数（人） | |
|---|---|---|
| | 甲队 | 乙队 |
| 5 ~ 10 | 0 | 0 |
| 10 ~ 15 | 1 | 0 |
| 15 ~ 20 | 4 | 1 |
| 20 ~ 25 | 5 | 5 |
| 25 ~ 30 | 6 | 12 |
| 30 ~ 35 | 10 | 8 |
| 35 ~ 40 | 5 | 4 |
| 40 ~ 45 | 1 | 0 |
| 合计 | 32 | 30 |

整理图表时，一定要注意不能有遗漏的或重复的哦。所以对分界处的数据要约定好归哪边。

## 综合测验

请依照右上表的甲、乙两队的投球记录，回答下列问题。

①投球距离在 30 米以上，不满 35 米的一共有几人？

②投球距离在 20 米以上，不满 40 米的一共有几人？

综合测验答案：① 18 人；② 55 人。

**整 理**

（1）比较两组数据时，除了比较平均值，还可以比较分散的数据。

（2）比较分散的数据时，把每一组数据限定在某一范围内，并且绘成图表，就很容易比较了。

# 直方统计图

## 直方统计图

把投球记录与人数的关系绘制成下面这种统计图，可以很方便地看出各部分的多少，以及整体与部分之间的关系，这种统计图叫作直方图。

投球记录

| 距离（m） | 人数 | |
|---|---|---|
| | 甲队 | 乙队 |
| 5 ~ 10 | 0 | 0 |
| 10 ~ 15 | 1 | 0 |
| 15 ~ 20 | 4 | 1 |
| 20 ~ 25 | 5 | 5 |
| 25 ~ 30 | 6 | 12 |
| 30 ~ 35 | 10 | 8 |
| 35 ~ 40 | 5 | 4 |
| 40 ~ 45 | 1 | 0 |
| 合计 | 32 | 30 |

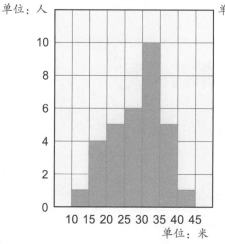

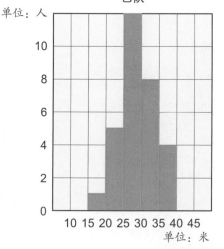

"不用数也知道哪一部分的人数最多吧。"

"这种图很快可以看出部分的状况。"

※ 只要找出直方统计图中最高的那一根柱子，就可以知道哪一部分的人数最多。甲队中人数最多的是投球距离30米以上而不满35米的那部分，一共有10人。乙队中人数最多的是投球距离25米以上而不满30米的那部分，一共有12人。

※ 甲队中投球距离30米以上不满35米的人数最多。

乙队中投球距离25米以上不满30米的人数最多。

从直方统计图中可以看出，乙队的投球距离比较集中。

让我们来看一看什么叫作直方统计图吧!

◆ 由整体的形状看部分的情况，大概可以得到以下的一些结论。

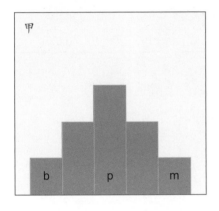

甲图中 p 的部分最多，两边的部分逐渐减少，若统计的是体重，那就是说一般体重的人比较多。

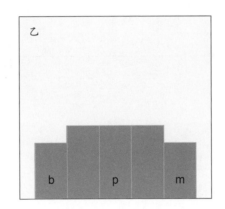

乙图中最多的部分并不明显，各部分几乎不相上下，就是说各种体重的人数差不多。

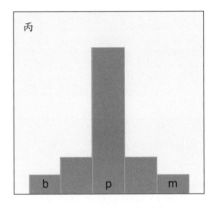

丙图中 p 的部分非常多，其他部分却特别少，就是说体重重的人与体重轻的人都很少。

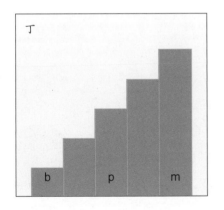

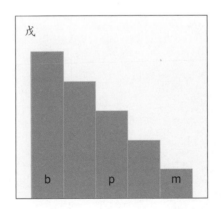

丁图中 m 的部分最多，并且往左下逐渐减少，就是说体重重的人比较多。

戊图中 b 的部分最多，并且往右下减少，就是说体重轻的人比较多。

整 理

（1）从直方统计图中很容易看出各部分的情况。

（2）由直方统计图中可看出以下的情况：①哪一部分最多。②各部分分布的情况。

# 直方统计图的绘制方法

请利用下列资料，绘制直方统计图。

### 6 年级甲班的男生体重

| 号码 | 体重（kg） | 号码 | 体重（kg） | 号码 | 体重（kg） | 号码 | 体重（kg） |
|---|---|---|---|---|---|---|---|
| 1 | 30.0 | 5 | 28.1 | 9 | 38.4 | 13 | 35.9 |
| 2 | 32.0 | 6 | 33.3 | 10 | 25.5 | 14 | 30.5 |
| 3 | 29.9 | 7 | 28.5 | 11 | 29.7 | 15 | 36.3 |
| 4 | 31.6 | 8 | 29.3 | 12 | 30.2 | 16 | 40.0 |

（1）制作区间的表格

| 体重（千克） | 25～30 | 30～35 | 35～40 | 40～45 |
|---|---|---|---|---|
| 人数（人） | 6 | 6 | 3 | 1 |

（2）画出方格

"好，先让我们把方格画出来吧！因为人数最多是 6 人，所以纵轴只要 6 格就可以了。""只有 4 个区间，所以横轴画 4 个就行啦！"两边各留一个空格。

（3）动手画统计图表

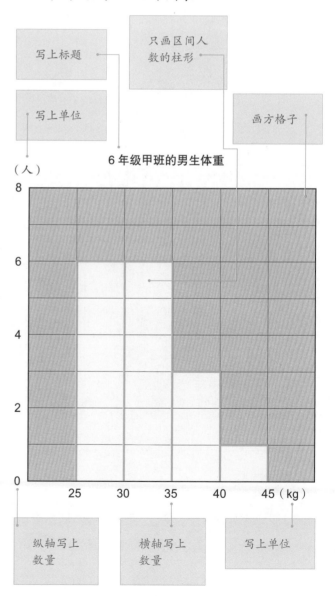

写上标题

只画区间人数的柱形

写上单位

画方格子

6 年级甲班的男生体重

（人）

纵轴写上数量

横轴写上数量

写上单位

## ◉ 直方统计图与条形统计图

请看下面的统计图，并说明条形统计图与直方统计图的差别。

看来好像横轴部分不太一样呀！

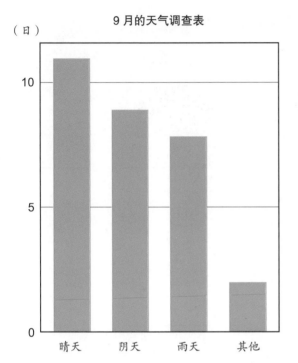

9 月的天气调查表

6 年级甲班的女生体重

"把差别整理出来吧！"

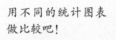

用不同的统计图表做比较吧！

※ 条形统计图用在比较多个数量的大小。直方图用在表示部分的情况。

※ 条形统计图的横轴彼此没有关联。因此长条彼此分开。

※ 直方统计图的横轴表示数量的区间，所以，它们之间没有间隔。

整 理

绘制直方统计图的步骤：

（1）整理资料，画出区间的表格。

（2）画出需要的方格子。

（3）在纵轴、横轴标上数字，并画出图表。

（4）一定要写上标题。

25

# 直方统计图的应用

我们来看一看某地人口的情况吧。

总人口大约 1 亿 1500 万人吧。

那么，多少岁左右的人最多呢？

下图是甲地某一年男女人数及年龄的统计记录。（直方图也可以是横着的哦）

请看这张图，回答右边①至③的问题。

①最详细的部分在哪里？

②用年龄区别男、女的人数。

③在男性与女性中，以多少岁到多少岁的人最多？

甲地人口的年龄统计

男性

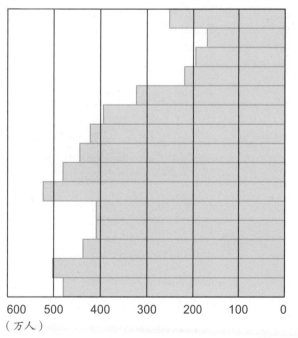

600 500 400 300 200 100 0
（万人）

女性

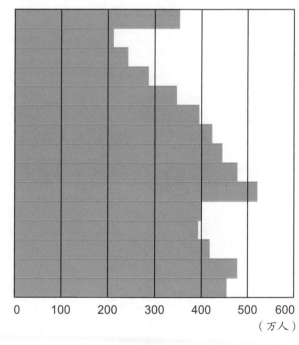

70 岁以上
65 ~ 69
60 ~ 64
55 ~ 59
50 ~ 54
45 ~ 49
40 ~ 44
35 ~ 39
30 ~ 34
25 ~ 29
20 ~ 24
15 ~ 19
10 ~ 14
5 ~ 9
0 ~ 4 岁

0 100 200 300 400 500 600
（万人）

"可以比较男、女的人口分布情况。"

"可以比较各年龄段人口的分布情况。"

"把这两种比较组合起来就可以了。"

1. 下左图甲代表男性的各种年龄段的人口数，乙代表女性的各种年龄段的人口数，将两图结合起来就成为右图。这么一来，就可以同时比较男、女人口与各种年龄人口的个别部分了。

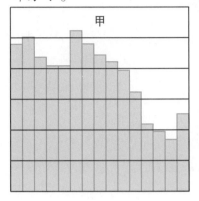
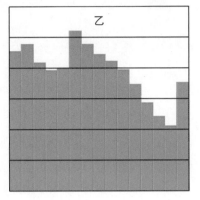
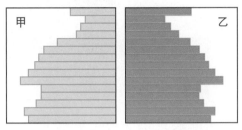

这么一来就简单明了啦!

2. 将左、右的统计表对照，就很容易比较年龄。

| 70 岁以上 | 252 | 男性人数 < 女性人数 | 352 | 30 ~ 34 | 480 | 男性人数 > 女性人数 | 477 |
|---|---|---|---|---|---|---|---|
| 65 ~ 69 | 169 | 男性人数 < 女性人数 | 211 | 25 ~ 29 | 523 | 男性人数 > 女性人数 | 520 |
| 60 ~ 64 | 195 | 男性人数 < 女性人数 | 242 | 20 ~ 24 | 409 | 男性人数 > 女性人数 | 400 |
| 55 ~ 59 | 219 | 男性人数 < 女性人数 | 286 | 15 ~ 19 | 409 | 男性人数 > 女性人数 | 392 |
| 50 ~ 54 | 323 | 男的人数 < 女性人数 | 346 | 10 ~ 14 | 437 | 男性人数 > 女性人数 | 417 |
| 45 ~ 49 | 394 | 男性人数 = 女性人数 | 394 | 5 ~ 9 | 502 | 男性人数 > 女性人数 | 477 |
| 40 ~ 44 | 422 | 男性人数 = 女性人数 | 422 | 0 ~ 4 岁 | 479 | 男性人数 > 女性人数 | 454 |
| 35 ~ 39 | 444 | 男性人数 = 女性人数 | 444 | 总人口 | 约 1 亿 1490 万人 | 表内人口的单位为万人 | |

(可四舍五入)

3. 从统计表可以很快看出人数最多的部分为：

男性为 25 至 29 岁；

女性为 25 至 29 岁。

从统计表上也可知，0 至 34 岁的男性人数比女性人数多，但 50 岁以上，女性人数却比男性人数多。

当然我们也知道，24 岁以下的人数比 24 岁以上的人数要少。

所以，我们从统计表上可以了解许多事情。让我们再来看一看其他不同的统计图吧！

# 部分与全部的关系

## ◉ 推算全体的概数

下表是小明班上有蛀牙的人数与全年级有蛀牙的人数的比较。

**蛀牙调查**

|  | 有蛀牙（人） | 全体（人） |
|---|---|---|
| 6 年级甲班 | 42 | 43 |
| 6 年级全部 | 170 | 174 |

1. 让我们求出 6 年级有蛀牙的人数占 6 年级全部人数的比例吧！

> 有蛀牙人数 ÷ 全体人数 ＝ 有蛀牙人数的比例
> 我们可以用这个公式求出比例。

6 年级甲班：

$42 \div 43 = 0.976\cdots \approx 0.98$

6 年级全体：

$170 \div 174 = 0.977\cdots \approx 0.98$

"好奇怪啊！为什么甲班有蛀牙的比例与跟 6 年级全部有蛀牙的比例差不多呢？"

我们在前面也做过，有时候部分的比例会与全部的比例相同。

2. 小明所住的镇上，6 年级的学生共有 1589 人。假设全镇每一班 6 年级的学生中有蛀牙的人数都与小明班上有蛀牙的比例一样，那么，全镇 6 年级学生中，有蛀牙的人数大约是多少人？

小明班上有蛀牙的比例大约是 0.98 哦。

全镇 6 年级学生中有蛀牙的比例也应该是 0.98 哦。

全部人数 × 所占比率 ＝ 部分的人数

$1589 \times 0.98 = 1557.22 \approx 1557$（人）

这个镇上 6 年级学生中有蛀牙的大约有 1557 人。

实际上，这个镇上 6 年级的总人数、有蛀牙的人数，以及他们所占的比率应该是这样的：

| 有蛀牙人数（人） | 全部人数（人） | 比例 |
|---|---|---|
| 1556 | 1589 | 0.979 |

3. 下表是小明学校中 6 年级所有学生的体重调查表。假设全镇 6 年级学生中体重 40 千克以上的比例与小明学校 6 年级学生中体重 40 千克以上的比例相同，请问全镇 6 年级学生中体重 40 千克以上的共有多少人？

该镇 6 年级人数为 1589 人。

**小明班上学生体重调查**

| 体重（千克） | 人数（人） |
|---|---|
| 25 ~ 30 | 3 |
| 30 ~ 35 | 8 |
| 35 ~ 40 | 12 |
| 40 ~ 45 | 7 |
| 45 ~ 50 | 5 |
| 50 ~ 55 | 3 |
| 55 ~ 60 | 2 |
| 60 ~ 65 | 1 |
| 合计 | 41 |

## 综合测验

红色与蓝色的玻璃珠一共有 350 颗，把它们放在一起混合后，随便拿出 40 颗玻璃珠，其中有 24 颗是蓝色的玻璃珠。

请问在 350 颗玻璃珠中，大概有多少颗蓝色的玻璃珠？

综合测验答案：24÷40=0.6，350×0.6=210（颗）
蓝色的玻璃珠大约有 210 颗。

全部的人数是 41 人，体重 40 千克以上的人数是：7+5+3+2+1=18（人）。

让我们算一算体重 40 千克以上的人数占全部人数的比例是多少吧。

我们可以用下列公式，求出小明班上体重 40 千克以上人数的比例：

（7+5+3+2+1）÷41=0.439…≈0.44

然后用这个比例，来推算出全镇 6 年级学生中体重 40 千克以上人数的近似数：

1589×0.44=699.16≈699（人）

全镇 6 年级学生中体重 40 千克以上的约有 699 人。

因此，我们可以知道，用部分的比例也可以推算出全部的近似数。

**整　理**

依照不同的情况，我们可以先求出部分的比例，然后求出全部的近似数。

# 和一定的统计图表

## ◉ 数字的变化情况

南南和波波有一张藏宝图，他们拿着藏宝图去寻宝。

结果他们真的找到一个里面有 20 颗钻石的宝箱。

于是两个人分掉了这 20 颗钻石。

## ● 图表与算式

南南与波波两个人各分到几颗钻石呢？我们可以用图表列出他们用哪些方式来分钻石。

1. 我们依照他们的分法，按照顺序排列成下表。

| 南南 | 6 | 10 | 12 |
| 波波 | 14 | 10 | 8 |

还有其他分法吗？

按照顺序排一排不就知道了吗？

| 南南的数量（颗） | 0 | 1 | 2 | 3 | 4 | 5 | 6 | 7 | 8 | 9 | 10 | 11 | 12 | 13 | 14 | 15 | 16 | 17 | 18 | 19 | 20 |
|---|---|---|---|---|---|---|---|---|---|---|---|---|---|---|---|---|---|---|---|---|---|
| 波波的数量（颗） | 20 | 19 | 18 | 17 | 16 | 15 | 14 | 13 | 12 | 11 | 10 | 9 | 8 | 7 | 6 | 5 | 4 | 3 | 2 | 1 | 0 |

◆ 我们看一看波波和南南所分到的钻石数量之间有什么关系，并把它列成算式。

从上表可以看出，南南与波波所分到的钻石数量之和是一定的，二者加起来都是 20。

2. 我们把南南分到的钻石数量用 □

个表示，波波分到的钻石数量用 ○ 个表示，那么 □ 与 ○ 的关系可以列成算式：□ + ○ =20，表示 □ 与 ○ 的和都是 20。

也可以用 $a$ 个表示南南分到的钻石数量，$b$ 个表示波波分到的钻石数量，并且列成算式：$a+b=20$。

## ● 和一定的统计图表

南南和波波所分到的钻石数量有什么关系呢？

查一查

请看前一页的表，如果南南分到的钻石数量增加1颗的话，波波分到的钻石数量就会怎样呢？

南南　13 → 14
波波　7 → 6

南南　0 → 1
波波　20 → 19

再看下表就可以知道，南南分到的钻石数量每增加1颗，波波分到的钻石数量就减少1颗。

增加1颗

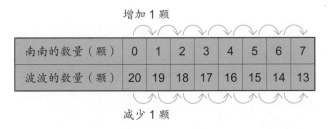

| 南南的数量（颗） | 0 | 1 | 2 | 3 | 4 | 5 | 6 | 7 |
| --- | --- | --- | --- | --- | --- | --- | --- | --- |
| 波波的数量（颗） | 20 | 19 | 18 | 17 | 16 | 15 | 14 | 13 |

减少1颗

同样的，波波分到的钻石数量每增加1颗，南南分到的钻石数量就减少1颗。

减少1颗

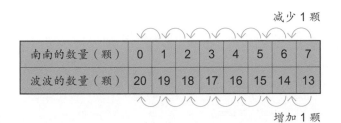

| 南南的数量（颗） | 0 | 1 | 2 | 3 | 4 | 5 | 6 | 7 |
| --- | --- | --- | --- | --- | --- | --- | --- | --- |
| 波波的数量（颗） | 20 | 19 | 18 | 17 | 16 | 15 | 14 | 13 |

增加1颗

◆ □颗表示南南分到的钻石数量，○颗表示波波分到的钻石数目，画成统计图。

把□放在横轴，○放在纵轴，那么统计图会变成怎样呢？

如下图所示，统计图中为向右下方排列的一个一个点。

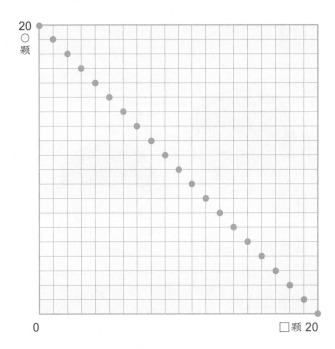

整　理

（1）可以用下列算式表示和一定的关系：

$$□ + ○ = 一定的数量$$
$$a+b = 一定的数量$$

（2）和一定的关系，用统计图表示为向右下方的斜线。

# 差一定的统计图表

## ● 差一定时数量的变化情况

辛迪的弟弟5岁，他们两人的生日却是同一天。南南和波波都想知道，他们兄弟的年纪是怎样的关系呢？

我10岁。

我才5岁，真想长得像哥哥那么大呀！

## ● 图表与算式

1. 让我们利用图表来看他们兄弟的年龄关系。

从右表可以看出，哥哥9岁时，弟弟4岁；哥哥8岁时，弟弟3岁。

他们两人年龄的变化情况如下表所示。

| 兄（岁） | 8 | 9 | 10 | 11 | 12 |
|---|---|---|---|---|---|
| 弟（岁） | 3 | 4 | 5 | 6 | 7 |

两人年龄的变化情况

| 兄（岁） | 1 | 2 | 3 | 4 | 5 | 6 | 7 | 8 | 9 | 10 | 11 | 12 | 13 | 14 |
|---|---|---|---|---|---|---|---|---|---|---|---|---|---|---|
| 弟（岁） | | | | | | 1 | 2 | 3 | 4 | 5 | 6 | 7 | 8 | 9 |

2. 两人的年龄之间有什么关系呢？可以用算式来表示。

| 兄（岁） | 10 | 11 | 12 | 13 | 14 |
|---|---|---|---|---|---|
| 弟（岁） | 5 | 6 | 7 | 8 | 9 |
| 差（岁） | 5 | 5 | 5 | 5 | 5 |

从上表可以看出，哥哥增加 1 岁，弟弟也增加 1 岁，两个人的年龄相差 5 岁。

哥哥的年龄表示为□岁，弟弟的年龄表示为○岁，两个人的年龄差为 5 岁，所以，□与○的关系是：□－○=5。也可以用 $a$ 岁表示哥哥的年龄，$b$ 岁表示弟弟的年龄，两个人的年龄差为：$a-b=5$。

● **差一定的关系图表**

哥哥的年龄每增加 1 岁，弟弟的年龄会怎样变化呢？

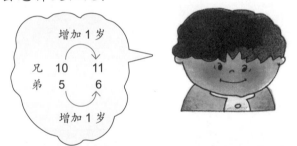

增加 1 岁

| 兄 | 10 | 11 |
| 弟 | 5 | 6 |

增加 1 岁

从下表可以看出，哥哥的年龄每增加 1 岁，弟弟的年龄也增加 1 岁。

增加 1 岁

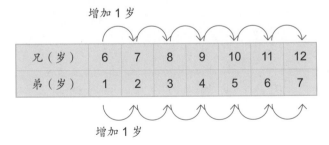

| 兄（岁） | 6 | 7 | 8 | 9 | 10 | 11 | 12 |
|---|---|---|---|---|---|---|---|
| 弟（岁） | 1 | 2 | 3 | 4 | 5 | 6 | 7 |

增加 1 岁

**学习重点**

①利用图表探究差一定的两个数的关系，并列成算式。

②差一定的统计图表的画法。

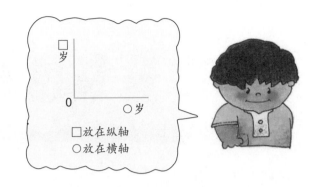

□放在纵轴
○放在横轴

用□岁表示哥哥的年龄，○岁表示弟弟的年龄，将□与○的关系画成统计图，如下图所示。

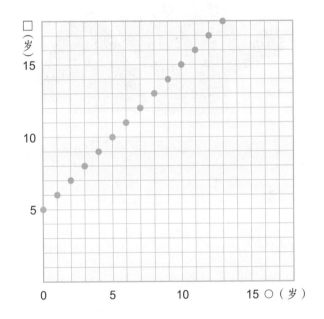

**整 理**

（1）可以用下列算式表示差一定的关系：

□－○＝一定的数量

$a-b=$ 一定的数量

（2）差一定的关系画成统计图，图形为向右上方的斜线，且不通过 0 点。

# 弹簧长度与重量的关系

## ● 弹簧的长度与重量

在弹簧下吊着秤砣，秤砣的重量和弹簧下垂的长度之间的关系，可以用下表来表示。

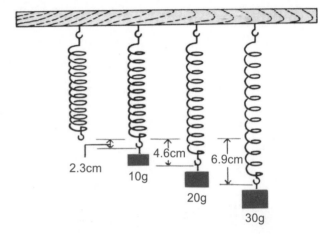

秤砣的重量和弹簧下垂的长度

| 重量（g） | 10 | 20 | 30 | 40 | 50 |
|---|---|---|---|---|---|
| 下垂长度（cm） | 2.3 | 4.6 | 6.9 | 9.2 | 11.5 |

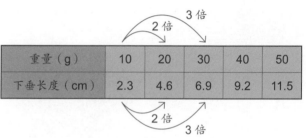

| 重量（g） | 10 | 20 | 30 | 40 | 50 |
|---|---|---|---|---|---|
| 下垂长度（cm） | 2.3 | 4.6 | 6.9 | 9.2 | 11.5 |

### 查一查

从上表可以看出，秤砣的重量与弹簧下垂长度的关系。

在上表中，如果我们用 $a$ 克表示重量，用 $b$ 厘米表示弹簧下垂的长度，那么，$b \div a = 0.23$ 则保持不变。我们可以按照上表的数字来验证：$b \div a$ 的商都是 0.23。

2.3÷10=0.23

4.6÷20=0.23

若 $a$ 扩大 2 倍、3 倍，则 $b$ 也扩大 2 倍、3 倍；若 $a$ 缩小 $\frac{1}{2}$ 倍、$\frac{1}{3}$ 倍，$b$ 也跟着缩小 $\frac{1}{2}$ 倍、$\frac{1}{3}$ 倍。

从上表可以看出，重量增加 2 倍、3 倍，弹簧下垂的长度也增加 2 倍、3 倍。

因此，我们可以说，$a$ 与 $b$ 之间有一定的比例。换句话说，秤砣的重量与弹簧下垂的长度有一定的比例关系。

## ● 统计图表的画法

我们把秤砣的重量和弹簧下垂长度的关系画成统计图。

> $a$ 与 $b$ 成比例时，把 $a$ 放在横轴、$b$ 放在纵轴，画成统计图，其图形是一条通过 0 点指向右上方的直线。

"$a$ 和 $b$ 成比例的时候，$b=$ 一定的数量 $\times a$。

$b \div a = 2.3 \div 10$，或 $4.6 \div 20$，其商都是"一定的数量"——0.23 哦！

因为 $b \div a = 0.23$，所以 $a$ 与 $b$ 的关系可以用下面的公式表示：

$b = 0.23 \times a$

"请记住哦，$a$ 与 $b$ 成比例时，把 $a$ 放在横轴、$b$ 放在纵轴，画成统计图，其图形是一条通过 0 点指向右上方的直线。

下图就是 $b = 0.23 \times a$ 的统计图。

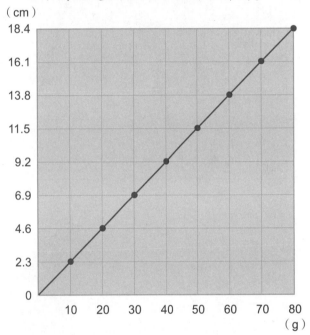

## 综合测验

①假如在弹簧上挂着 25 克的秤砣，那么弹簧会下垂多少厘米？

请利用 $b = 0.23 \times a$ 的公式来计算

②若挂上 60 克的秤砣，弹簧的长度又是多少呢？请利用右图查一查。

综合测验答案：① $0.23 \times 25 = 5.75$（厘米）；② 13.8 厘米。

### 整 理

（1）秤砣的重量和弹簧下垂长度有一定的比例。

（2）在验证某一件事情时，可以将其画成统计图表，并且加以整理，这样就很容易看出它们之间的关系了。

# 了解时刻表

## ● 怎样看时刻表

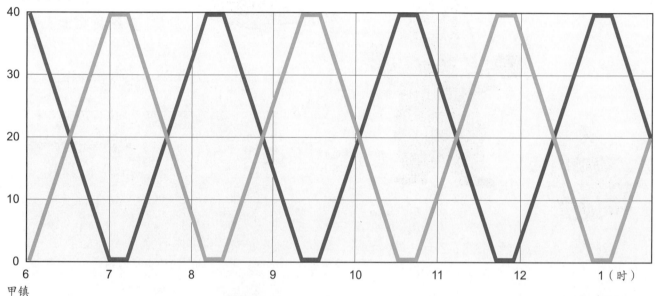

乙镇（千米）

甲镇

两条直线交叉的地方，就是两辆班车相遇的时候。

横轴的每一格代表1小时哦！

南南所住的甲镇与乙镇之间来往的班车班次画成上面的统计表。

这种统计表被称为"时刻表"或"班次表"。

◆ 请你先仔细看上表，然后回答下面的问题。

①班车的时速是多少千米？

②班车到达终点站以后，停留几分钟再开？

③从甲镇开出的班车，与从乙镇开出的班车，在开车之后几分钟会相遇呢？

◆ 从时刻表判断的结果。

①班车1个小时行驶40千米的路程，所以班车的时速是40千米。

②班车每次到达终点站后都停留10分钟。

③两辆班车是在开车30分钟后相遇。

## 例 题

甲镇与丙镇的距离是 20 千米，有一辆班车以 40 千米的时速往返甲镇与丙镇。班车抵达甲镇或丙镇的时候，都是停留 20 分钟后再开车折返回去。

南南早上 8 点钟从丙镇出发，以 5 千米的时速走向甲镇，班车 8 点 10 分从甲镇开车。请问南南在走到甲镇的过程中，他会正面遇到多少辆班车？

班车以 40 千米的时速行驶 20 千米的距离，所以需要花 30 分钟哦！

南南走到甲镇的时间是 20÷5=4，要 4 小时哦！

让我们画成时刻表看一看吧！但是不必计算从他后面通过的班车次数哦！

遇到这种题目的时候，画出时刻表，很快就可以得到答案了。但是要注意，从南南后面经过的班车次数不要计算哦！

南南在走到甲镇的过程中，正面遇到三次班车。（从图上你能看出哪些交点代表遇到从他后面通过的班车吗？）

甲镇（千米）

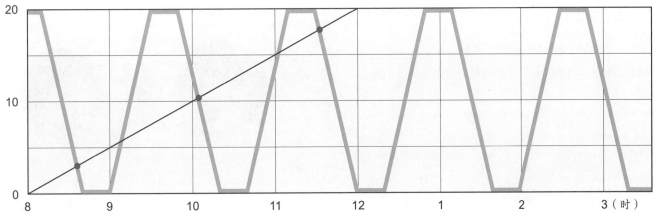

---

整 理

（1）表示班车或火车的班次的统计表叫作时刻表。

（2）通过时刻表，我们可以知道哪些交通工具从哪里出发、到哪里去，以及它们会在哪里相遇等。

# 看懂阶梯统计图

## ● 重量与费用的关系

假如某国邮寄包裹的邮资如下表所示：

| 种类 | 内容 | 重量 | 邮资 |
|---|---|---|---|
| 第一种 | 包裹 | 50g | 120 元 |
| | | 100g | 170 元 |
| | | 250g | 240 元 |
| | | 500g | 350 元 |
| | | 1kg | 700 元 |
| | | 2kg | 1400 元 |
| | | 3kg | 2100 元 |
| | | 4kg | 2800 元 |

上表又可改画成下面的统计图，画出来的图形很像楼梯，又称之为叫阶梯统计图。

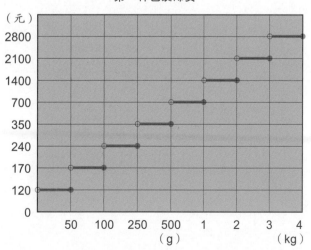

第一种包裹邮资

邮局窗口

1. 左下表应该怎么看呢？

○表示这个点的数据不包括在内，●表示这个点的数据包括在内。

50 克以内的包裹要付 120 元，超过 50 克的包裹就要付 170 元哦！

○表示这个点的数据不包括在内，●表示这个点的数据包括在内，如下图所示：

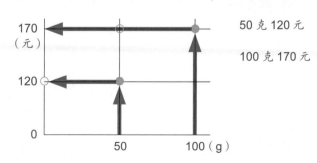

50 克 120 元

100 克 170 元

2. 下面两个重量为 300 克及 950 克的包裹，需要付多少钱的邮资呢？

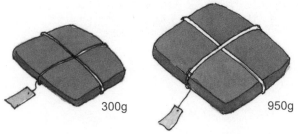

300g　　　　950g

画成下图，就可以知道，300 克的包裹要付 350 元邮资，950 克的包裹要付 700 元邮资。

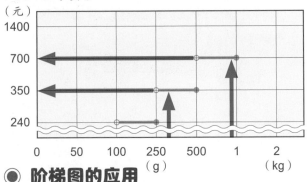

## ● 阶梯图的应用

国外出租车的车费非常贵，2 千米以内的车费是 320 元，之后每行驶 400 米就多加 60 元。请问乘出租车 4 千米需要付多少车费呢？

2 千米→320 元
（4000−2000）÷400=5
60×5=300（元）
320+300=620（元）

## 综合测验

①搭乘上面所说的出租车，行驶 6 千米的车费是多少钱？

②如果身上有 1000 元，搭乘出租车可以行驶多少千米？

综合测验答案：①（6000−2000）÷400=10，60×10=600（元）320+600=920（元），行驶 6 千米的车费是 920 元。
②（1000−320）÷60=11.33…，400×11=4400（米）2000+4400=6400（米），可以行驶 6.4 千米。

乘出租车 4 千米要付 620 元车费哦！

我会了，只要画成统计图，很快就能找到答案哦！

左边的问题可以画成下面的阶梯统计图。从图上很快可以看出，乘出租车 4 千米需要付 620 元车费。利用阶梯统计图，我们可以了解很多事情。

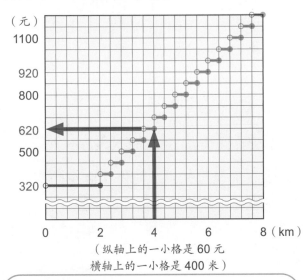

（纵轴上的一小格是 60 元
横轴上的一小格是 400 米）

### 整　理

邮费或出租车费等重量与费用、距离与费用的关系，用阶梯图来表示非常方便。

# 图解物质的溶解量

## ◉ 水温与溶解食盐量之间的关系

水温与溶解食盐量之间的关系，经过整理做成下表。右边的折线统计图是根据下表所画成的。

### 100 克水溶解的食盐量

| 水温（℃） | 0 | 20 | 40 | 60 | 80 | 100 |
|---|---|---|---|---|---|---|
| 食盐（g） | 35.7 | 35.9 | 36.4 | 37.2 | 37.9 | 39.3 |

◆ 现在你已经知道，同样 100 克的水，水温越高，能溶解的食盐就越多！

※ 水温越高，能溶解的食盐量也越大。

从下图可以看出水温与溶解食盐量有一定的比例关系吗？请注意，这个图不是从 0 点开始的哦！

如果我们把重点放在溶解食盐量的增加方面，应该很快可以看出水温与溶解食盐量之间的关系。

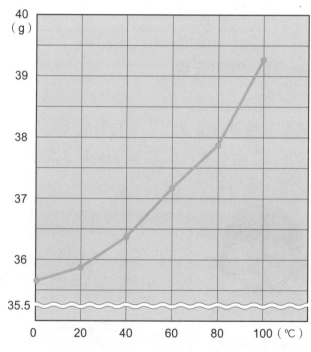

水温的变化与溶解食盐量的关系

从左表或上面的折线统计图都可以看出，水温和溶解食盐量并没有一定的比例关系。

①表中水温增加 2 倍、3 倍，溶解食盐量并没有增加 2 倍、3 倍。

②折线图不是通过 0 点的直线。

### ● 水温与溶解明矾量的关系

水温与溶解明矾量之间的关系，经过整理做成下表。右边的折线图是根据下表所画成的。

100 克水溶解的明矾量

| 水温（℃） | 0 | 20 | 40 | 60 | 80 | 100 |
|---|---|---|---|---|---|---|
| 明矾（g） | 3 | 6 | 12 | 25 | 71 | 119 |

（1）我们可以看出，同样 100 克的水，水温越高，所溶解的明矾量也越多。

（2）因为所绘制的图并不是通过 0 点的直线，所以水温跟溶解明矾量之间并没有一定的比例关系。

水温越高，溶解的明矾量也越多，因此，我们也不能说它们之间成反比例关系。

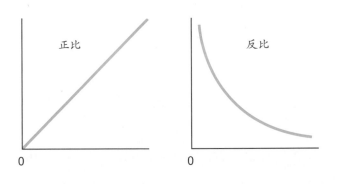

水温的变化与溶解食盐、明矾量的关系

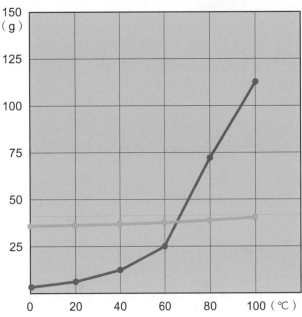

（3）把溶解食盐量和溶解明矾量画在同一张折线统计图上，可以看出，水温越高，溶解明矾量比溶解食盐量更多。（红色曲线表示溶解明矾量的变化。）

**整　理**

（1）画成折线图后，就能很快地看出水温与溶解食盐量、溶解明矾量的变化。

（2）要比较两种不同的变化时，可以将它们画在同一张折线图上，很快就可以比较出来。

**巩固与拓展**

### 整理

1. 表示概算的统计表和图

（1）以上、以下、不满

例如：

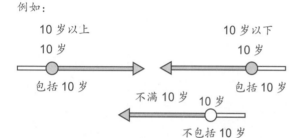

10 岁以上
10 岁
包括 10 岁

10 岁以下
10 岁
包括 10 岁

不满 10 岁
10 岁
不包括 10 岁

（2）表示概算的统计表

测量学生的身高或体重，并做成统计表，来表示某个范围所包含的人数。由此可以看出学生身高、体重的粗略分布情形。

| 身高（cm） | 人数（人） |
| --- | --- |
| 125 以上～不满 130 | 3 |
| 130~135 | 10 |
| 135~140 | 18 |
| 140~145 | 7 |
| 140~150 | 4 |
| 合　计 | 42 |

## 试一试，来做题。

1. 下表是小正班上 5 名同学身高和体重的调查表。

| 身高体重调查表 | | |
| --- | --- | --- |
| 名字 | 身高（cm） | 体重（kg） |
| 小正 | 140.0 | 32.4 |
| 小明 | 126.8 | 29.3 |
| 小华 | 130.0 | 30.4 |
| 小英 | 136.5 | 29.6 |
| 小玉 | 129.7 | 28.8 |

（1）哪些人的身高在 130 厘米以上，140 厘米以下？

（2）哪些人的体重不满 30 千克？

（3）谁的身高在 130 厘米以上，140 厘米以下，体重不满 30 千克？

2. 老师把全班的数学测验成绩整理成下表：

| 分数 | 50 | 60 | 70 | 80 | 90 | 100 |
| --- | --- | --- | --- | --- | --- | --- |
| 人数 | 2 | 8 | 12 | 10 | 8 | 3 |

（1）全班一共有多少人？

（2）全班的平均分数是多少分？（得数取到小数点后第 1 位）

（3）如果按照成绩由高到低来排名，从第 1 名往后数第 21 名是多少分？

（3）概算的调查方法

●调查学生身高的范围。

●调查学生人数分布最多的身高范围。

●调查学生平均身高的分布范围。

（4）可以把全体学生身高的粗略分布情况用下面的直方统计图表示出来。

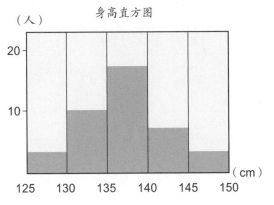

身高直方图

（5）部分的分布情况与全体的分布情况

●如果调查下表中 1 班的学生体重在 30 千克以上但不满 35 千克的人数所占 1 班全体人数的百分率，即 29÷36≈0.81，也就是约占 81%。

另外，如果调查全学年学生体重在 30 千克以上但不满 35 千克人数的百分率，即 87÷109≈0.80，也就是约占 80%。由此看出，只要调查其中的一小部分，便可粗略知道全体的分布情况。

|  | 1 班 | 2 班 | 3 班 | 合计 |
|---|---|---|---|---|
| 20 以上～不满 25 | 2 | 1 | 3 | 6 |
| 25～30 | 3 | 4 | 1 | 8 |
| 30～35 | 29 | 30 | 28 | 87 |
| 35～40 | 2 | 1 | 5 | 8 |

3. 下表是小明班上同学参加 100 米赛跑的成绩记录。

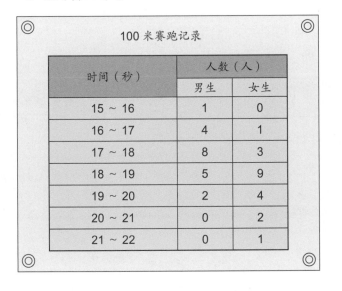

100 米赛跑记录

| 时间（秒） | 人数（人） | |
|---|---|---|
|  | 男生 | 女生 |
| 15～16 | 1 | 0 |
| 16～17 | 4 | 1 |
| 17～18 | 8 | 3 |
| 18～19 | 5 | 9 |
| 19～20 | 2 | 4 |
| 20～21 | 0 | 2 |
| 21～22 | 0 | 1 |

（1）左表的时间栏是以多少秒作为每格的区分？

（2）男生人数最多的是跑多少秒以上而不满多少秒的？

（3）女生人数最多的是跑多少秒以上而不满多少秒的？

（4）男生的赛跑成绩粗略分布在多少秒到多少秒之间？

（5）女生的赛跑成绩粗略分布在多少秒到多少秒之间？

（6）小明的成绩是 16.3 秒，应该列在哪一栏？

答案：1.（1）小正、小华、小英；（2）小明、小英、小玉；（3）小英。2.（1）43 人；（2）75.3 分；（3）80 分。3.（1）1 秒；（2）17 秒以上而不满 18 秒的；（3）18 秒以上而不满 19 秒的；（4）15 秒至 20 秒；（5）16 秒至 22 秒；（6）16 秒至 17 秒。

## 解题训练

**把资料整理成表示概算的统计表**

**1** 下表是小华班上男生的跳远成绩记录。把这个表改写为表示概算的统计表，并以每10厘米作为一组。

跳远的成绩

| 号码 | cm | 号码 | cm | 号码 | cm | 号码 | cm |
|---|---|---|---|---|---|---|---|
| 1 | 298 | 6 | 306 | 11 | 298 | 16 | 326 |
| 2 | 331 | 7 | 324 | 12 | 310 | 17 | 286 |
| 3 | 297 | 8 | 268 | 13 | 323 | 18 | 296 |
| 4 | 320 | 9 | 342 | 14 | 275 | 19 | 314 |
| 5 | 299 | 10 | 297 | 15 | 316 | 20 | 295 |

**◀ 提示 ▶**

找出跳远的最长距离和最短距离，然后想一想，应该分成几组才恰当？

**解法** 跳远的最长距离为342厘米，最短距离为268厘米。如果每10厘米作为一组，（342−268）÷10=7.4，所以总共可以区分为8组。然后从1号开始，依序统计265厘米以上而不满275厘米、275厘米以上而不满285厘米……以及335厘米以上而不满345厘米的各组人数，并利用"正"字来记录人数，便可做成右表的形式。

| 距　离（cm） | 人数（人） | |
|---|---|---|
| 265 ~ 275 | 1 | 一 |
| 275 ~ 285 | 1 | 一 |
| 285 ~ 295 | 1 | 一 |
| 295 ~ 305 | 7 | 正丁 |
| 305 ~ 315 | 3 | 下 |
| 315 ~ 325 | 4 | 正 |
| 325 ~ 335 | 2 | 丁 |
| 335 ~ 345 | 1 | 一 |

**把表示概算的统计表画成直方统计图**

**2** 右表是某班同学体重分布情况的调查表。

（1）把这个调查表画成直方统计图。

（2）体重不满30千克的人数占全部人数的百分之多少？

| 体　重（kg） | 人数（人） |
|---|---|
| 20 ~ 25 | 1 |
| 25 ~ 30 | 6 |
| 30 ~ 35 | 21 |
| 35 ~ 40 | 14 |
| 40 ~ 45 | 2 |

◄ 提示 ►
在横轴上记下体重的值，纵轴表示人数，每1个小格代表2人。

■ 直方统计图的应用

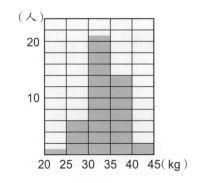

**解法** （1）横轴代表体重，纵轴代表人数。人数最多时是21人，所以纵轴取到24人为止，如右图所示。

（2）体重不满30千克的人数总共有7人，全班人数是44人，7÷44≈0.16。

答：体重不满30千克的人数占全部人数的约16%。

### 3

6年级有4个班，右边的直方统计图是甲班的铅球投掷记录。

（1）人数最多的是投掷多少米以上而不满多少米的？

（2）如果依照成绩的由高到低来看，第20名的成绩应该列入哪一组？

（3）如果6年级一共有164人，投掷25米以上但不满40米的人数大概会有多少人？

**解法** （1）找出直方统计图中最高的一组。由此可知人数最多的是投掷30米以上而不满35米的一组。

答：投掷30米以上而不满35米的人数最多。

（2）先统计投掷40米以上的人数，再统计投掷35米以上的人数，然后把二者人数相加，如果和超过20人，表示第20名的成绩在该组里。由上图可知投掷40米以上的有2人，投掷35米以上的有9人，投掷30米以上的有25人，所以第20名的成绩应在投掷30米以上而不满35米的一组。

答：第20名在投掷30米以上而不满35米一组。

（3）由甲班的记录可以预测6年级全体的粗略情况。在6年级甲班中，投掷25米以上但不满40米的人数是：12+16+7=35（人）。6年级甲班的全部人数是：1+3+35+2=41（人）。

因此，投掷25米以上但不满40米的人数占甲班人数的比例是：35÷41≈85%。就6年级的全体学生而言，投掷25米以上但不满40米的人数比例也可以当作85%，因此有：164×0.85=139.4≈140（人）。

答：人数大约有140人。

◄ 提示 ►
第（3）小题先统计算掷25米以上但不满40米的人数占甲班人数的比例，然后套用这个比例，把全学年的人数乘上求得的比例即可算出答案。

**加强练习**

1. 下面是小华班上同学体重分布情况的调查表。

体重调查表

| 体 重（kg） | | 人数（人） | 体 重（kg） | 人数（人） |
|---|---|---|---|---|
| 以上 | 不满 | | 32～34 | 12 |
| 26～28 | | 2 | 34～36 | 10 |
| 28～30 | | 3 | 36～38 | 7 |
| 30～32 | | 5 | 38～40 | 4 |

（1）体重在30千克以上的同学，一共有多少人？

（2）从体重最重的同学开始算起，小华排在第22名。小华的体重应该在哪一组？

（3）体重不满30千克的人数约占全体人数的百分之多少？

2. 下图是6年级甲班数学成绩的直方统计图。

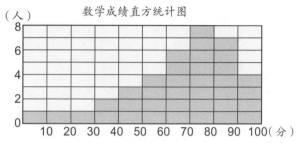

数学成绩直方统计图

（1）全班一共有多少人？

（2）70分以上的人数占全班人数的百分之多少？

## 解答和说明

1.（1）"30千克以上的同学"包含了体重为30千克的同学，所以体重在30千克以上的人数：5+12+10+7+4=38（人）。

（2）先统计体重在38千克以上的人数，再统计体重在36千克以上的人数，接着统计体重在34千克以上的人数，然后把人数相加，如果相加之和超过22人，表示小华的体重在该组里。因为体重34千克以上的有21人，32千克以上的有23人，所以小华的体重应该在32千克以上而不满34千克的一组。

（3）体重不满30千克的一共有5人，全班人数是43人，所以，5÷43≈12%。

答：（1）体重在30千克以上的同学有38人；（2）小华在体重32千克以上而不满34千克一组；（3）体重不满30千克的人数占全体人数的约12%。

2.（1）6年甲班的全部人数是：1+1+1+2+3+4+6+8+7+4=37（人）。

（2）70分以上的人数有：8+7+4=19（人），全班人数是37人，19÷37=0.513。70分以上的人数占全班人数的约51%。

（3）人数分布最多的一组是70分到80分，如果把80分以上人数的得分相加，并且把70分以下人数的得分也相加，然后比较这两种相加后的分数，便可得知，平均分数是在60分以上但不满70分。求平均分数时，可以把0到10分的成绩当作5分，10到20分的成绩当作15分，然后乘以人数并分别求出平均，最后求得全班的平均分数。

（4）在6年级的全部学生中，70分以上的人数占全部人数的比例和甲班70分以上的人数占全班人数的比例相同，所以，162×51%≈83（人）。

答：（1）全班一共有37人；（2）70分以上的人数占全班人数的约51%；（3）

（3）全班的平均分数应该在哪一组？

（4）6年级的全部人数是162人，每一班数学成绩的分布情况都和甲班相似。那么在全部学生中，70分以上的应该有多少人？

3. 下面两个直方统计图是依照某班男生、女生的投掷铅球记录所做成的。

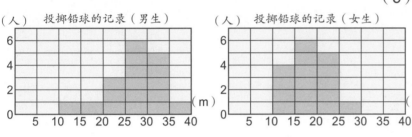

（1）男生、女生的投掷铅球的粗略分布情况如何？

（2）男生投掷铅球的平均成绩（记录）在多少米到多少米之间？女生投掷铅球的平均成绩在多少米到多少米之间？

（3）男生投掷铅球20米以上的人数占男生全体人数的百分之多少？女生投掷铅球20米以上的人数占女生全体人数的百分之多少？

全班的平均分数在60分以上而不满70分那一组；

（4）70分以上的有约83人。

3.（1）男生投掷铅球的记录分布范围很广，在10米到40米之间。女生投掷铅球的记录分布范围较窄，在10米到30米之间。

（2）男生投掷铅球的记录多分布在25米以上到不满30米之间，所以男生投掷铅球的平均成绩是在25米到30米之间。

答：男生投掷铅球的平均成绩在25米以上到30米之间。

女生投掷铅球的记录多分布在15米到20米之间，女生投掷铅球的平均成绩在15米到20米之间。

答：女生投掷铅球的平均成绩是在15米到20米之间。

（3）男生投掷铅球20米以上的人数是15人，而男生的全部人数是17人，所以，15÷17≈88%。女生投掷铅球20米以上的人数是6人，而女生的全部人数是16人，所以，6÷16≈38%。

答：男生投掷铅球20米以上的人数占男生全体人数的约88%；女生投掷铅球20米以上的人数占女生全体人数的约38%。

# 应用问题

下图是小英班上同学的身高直方统计图。

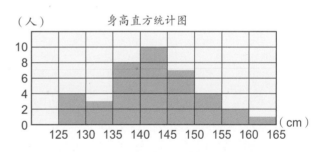

（1）小英的身高是137.5厘米，如果从最矮的同学开始算起，小英应该排在第几个到第几个人之间？

（2）小英班上同学的平均身高约多少厘米？

答：（1）小英应该排在第8个人到第15个人之间；（2）小英班上同学的平均身高约为142.4厘米。

 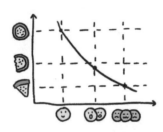  

步印童书馆
编著

北京市数学特级教师 丁益祥
北京市数学特级教师 司 梁
『卢说数学』主理人 卢声怡
力荐 联袂

# 小牛顿

## 数学分级读物

第六阶　**4** 计算法则 排列组合

中国儿童的数学分级读物
培养有创造力的数学思维

讲透原理 ➡ 系统进阶 ➡ 思维转换

电子工业出版社

**Publishing House of Electronics Industry**

北京·BEIJING

**图书在版编目（CIP）数据**

小牛顿数学分级读物. 第六阶.4,计算法则 排列组合

合 / 步印童书馆编著. -- 北京 : 电子工业出版社,

2024. 6. -- ISBN 978-7-121-48178-9

Ⅰ. O1-49

中国国家版本馆CIP数据核字第2024PY7408号

特别鸣谢本书组稿策划人郑利强先生。

责任编辑： 赵　妍　季　萌

印　　刷： 当纳利（广东）印务有限公司

装　　订： 当纳利（广东）印务有限公司

出版发行： 电子工业出版社

　　　　　 北京市海淀区万寿路173信箱　邮编：100036

开　　本： 889×1194　1/16　印张：18.5　字数：373.2千字

版　　次： 2024年6月第1版

印　　次： 2024年6月第1次印刷

定　　价： 120.00元（全6册）

凡所购买电子工业出版社图书有缺损问题，请向购买书店调换。若书店售缺，请与本社发行部联系，联系及邮购电话：（010）88254888，88258888。

质量投诉请发邮件至zlts@phei.com.cn，盗版侵权举报请发邮件至dbqq@phei.com.cn。

本书咨询联系方式：（010）88254161转1860，jimeng@phei.com.cn。

数与计算的复习

# 数的表示方法和使用方法

## 数的表示方法

查一查有关各种数的表示方法。

### ◉ 埃及数字

下面的图案是古代埃及人留在残壁上的遗迹。

那么，你知不知道这是什么呢?

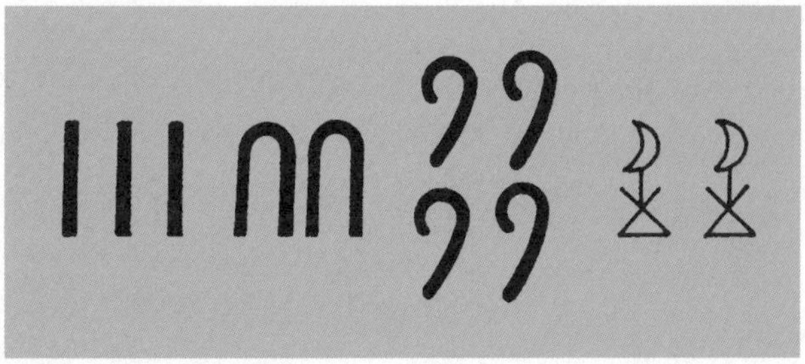

这就是古代埃及人所想出来的计数符号。

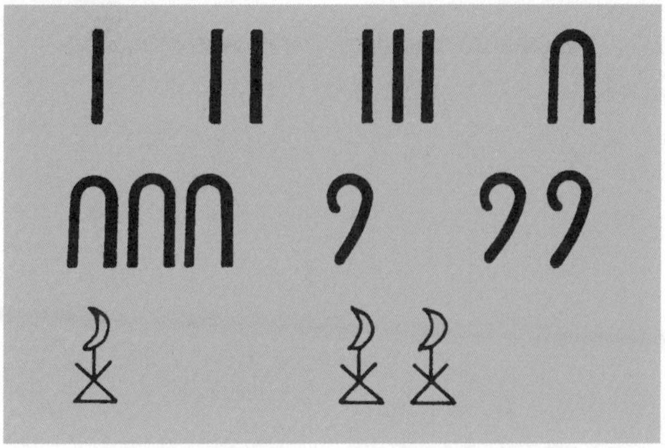

这些计数符号，也可称为数字，事实上它们与数位无关，只列出表示某一个数所需的所有符号。我们来看一看左图中的数到底是多少。

代表 1000，2 个就是 2000；
代表 100，4 个就是 400；
代表 10，2 个就是 20；
代表 1，3 个就是 3。

上面的数全部加起来等于：2423。

如此说来，埃及数字应用的是加法，并且，其读法是由右至左。

### ◉ 大写数字

现在，读一读下列中文数字。

七万五千六百三十八

中文数字与现代人日常使用的阿拉伯数字不同，使用从一到九的汉字，用〇或零表示 0。

大写数字的位置并不能代表它的数位，而要与十、百、千、万等组合之后来定数位。

7 个万 ➡ 七万
5 个千 ➡ 五千
6 个百 ➡ 六百
3 个十 ➡ 三十
8 个一 ➡ 八

上面的数是七万五千六百三十八。中文数字也可以说是使用了加法。

## ◉ 阿拉伯数字

现在研究一下阿拉伯数字。

### ● 整数的表示方法

怎样读出下面的数呢？

**1 1 1 1 1**

这很简单。读作"一万一千一百一十一"。要是换成古埃及数字的读法，5 个 1 就成了 "5"。

阿拉伯数字写法的位数几乎是无限的，但是数字却只有 0、1、2、3、4、5、6、7、8、9，总共 10 个。

阿拉伯数字与中文数字不同，它有 "0"，而且其位置通常就表示数位。例如，503 的 5，它的位置在百位上，因此，这个 5 真正代表的意义是 500。

想一想，用 0 到 9 这些数字，再配合所在的数位，是不是无论多大的数都能够表示出来呢？

### ● 定位数的结构

想一想有关定位数的结构。

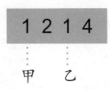

1 2 1 4
甲　乙

上面的"一千二百一十四"用 1、2、4 三个数字即能表示出来。

在这个数中，"1" 这个数字用了两次，甲数位的 "1" 与乙数位的 "1" 并不相同。

甲数位的 1 表示千，也就是 "1000 个 1"；乙数位的 1 表示十，也就是 "10 个 1"。

像这样，即使用相同的数字，因其数位不同，所表示的数值就不相同。

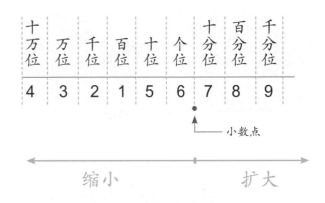

| 十万位 | 万位 | 千位 | 百位 | 十位 | 个位 | 十分位 | 百分位 | 千分位 |
|---|---|---|---|---|---|---|---|---|
| 4 | 3 | 2 | 1 | 5 | 6 | 7 | 8 | 9 |

小数点

◄ 缩小　　扩大 ►

# 数的使用方法

我们已经知道数的表示方式，现在想一想数有哪些用法。

## ● 表示"个体的量"

数可以表示事物的个数。

4本笔记本　　　　　5位家人

6个苹果　　　　　　20块点心

## ● 表示"整体的量"

数可以表示整体的量。

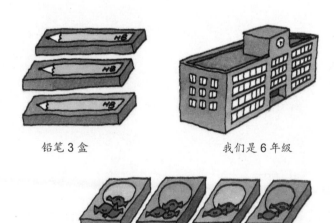

铅笔3盒　　　　　我们是6年级

糖果4盒

## ● 表示"顺序"

数可以表示顺序。

排成一列时，我是从前面数第5个。

在赛跑中，我是从前面数第3个。

在第3个站牌下车。

## ● 表示"数字编码"

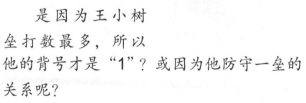

打棒球时，每一位选手都有背号，王小树的背号是"1"，这是代表他的顺序吗？

是因为王小树垒打数最多，所以他的背号才是"1"？或因为他防守一垒的关系呢？

打棒球时，选手的背号及表示位置的数字，与其说是顺序，不如说是一种记号。

除此之外，电话号码、信件号码以及地址等，都是数字用于分类及整理的例子。

到目前为止，我们所研究的全都是整数的用法。想一想，分数和小数有什么样的用法呢？

● **表示长度、重量、体积与面积**

为了更细微地表示面积及长度等数值，仅用整数是不够的，必须用小数、分数来表示。

跳远的距离是 2.6 米

瓶子的容积是 1.8 升

体重为37.8千克

面积为3.4平方米

包裹的重量为3.2千克

此外，重量、体积等也可以用分数来表示，如 $5\frac{1}{3}$ 千克、$2\frac{5}{8}$ 立方米、$1\frac{1}{3}$ 升等。

● **表示比例及概率**

如果要表示比例，用什么方法呢？

棒球中的打击率也是一种比例。"甲选手的打击率正好是3成""25%的食盐水"都是比例。比值也可用 $\frac{7}{8}$ 或 7：8 来表示。

掷硬币时，出现正面的概率是 $\frac{1}{2}$。硬币也有可能连续出现正面或反面的情况，即出现正面和反面的次数不见得一定是各占一半，所以，这就不能称为比例，而应该叫作概率。

我们已经知道相当多有关数的用法，发现了整数、小数及分数各有各的特点及用法。再想一想，它们还有什么用法呢？

没想到数字居然有这么多的使用方法呢！

# 整数、小数、分数

研究看一看，整数、小数及分数之间的关系。

## ◉ 整数、小数及分数的特质

整数、小数及分数，各是什么样的数呢？它们各有什么特点呢？

### ● 整数的特点

我们知道整数可以表示整体与个体的数量。那么，整数到底是什么数呢？

不是小数或分数时，它又是什么呢？

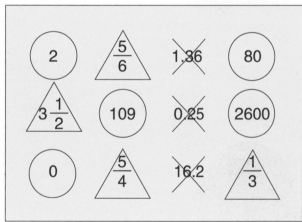

在上面的数中，画有○的2、80、109、2600、0都是整数。它们都是由若干个1集合而成，是没有分数的数。

例如，100是由100个1集合而成，而1000是由1000个1集合而成。根据目前我们所学的知识，由1开始，大于1的数（不是分数，即2、3、4……）和0就叫作整数。

### ● 小数的特点

在左下图的数中，画有×的1.36、0.25、16.2都是小数。那么，小数到底是什么数呢？1的$\frac{1}{10}$是0.1，1的$\frac{1}{100}$是0.01，1的$\frac{1}{1000}$是0.001……把单位"1"平均分成10份、100份、1000份……表示这样1份或几份的数，可以用小数表示。所以，小数也是十进位的。

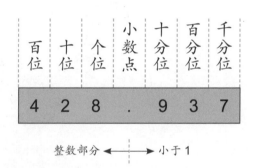

| 百位 | 十位 | 个位 | 小数点 | 十分位 | 百分位 | 千分位 |
|---|---|---|---|---|---|---|
| 4 | 2 | 8 | . | 9 | 3 | 7 |

整数部分 ←——→ 小于1

### ● 分数的特点

在左图的数中，画有△的$\frac{5}{6}$、$3\frac{1}{2}$、$\frac{5}{4}$、$\frac{1}{3}$等都是分数。把单位"1"平均分成若干份，表示这样1份或几份的数，可以用分数表示，如$\frac{1}{3}$、$\frac{1}{5}$、$\frac{1}{7}$等。所以，分数不一定是十进位的。

### ● 将整数及小数换算成分数

关于整数、小数、分数，我们已经大致了解其特点了。

现在再想一想，能否将整数、小数换算成分数呢？

◆ **试着将整数换算成分数**

如下图所示，有5个1的5等分，即5个$\frac{1}{5}$为$\frac{5}{5}$=1。

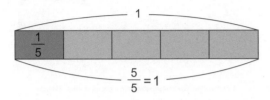

同样的，4个$\frac{1}{4}$为$\frac{4}{4}$=1、3个$\frac{1}{3}$为$\frac{3}{3}$=1。1可以换算成若干个分数。

继续推理，1写成$\frac{4}{4}$时，2可以写成$\frac{8}{4}$，3可以写成$\frac{12}{4}$。1写成$\frac{10}{10}$时，2可以写成$\frac{20}{10}$，3可以写成$\frac{30}{10}$。更干脆的办法是把整数写作分母为1的分数，那么，整数全都可以换算成分数了。

◆ **试着将小数换算成分数**

把一位小数写成分母是10的分数，把两位小数写成分母是100的分数……最后把分数化成最简分数。例如，0.5换算成$\frac{5}{10}$；0.12换算成$\frac{12}{100}$，0.009换算成$\frac{9}{1000}$。

有限小数也可全部换算成分数。如此说来，整数和小数都一定可以换算成分数。

● **将分数换算成整数及小数**

现在来想一想，分数是否可换算成整数及小数。

在分数中，分子与分母相同的或者分子能被分母整除的，这些分数就可以换算成整数。

如果分子不能被分母整除，那该怎么办呢？例如：

$\frac{8}{5}$=$1\frac{3}{5}$，$\frac{11}{8}$=$1\frac{3}{8}$，$\frac{15}{4}$=$3\frac{3}{4}$等，就都不能换算成整数。

例如：

$1\frac{3}{5}$=1.6，$1\frac{3}{8}$=1.375，$3\frac{3}{4}$=3.7

虽然它们不能换算成整数，但都可以用小数来表示。

那么，$\frac{1}{3}$与$\frac{5}{6}$又如何呢？

$\frac{1}{3}$=0.3333…   $\frac{5}{6}$=0.8333…

它们都不能换算成有限小数。

因此，我们可以知道，有些分数是不能换算成整数或有限小数的。

有些分数是不能换算成整数或小数的。

## ◉ 以数线表示整数、小数与分数

### ◆ 用数线表示整数

0 1 2 3 4 5 6 7 8 9 10 11 12 13 14 15 16 17 18 19 20 21 22

在线段上确定 1 的刻度，并标上等长的刻度，一条数线就画好了。

那么，数线上的 6 代表了什么意义呢？6 是由 6 个 1 集合而成的。

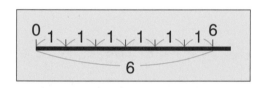

也可以说，6 是 5 与 1 的和，或者 3 个 2 的和呢！

此外，6 又是 2 与 3 的积。

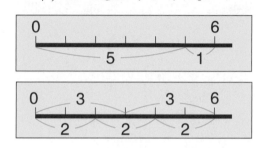

如此一来，数线不仅可以表示出整数的大小，也能表示出两个整数的和与积。数数与计算就联系起来了。

### ◆ 用数线表示小数

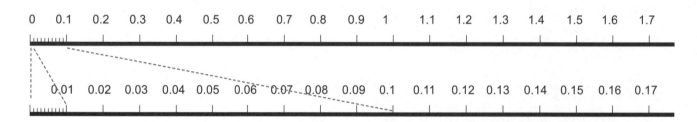

在数线上，小数若要表示到十分位，要将 1 进行 10 等分；若要表示到百分位，则要将 0.1 进行 10 等分。小数在数线上与整数一样，并不只表示此数的大小，也可以表示：$0.5=0.1+0.4$，$0.06=0.1×0.6$ 等两个数的和与积的意义。

### ◆ 用数线表示分数

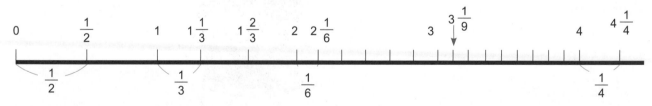

分数中分母可以是任何数（0 除外），所以要按照分母的大小来等分单位"1"。

在分数的数线上，同样也可表示出两个数的和与积。

◆ **在一条数线上表示整数、分数与小数**

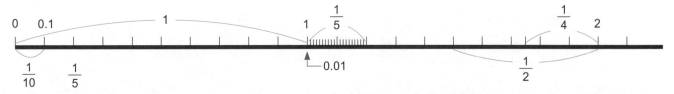

归纳以上的内容，我们只要确定出 1 的大小，整数、小数与分数就都可以在一条数线上表示出来了。

下表是分数表的一部分。

## ● 分数表

看到右侧分数表上分数的排列方法后，想一想分数和整数之间的关系。分数表所列出的，在横列上是分母相同的分数，竖式上是分子相同的分数。

相当于 1 的分数是自 $\frac{1}{1}$ 起斜排下来，所以黄色的部分是比 1 小的数，也叫真分数；绿色的部分是比 1 大的数，与等于 1 的分数合称假分数。

有 ◯ 记号的都是可换算成整数的分数，有 ◯ 记号的是可换算成有限小数的分数，而什么记号都没有的数则是不能换算成整数也不能换算成有限小数的分数。

虽然整数与小数都可以换算成分数，但是由此得知，因整数全部可以换算成分数，所以可视其与分数为同类；反之，因

| 分子 / 分母 | 1 | 2 | 3 | 4 | 5 | 6 | 7 | 8 | 9 | 10 | 11 | 12 | 13 |
|---|---|---|---|---|---|---|---|---|---|---|---|---|---|
| 1 | $\frac{1}{1}$ | $\frac{2}{1}$ | $\frac{3}{1}$ | $\frac{4}{1}$ | $\frac{5}{1}$ | $\frac{6}{1}$ | $\frac{7}{1}$ | $\frac{8}{1}$ | $\frac{9}{1}$ | $\frac{10}{1}$ | $\frac{11}{1}$ | $\frac{12}{1}$ | $\frac{13}{1}$ |
| 2 | $\frac{1}{2}$ | $\frac{2}{2}$ | $\frac{3}{2}$ | $\frac{4}{2}$ | $\frac{5}{2}$ | $\frac{6}{2}$ | $\frac{7}{2}$ | $\frac{8}{2}$ | $\frac{9}{2}$ | $\frac{10}{2}$ | $\frac{11}{2}$ | $\frac{12}{2}$ | $\frac{13}{2}$ |
| 3 | $\frac{1}{3}$ | $\frac{2}{3}$ | $\frac{3}{3}$ | $\frac{4}{3}$ | $\frac{5}{3}$ | $\frac{6}{3}$ | $\frac{7}{3}$ | $\frac{8}{3}$ | $\frac{9}{3}$ | $\frac{10}{3}$ | $\frac{11}{3}$ | $\frac{12}{3}$ | $\frac{13}{3}$ |
| 4 | $\frac{1}{4}$ | $\frac{2}{4}$ | $\frac{3}{4}$ | $\frac{4}{4}$ | $\frac{5}{4}$ | $\frac{6}{4}$ | $\frac{7}{4}$ | $\frac{8}{4}$ | $\frac{9}{4}$ | $\frac{10}{4}$ | $\frac{11}{4}$ | $\frac{12}{4}$ | $\frac{13}{4}$ |
| 5 | $\frac{1}{5}$ | $\frac{2}{5}$ | $\frac{3}{5}$ | $\frac{4}{5}$ | $\frac{5}{5}$ | $\frac{6}{5}$ | $\frac{7}{5}$ | $\frac{8}{5}$ | $\frac{9}{5}$ | $\frac{10}{5}$ | $\frac{11}{5}$ | $\frac{12}{5}$ | $\frac{13}{5}$ |
| 6 | $\frac{1}{6}$ | $\frac{2}{6}$ | $\frac{3}{6}$ | $\frac{4}{6}$ | $\frac{5}{6}$ | $\frac{6}{6}$ | $\frac{7}{6}$ | $\frac{8}{6}$ | $\frac{9}{6}$ | $\frac{10}{6}$ | $\frac{11}{6}$ | $\frac{12}{6}$ | $\frac{13}{6}$ |
| 7 | $\frac{1}{7}$ | $\frac{2}{7}$ | $\frac{3}{7}$ | $\frac{4}{7}$ | $\frac{5}{7}$ | $\frac{6}{7}$ | $\frac{7}{7}$ | $\frac{8}{7}$ | $\frac{9}{7}$ | $\frac{10}{7}$ | $\frac{11}{7}$ | $\frac{12}{7}$ | $\frac{13}{7}$ |
| 8 | $\frac{1}{8}$ | $\frac{2}{8}$ | $\frac{3}{8}$ | $\frac{4}{8}$ | $\frac{5}{8}$ | $\frac{6}{8}$ | $\frac{7}{8}$ | $\frac{8}{8}$ | $\frac{9}{8}$ | $\frac{10}{8}$ | $\frac{11}{8}$ | $\frac{12}{8}$ | $\frac{13}{8}$ |
| 9 | $\frac{1}{9}$ | $\frac{2}{9}$ | $\frac{3}{9}$ | $\frac{4}{9}$ | $\frac{5}{9}$ | $\frac{6}{9}$ | $\frac{7}{9}$ | $\frac{8}{9}$ | $\frac{9}{9}$ | $\frac{10}{9}$ | $\frac{11}{9}$ | $\frac{12}{9}$ | $\frac{13}{9}$ |
| 10 | $\frac{1}{10}$ | $\frac{2}{10}$ | $\frac{3}{10}$ | $\frac{4}{10}$ | $\frac{5}{10}$ | $\frac{6}{10}$ | $\frac{7}{10}$ | $\frac{8}{10}$ | $\frac{9}{10}$ | $\frac{10}{10}$ | $\frac{11}{10}$ | $\frac{12}{10}$ | $\frac{13}{10}$ |

分数并不可全部换算成整数，所以我们可称整数只是分数中较特殊的数。

看了这个表后，就可以了解，在分数中有相当多的数无法以整数或有限小数来表示，最终要转化为（无限）循环小数。

---

**整　理**

（1）用 0 到 9 的 10 个数字，即可表示出任何数。

（2）数字不仅可表示事物的个数，也可运用在表示顺序等方面。

（3）整数与小数可以换算成分数，而有的分数无法换算成整数或有限小数。

（4）整数、小数与分数都可用数线来表示。

（5）整数与有限小数是分数的同类，它们也被称为特殊的分数。

# 运算定律与计算诀窍

## 运算定律

### ◉ *a+b=b+a*（加法交换律）

探究一下，无论 *a*、*b* 所代表的是整数、小数还是分数，*a+b=b+a* 皆成立。

#### ● *a*、*b* 为分数时

$a=\dfrac{3}{8}$、$b=\dfrac{1}{2}$。

首先，算一算 *a+b*：

$$\overset{a}{\dfrac{3}{8}}+\overset{b}{\dfrac{1}{2}}=\dfrac{3}{8}+\dfrac{4}{8}$$

$$=\dfrac{7}{8}$$

现在，再算一算 *b+a*：

$$\overset{b}{\dfrac{1}{2}}+\overset{a}{\dfrac{3}{8}}=\dfrac{4}{8}+\dfrac{3}{8}$$

$$=\dfrac{7}{8}$$

上述两个算式得数相同。

所以，$\dfrac{3}{8}+\dfrac{1}{2}=\dfrac{1}{2}+\dfrac{3}{8}$。

也就是，*a+b=b+a* 成立。

### ◆ 以数线想一想

把 $\dfrac{1}{8}$ 作为数线上 1 小格时，则 $\dfrac{1}{2}=\dfrac{4}{8}$，

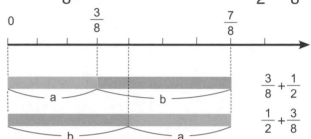

所以，在数线上 $\dfrac{3}{8}+\dfrac{1}{2}$ 与 $\dfrac{1}{2}+\dfrac{3}{8}$ 等长。此法则依然成立。

#### ● *a*、*b* 为小数时

$a=0.7$、$b=1.1$。

首先，将 0.1 视为 1 个单位（这样能让小数计算转化为整数计算），0.7 是 7 个 0.1，1.1 是 11 个 0.1，0.7 和 1.1 分别以 7 和 11 来表示。那么，算一算 *a+b*。

$$\overset{a}{7}+\overset{b}{11}=18 \rightarrow 1.8$$

现在，再算一算 *b+a*：

$$\overset{b}{11}+\overset{a}{7}=18 \rightarrow 1.8$$

上述两个算式得数相同。

所以，0.7+1.1=1.1+0.7。

也就是 *a+b=b+a* 成立。

◆ **以数线想一想**

现在，把0.1作为数线上的1小格，画出如下数线。

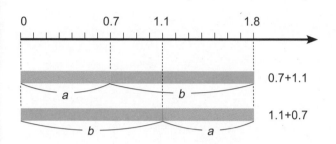

在数线上，0.7+1.1 和 1.1+0.7 等长，所以，这个法则依然成立。

● ***a、b* 分别为小数和分数时**

$a=1.8$、$b=\dfrac{4}{5}$。

在小数 + 分数的加法计算中，先要将两数换算成小数或分数。

先将分数换算成小数。$\dfrac{4}{5}=0.8$。

$a=1.8$、$b=0.8$，$a+b$ 为小数的加法，所以，$a+b=b+a$ 成立。

现在，再将小数换算成分数。$1.8=\dfrac{18}{10}=1\dfrac{4}{5}$。$a=1\dfrac{4}{5}$、$b=\dfrac{4}{5}$，$a+b$ 为分数的加法，那么，$a+b=b+a$ 的也成立。

因此，无论 $a$、$b$ 是分数或小数，$a+b=b+a$ 也成立。

无论 $a$、$b$ 是整数、分数或小数，$a+b=b+a$ 都可成立。

◉ **$(a+b)+c=a+(b+c)$（加法结合律）**

无论 $a$、$b$、$c$ 是整数、分数或小数，研究一下 $(a+b)+c=a+(b+c)$ 成立吗？

● ***a、b、c* 均为整数时**

当 $a=4$、$b=56$、$c=236$ 时，首先计算 $(a+b)+c$：

$$\begin{array}{ccc} a & b & c \end{array}$$

$(4+56)+236=60+236$
$\qquad\qquad\quad=296$

现在计算 $a+(b+c)$：

$$\begin{array}{ccc} a & b & c \end{array}$$

$4+(56+236)=4+292$
$\qquad\qquad\quad=296$

上述两个算式得数同为296，由此可见，$(a+b)+c=a+(b+c)$ 成立。

## ● a、b、c 均为分数时

$a=\dfrac{1}{2}$、$b=\dfrac{2}{3}$、$c=\dfrac{1}{4}$。

分数的加法计算，分母不同的，首先分母要通分，得到 $a=\dfrac{6}{12}$、$b=\dfrac{8}{12}$、$c=\dfrac{3}{12}$。

先计算（$a+b$）$+c$：

$$\overset{a}{\left(\dfrac{6}{12}\right.}+\overset{b}{\dfrac{8}{12}}\left.\right)+\overset{c}{\dfrac{3}{12}}=\dfrac{14}{12}+\dfrac{3}{12}$$

$$=\dfrac{17}{12}=1\dfrac{5}{12}$$

现在，再算一算 $a+$（$b+c$）：

$$\overset{a}{\dfrac{6}{12}}+\overset{b}{\left(\dfrac{8}{12}\right.}+\overset{c}{\dfrac{3}{12}}\left.\right)=\dfrac{6}{12}+\dfrac{11}{12}$$

$$=\dfrac{17}{12}=1\dfrac{5}{12}$$

上述两个算式得数相同。

因此，（$\dfrac{6}{12}+\dfrac{8}{12}$）$+\dfrac{3}{12}=\dfrac{6}{12}+$（$\dfrac{8}{12}+\dfrac{3}{12}$），即（$a+b$）$+c=a+$（$b+c$）成立。

现在，在数线上以 $\dfrac{1}{12}$ 作为 1 小格，画出下面数线。

由数线上可以看出，（$a+b$）$+c=a+$（$b+c$）成立。

## ● a、b、c 均为小数时

$a=0.3$、$b=1.7$、$c=1.4$。

先计算（$a+b$）$+c$：

$$\overset{a}{(0.3}+\overset{b}{1.7)}+\overset{c}{1.4}=2+1.4$$

$$=3.4$$

现在，再算一算 $a+$（$b+c$）：

$$\overset{a}{0.3}+\overset{b}{(1.7}+\overset{c}{1.4)}=0.3+3.1$$

$$=3.4$$

上述两个算式的得数都是 3.4。

因此，（$0.3+1.7$）$+1.4=0.3+$（$1.7+1.4$），（$a+b$）$+c=a+$（$b+c$）成立。

现在，在数线上以 0.1 作为 1 小格，画出下面的数线。

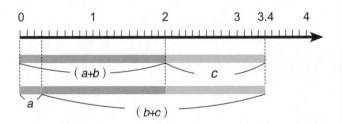

由数线上可以看出，（$a+b$）$+c=a+$（$b+c$）成立。

因此，无论 $a$、$b$、$c$ 为整数、小数或分数时，（$a+b$）$+c=a+$（$b+c$）皆成立。

## ⊙ *a×b=b×a*（乘法交换律）

探究一下，无论 *a*、*b* 为整数或小数，*a*×*b*=*b*×*a* 都成立。

### ● *a*、*b* 为整数时

*a*=3、*b*=5 时，先计算 *a*×*b*：

$$3 \times 5 = 15$$

再计算 *b*×*a*：

$$5 \times 3 = 15$$

上述两个算式的得数都是 15，$3 \times 5 = 5 \times 3$，即 *a*×*b*=*b*×*a* 成立。

### ● *a*、*b* 为小数时

当 *a*=0.7、*b*=2.1 时，看一看 *a*×*b*=*b*×*a* 是否成立。

先计算 *a*×*b*：

$$0.7 \times 2.1 = 1.47$$

再计算 *b*×*a*：

$$2.1 \times 0.7 = 1.47$$

上述两个算式得数都是 1.47，$0.7 \times 2.1 = 2.1 \times 0.7$，即 *a*×*b*=*b*×*a* 成立。

### ● *a*、*b* 为分数时

*a*=$\frac{3}{5}$、*b*=$\frac{1}{4}$ 时，先计算 *a*×*b*：

$$\frac{3}{5} \times \frac{1}{4} = \frac{3 \times 1}{5 \times 4} = \frac{3}{20}$$

再计算 *b*×*a*：

$$\frac{1}{4} \times \frac{3}{5} = \frac{7 \times 2}{12 \times 3} = \frac{3}{20}$$

上述两个算式的得数都是 $\frac{3}{20}$，$\frac{3}{5} \times \frac{1}{4}$

$$= \frac{1}{4} \times \frac{3}{5}，即 *a*×*b*=*b*×*a* 成立。$$

## ⊙ （*a×b*）×*c*=*a*×（*b×c*）（乘法结合律）

无论 *a*、*b*、*c* 是整数、小数或分数，（*a*×*b*）×*c*=*a*×（*b*×*c*）都可以成立，想一想理由。

● $\left(\frac{1}{4} \times \frac{2}{3}\right) \times \frac{1}{2} = \frac{1}{4} \times \left(\frac{2}{3} \times \frac{1}{2}\right)$

试用长方体体积公式想一想，（*a*×*b*）×*c*=*a*×（*b*×*c*）成立的理由。

长方体的体积＝底面积×高。

$\left(\frac{1}{4} \times \frac{2}{3}\right) \times \frac{1}{2}$ 和 $\frac{1}{4} \times \left(\frac{2}{3} \times \frac{1}{2}\right)$

分别用下面图①和图②表示。

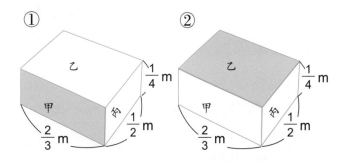

首先，如图①所示，以甲为底面积，这个长方体的体积为：

$$\left(\frac{1}{4} \times \frac{2}{3}\right) \times \frac{1}{2} = \frac{\overset{1}{2}}{12} \times \frac{1}{\underset{1}{2}} = \frac{1}{12},$$

长方体的体积为 $\frac{1}{12}$ 立方米。

现在，如图②所示，以乙为底面积，长方体的体积为：

$$\left(\frac{2}{3} \times \frac{1}{2}\right) \times \frac{1}{4} = \frac{\overset{1}{2}}{6} \times \frac{1}{\underset{2}{4}} = \frac{1}{12}$$

$$\underset{a}{\underline{\quad\quad\quad}} \quad \underset{b}{\underline{\quad}}$$

我们知道，无论 $a$、$b$ 是整数、小数或分数，$a \times b = b \times a$ 都成立。所以，有以下算式：

$$\frac{1}{4} \times \left(\frac{2}{3} \times \frac{1}{2}\right) = \frac{1}{4} \times \frac{\overset{1}{2}}{\underset{2}{6}} = \frac{1}{12}$$

$$\underset{b}{\underline{\quad}} \qquad \underset{a}{\underline{\quad\quad\quad}}$$

## ◉ $(a+b) \times c = a \times c + b \times c$（乘法对加法的分配律）

试用求面积的公式，想一想 $a$、$b$、$c$ 为整数、小数或分数时，$(a+b) \times c = a \times c + b \times c$ 均可成立的理由。

● **甲加乙的面积求法**

如下图所示，求甲加乙的面积。

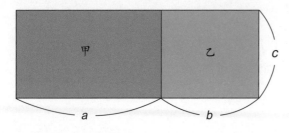

首先，求出甲、乙各自的面积。

上述两种算法，所得之积相同，故 $\left(\frac{1}{4} \times \frac{2}{3}\right) \times \frac{1}{2} = \frac{1}{4} \times \left(\frac{2}{3} \times \frac{1}{2}\right)$，即 $(a \times b) \times c = a \times (b \times c)$ 的成立。

此外，也可以将丙作为长方体的底面积，长方体的体积 $= \left(\frac{1}{4} \times \frac{1}{2}\right) \times \frac{2}{3}$。

运用 $a \times b = b \times a$ 的运算定律，可得：

$$\left(\frac{1}{4} \times \frac{1}{2}\right) \times \frac{2}{3} = \frac{1}{4} \times \boxed{\left(\frac{1}{2} \times \frac{2}{3}\right)}$$

$$= \frac{1}{4} \times \boxed{\left(\frac{2}{3} \times \frac{1}{2}\right)}$$

$$a \times b = b \times a$$

计算方法同前所述。

甲的面积 $= c \times a$，乙的面积 $= c \times b$，甲、乙的面积和 $= c \times a + c \times b$。

那么，运用乘法法则 $a \times b = b \times a$，则 $c \times a$ 和 $c \times b$ 可分别以 $a \times c$ 和 $b \times c$ 来表示，所以，甲、乙的面积和 $= a \times c + b \times c$。

若把甲与乙合并在一起，则是：宽为 $c$、长为 $(a+b)$ 的长方形，长方形的面积 $= c \times (a+b)$ 或 $(a+b) \times c$。

上述两种方法求出的总面积相同，所以，$(a+b) \times c = a \times c + b \times c$ 成立。

## 计算诀窍

利用下面所学的运算定律，可以使计算更为简单。

$a+b=b+a$ ················· ①

$(a+b)+c=a+(b+c)$ ········ ②

$a \times b=b \times a$ ················· ③

$(a \times b) \times c=a \times (b \times c)$ ··· ④

$(a+b) \times c=a \times c+b \times c$ ······ ⑤

※ ②和⑤也可如此运用：

$(a-b)+c=(a+c)-b$

$(a-b) \times c=a \times c-b \times c$

①计算 $20 \times 32$

采用以下的计算方式就简单多了。

$20 \times 32=20 \times (30+2)$ ——运用⑤

$=20 \times 30+20 \times 2$

$=600+40=640$

②计算 $\frac{1}{5}+0.7+\frac{4}{5}$

$\frac{1}{5}+0.7+\frac{4}{5}=(\frac{1}{5}+0.7)+\frac{4}{5}$ ——运用①

$=(0.7+\frac{1}{5})+\frac{4}{5}$

$=0.7+(\frac{1}{5}+\frac{4}{5})$ ——运用②

$=0.7+1=1.7$

③ 计算 $7+186+293$

$7+186+293$ ——运用①和②

$=7+293+186$

$=(7+293)+186$

$=300+186=486$

④计算 $\frac{2}{7}+2.3+\frac{5}{7}$

$\frac{2}{7}+2.3+\frac{5}{7}=2.3+\frac{2}{7}+\frac{5}{7}$ ——运用①

$=2.3+(\frac{2}{7}+\frac{5}{7})$

$=2.3+1$

$=3.3$

⑤计算 $(7+0.25) \times 4$

$(7+0.25) \times 4$ ——运用⑤

$=7 \times 4+0.25 \times 4$

$=28+1$

$=29$

⑥计算 $(1.25 \times 400) \times 100$

$(1.25 \times 400) \times 100$ ——运用③

$=100 \times (1.25 \times 400)$ ——运用④

$=(100 \times 1.25) \times 400$

$=125 \times 400$

$=50000$

⑦计算 $103 \times 25$

$103 \times 25=(100+3) \times 25$ ——运用③

$=25 \times (100+3)$ ——运用⑤

$=25 \times 100+25 \times 3$

$=2500+75$

$=2575$

⑧计算 $1.46 \times 0.99$

$1.46 \times 0.99=1.46 \times (1-0.01)$ ——运用⑤

$=1.46 \times 1-1.46 \times 0.01$

$=1.46-0.0146$

$=1.4454$

# 计算的结果

当两个数是整数、小数或分数时，它们的和、差、积、商会变成什么样的数呢？

## ●两个数是整数的时候

①整数与整数相加的和是什么数呢？

$$3+5=8$$
$$24+7=31$$

整数 + 整数 = 整数

由上面的算式可以知道，整数和整数相加的和还是整数。

②整数与整数相减的差是什么数呢？

$$9-3=6$$
$$7-8=?$$

整数 - 整数 = ?

有时不够减，由此可以知道，整数和整数相减的差，其中有些是我们还没有学到的。

③整数与整数相乘的积是什么数呢？

$$4 \times 6=24$$
$$27 \times 9=243$$

整数 × 整数 = 整数

整数与整数相乘的积也是整数。

④整数与整数相除的商是什么数呢？（除数不能为0）

$$18 \div 2=9$$
$$36 \div 5=7.2$$
$$100 \div 3=33\frac{1}{3}$$

整数 ÷ 整数 = 整数、小数、分数 } 分数

整数与整数相除的商可以是整数、小数或分数。如果把整数当成分母是1的特殊分数，把小数看成分母是10、100、1000等的特殊分数，那么，商可以改写成分数。

## ●两个数是分数的时候

①分数与分数相加的和是什么数呢？

$$\frac{2}{3} + \frac{1}{3} = \frac{3}{3} =1$$
$$\frac{1}{4} + \frac{1}{2} = \frac{3}{4} =0.75$$
$$1\frac{1}{5} + \frac{2}{3} =1\frac{13}{15}$$

分数 + 分数 = 分数

把整数当成分母是1的特殊分数，那么，分数与分数相加的和全都是分数。

②分数与分数相减的差是什么数呢？

$$\frac{2}{3} - \frac{1}{6} = \frac{1}{2} =0.5$$
$$\frac{1}{8} - \frac{3}{4} = ?$$
$$4\frac{1}{7} - \frac{1}{7} =4$$

分数 - 分数 = ?

分数与分数相减的差，其中有些是我们还没有学到的。

③分数与分数相乘的积是什么数呢？

$$\frac{4}{5} \times \frac{1}{6} = \frac{2}{15}$$
$$\frac{3}{4} \times \frac{5}{6} = \frac{5}{8} =0.625$$
$$\frac{4}{5} \times \frac{5}{4} = \frac{1}{1} =1$$

分数 × 分数 = 分数

④分数与分数相除的商是什么数呢？（除数不能为0）

$$\frac{3}{8} \div \frac{3}{4} = \frac{1}{2}$$
$$\frac{5}{12} \div 1\frac{2}{3} = \frac{1}{4}$$
$$\frac{5}{8} \div \frac{5}{16} = \frac{2}{1}$$

分数 ÷ 分数 = 分数

● **两个数是小数的时候**

$$0.2=\frac{2}{10}, \quad 0.15=\frac{15}{100}, \quad 0.007=\frac{7}{1000}$$

如果把小数当成特殊分数，那么小数与小数的加、减、乘、除的计算结果与两个数都是分数的就计算结果一样。

● **计算结果的整理**

我们用〇代表两个数的和、差、积、商都与原来的数是同类型的，△代表与原来的数是不同类型的，整理成下表：

| | 整数 | 小数 | 分数 |
|---|---|---|---|
| 和 | 〇 | 〇 | 〇 |
| 差 | △① | △② | △③ |
| 积 | 〇 | 〇 | 〇 |
| 商 | △④ | △⑤ | 〇 |

◆ **用数线看一看两个整数相减的差**

用数线表示7-8，可以画成下图。

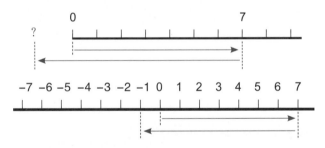

差用数线也没有办法表示出来。其实，在数线上0的左边△①可以用比0还小的负数来表示。

利用上图可以看出，7-8=-1。

◆ **用数线表示$\frac{1}{8}-\frac{3}{4}$**

如下图所示，用$\frac{1}{8}$表示数线上的1小格，$\frac{3}{4}=\frac{6}{8}$，因此，$\frac{1}{8}-\frac{3}{4}=-\frac{5}{8}$。

应用数线，也可以用负数分数表示分数与分数相减的差。

$-\frac{5}{8}$　　　　　　0　$\frac{1}{8}$

小数与小数相减的差也同样可以算出。

把整数÷整数和小数÷小数当成分数÷分数来思考。

$$① \quad 3\div7=\frac{3}{1}\div\frac{7}{1}$$
$$=\frac{3}{1}\times\frac{1}{7}$$
$$=\frac{3}{7}$$

$$② \quad 0.4\div0.7=\frac{4}{10}\div\frac{7}{10}$$
$$=\frac{4}{10}\times\frac{10}{7}$$
$$=\frac{4}{7}$$

整数、小数都可以换算成分数，因此，如果把整数、小数当成特殊的分数来计算的话，△④、△⑤都可以当成分数。

---

**整　理**

下列算式中，a、b、c都可以用整数、小数、分数来代替。

$a+b=b+a$

$a\times b=b\times a$

$(a+b)+c=a+(b+c)$

$(a\times b)\times c=a\times(b\times c)$

$(a+b)\times c=a\times c+b\times c$

# 巩固与拓展

### 整理

1. 数的使用方法

（1）表示个数

（铅笔）5 支、（色纸）5 张、（学生）5 人、（车子）5 辆。

（2）表示测定量

（丝带）5 厘米、（砂糖）5 千克、（水）5 升、（田地）5 平方米等，都是以单位量（1 厘米、1 千克、1 升、1 平方米）为基准来表示测定量。

（3）表示比值

10 米是 2 米的倍数为：$10 \div 2 = \frac{10}{2} = 5$（倍）。5 表示 10 米与 2 米的比值。

（4）表示事物的顺序

（马拉松比赛）第 1 名、（从右边数来）第 2 号、（数学课是）第 3 节。

（5）表示事物的分类与整理，即数字编码

（5，3）（代表第 5 行第 3 列）、8–205（住宅小区 8 号楼 2 层第 5 个房间）。

2. 整数、小数、分数的关系与特点

## 试一试，来做题。

1. 右图是一部计算器。计算器上有 0 到 9 的 10 个数字。其中整数、小数是用什么方式来表示的？

2. 如果用分数来表示 1，可以写成下面的形式：

$$1 = \frac{1}{1} = \frac{2}{2} = \frac{5}{5} = \frac{20}{20}$$

小数点右边的第 1 位是十分位（$\frac{1}{10}$）。把下列的整数与小数改写成分数。

（1）2；（2）6；（3）0.3；（4）2.77。

3. 分数的分子是被除数，分母是除数，如：

$$\frac{3}{4} = 3 \div 4 = 0.75$$

把下列的分数改写成有限小数（如果无法除尽，在该题下画"×"）。

（1）$\frac{1}{2}$；（2）$\frac{4}{5}$；（3）$\frac{1}{3}$；（4）$2\frac{7}{8}$。

4. 在下列的□里填上适当的数。

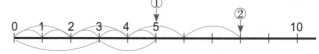

上图是数线的一部分。每 1 个刻度代表□。①是 5。②是□。5 代表 1 的□倍。另外，5 也是 3+□ 的和。8 等于 5+□，或□ ×4。

答案：1. 十进位计数法。2.（1）$\frac{2}{1}$、$\frac{4}{2}$、$\frac{6}{3}$……；（2）$\frac{6}{1}$、$\frac{12}{2}$、$\frac{18}{3}$……；（3）$\frac{3}{10}$；（4）$2\frac{77}{100}$。3.（1）0.5；（2）0.8；（3）×；（4）2.875。4.1、8、5、2、3。5.（1）$\frac{1}{7}$；（2）1.2；（3）8.3、3.7。6.（1）$\left(2\frac{5}{9} - 1\frac{5}{9}\right) + \left(3\frac{2}{9} + 4\frac{7}{9}\right) = 1 + 8 = 9$；

（1）整数和小数都可用分数来表示，但有些分数无法用整数或有限小数来表示。

（2）整数、小数与分数可以在同一条数线上表示出来。另外，整数、小数、分数等的和、差、积、商也都可以表示在数线上。

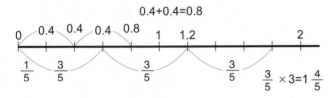

$$0.4+0.4=0.8$$

3. 计算的规则和技巧

（1）下列的计算规则适用于整数、小数、分数。

$$甲 + 乙 = 乙 + 甲，甲 \times 乙 = 乙 \times 甲$$
$$（甲 + 乙）+ 丙 = 甲 + （乙 + 丙）$$
$$（甲 \times 乙）\times 丙 = 甲 \times （乙 \times 丙）$$

$$甲 \times 丙 + 乙 \times 丙 = （甲 + 乙）\times 丙$$

（2）利用计算规则来计算，可以简化计算的过程。

$$5 \times 3.14 + 15 \times 3.14 = （5+15）\times 3.14$$
$$15.22 + 8.5 - 4.22 = 15.22 - 4.22 + 8.5 = 19.5$$

4. 数和计算的关系

两个整数经过加、减、乘、除运算后，所得的和、差、积、商不一定是整数。

（1）两个整数经过加法、乘法运算后，所得的和与积一定是整数。

（2）两个整数相减时，如果被减数比减数小，差就是一个小于0的数，即负数。

（3）两个整数相除时，如果无法整除，可以用分数表示商。

5. 以下列的数线或图为基准，在□里填上适当的数。

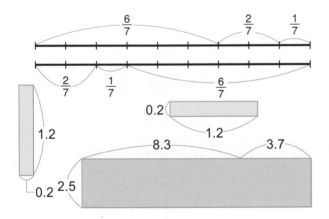

（1）$\dfrac{6}{7} + \dfrac{2}{7} + \dfrac{1}{7} = \left(\dfrac{6}{7} + \dfrac{\square}{\square}\right) + \dfrac{2}{7}$

（2）$1.2 \times 0.2 = 0.2 \times \square$

（3）$2.5 \times 8.3 + 2.5 \times 3.7 = 2.5 \times （\square + \square）$

6. 计算下列各题。

（1）$2\dfrac{5}{9} + 3\dfrac{2}{9} - 1\dfrac{5}{9} + 4\dfrac{7}{9}$

（2）$0.12 \times 0.8 \times 100 \times 10$

（3）$6 \times 0.55 + 4 \times 0.55$

（4）$0.25 \times 0.7 \times 4$

（5）$12 \times \left(\dfrac{5}{6} + \dfrac{3}{4}\right)$

7. 将下列各式的得数用（）中数的形式表示。如该题无法按照（）中的要求作答画"×"。

（1）16−8（整数） （2）27.4−36（整数）

（3）1.02×6（小数）（4）$3\dfrac{6}{7}$−2.6（小数）

（5）$\dfrac{3}{4} - \dfrac{1}{5}$（分数）（6）$\dfrac{12}{5} - \dfrac{5}{6}$（分数）

（7）$\dfrac{1}{4} \div \dfrac{1}{7}$（分数和小数）

（2）（0.12×100）×（0.8×10）=12×8=96；（3）（6+4）×0.55=10×0.55=5.5；（4）（0.25×4）×0.7=1×0.7=0.7；（5）$12 \times \dfrac{5}{6} + 12 \times \dfrac{3}{4}$=10+9=19。7.（1）8；（2）×；（3）6.12；（4）×；（5）$\dfrac{11}{20}$；（6）$1\dfrac{17}{30}$；（7）$1\dfrac{3}{4}$，1.75。

## 解题训练

### ■ 数的读法和进位

**1** 回答下列各题。

（1）右边的数应该怎么读？

（2）最左边的 5（①）是右边的 5（①）的多少倍？

（3）左边的 8（③）是右边的 4（④）的多少倍？

（4）最右边的 8（⑤）是左边 8（③）的多少倍？

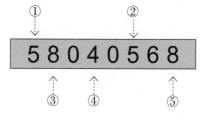

**◀ 提示 ▶**

以十进制计数法来表示一个数。

**解法** 以十进制计数法表示一个数。

（1）整数最右边的数位是个位，然后往左边依序是十位、百位、千位、万位、十万位、百万位、千万位……。58040568 最高数位上的 5 是千万位。

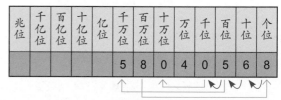

| 兆位 | 千亿位 | 百亿位 | 十亿位 | 亿位 | 千万位 | 百万位 | 十万位 | 万位 | 千位 | 百位 | 十位 | 个位 |
|---|---|---|---|---|---|---|---|---|---|---|---|---|
| | | | | | 5 | 8 | 0 | 4 | 0 | 5 | 6 | 8 |

十万位上的数和千位上的数虽然都是 0，但必须读出来。

（2）每向左边进 1 个数位，这个数就扩大 10 倍，即：

$10 \times 10 \times 10 \times 10 \times 10 = 100000$（倍），是 10 万倍。

（3）$10 \times 10 = 100$，$8 \div 4 = 2$，$2 \times 100 = 200$（倍）

（4）$\dfrac{1}{10} \times \dfrac{1}{10} \times \dfrac{1}{10} \times \dfrac{1}{10} \times \dfrac{1}{10} \times \dfrac{1}{10} = \dfrac{1}{1000000}$（倍）

答：（1）读作五千八百零四万零五百六十八；（2）是 10 万倍；（3）是 200 倍。（4）是一百万分之一。

### ■ 数的使用方法

**2** 下列左边的各项说明表示数的哪种使用方法？在右边各项选出适合的答案。

（1）某棒球选手的背号是 1 号。（A）表示个数的集合。

（2）书架上有 50 本书。（B）表示比例。

（3）有蛀牙的人数占全校人数的 60%。（C）表示分类或号码的整理。

（4）我坐在从前面数第 4 个位子。（D）表示测定量的大小。

（5）身高 153 厘米，体重 48 千克。（E）表示顺序或次序。

**解法** 想一想你曾经学过的各种不同的数。

（1）由球衣的背号可以知道该选手是谁。但背号为1号并不一定是第1棒。运动服的背面或前面经常有着不同的号码。

（2）表示同种物品的个数或人数经常用如5只狗、10个本子、20名男生等来表示。

（3）到场率3成、缺席率6%等也都是表示比例。

（4）在第3站下车、从后面数第5个等都是表示顺序。

（5）跳远2.95米，体重增加2千克，从教室的一端到另一端是8米等都是测量长度或重量的数值。

答：（1）C；（2）A；（3）B；（4）E；（5）D。

■ **整数、小数和分数的关系**

**3** 右边的数依照整数、小数、分数进行分组。先选出和整数相等的分数，再选出和小数相等的分数。

| 整数 | 分数 | | 小数 |
|---|---|---|---|
| ① 4 | A. $\frac{1}{3}$ | E. $\frac{3}{1}$ | 甲 0.3 |
| ② 3 | B. $\frac{8}{2}$ | F. $\frac{3}{10}$ | 乙 0.6 |
| ③ 5 | C. $1\frac{1}{2}$ | G. $\frac{15}{3}$ | 丙 1.5 |
| | D. $\frac{1}{6}$ | H. $\frac{6}{10}$ | |

◀ **提示** ▶
把整数、小数全部换算为分数。

**解法** 把整数换算成分数，把小数换算成分数。

（1）$4=\dfrac{4}{1}$、$\dfrac{8}{2}$、$\dfrac{12}{3}$……　$3=\dfrac{3}{1}$、$\dfrac{6}{2}$、$\dfrac{9}{3}$……　$5=\dfrac{5}{1}$、$\dfrac{10}{2}$、$\dfrac{15}{3}$……
从分数的一组中可以轻易地找出相等的数。分子可以被分母整除的分数就是整数。

（2）$0.1=\dfrac{1}{10}$，$0.01=\dfrac{1}{100}$。0.3是3个0.1即$\dfrac{3}{10}$，0.6是6个$\dfrac{1}{10}$即$\dfrac{6}{10}$ $=\dfrac{3}{5}$，$1.5=1\dfrac{5}{10}=1\dfrac{1}{2}$。

最后，剩下$\dfrac{1}{3}$和$\dfrac{1}{6}$。$\dfrac{1}{3}=1\div3=0.3333\cdots$，$\dfrac{1}{6}=1\div6=0.1666\cdots$这两个分数都无法用准确的小数来表示。

答：① → B；② → E；③ → G；甲 → F；乙 → H；丙 → C。

### ■ 和数线相关的问题

**4** 依照下面数线上的指示回答下列问题。

（1）A、C、E 各是什么数？（以小数作答）

（2）B、D、F 各是什么数？（以分数作答）

（3）0.2×7 的积可以用数线上甲、乙、丙中的哪一个刻度来表示？

（4）$1\frac{4}{5} + \frac{3}{5}$ 的和可以用数线上甲至庚中的哪一个刻度来表示？

◀ **提示** ▶

每 1 个小刻度所表示的数量确定后，整数、小数、分数都可以在数线上表示出来。

**解法**　先计算每个刻度所代表的数。

　0 与 1 之间共分为 10 等份，所以，每 1 个小刻度是 $\frac{1}{10}$（0.1）。1 与 2 之间分为 5 等份，每 1 个小刻度是 $\frac{1}{5}$（0.2）。2 与 3 之间的上端分为 5 等份，下端分为 4 等份，4 等份的每 1 个刻度是 $\frac{1}{4}$（0.25）。

（1）、（2）均可依照上述的方法计算。

（3）0.2×7=1.4，1.4 在距离 1 的右边约 0.4 的位置。下面左图中 1 与 2 之间的每 1 个小刻度是 0.2，所以 0.4 用乙的刻度表示。

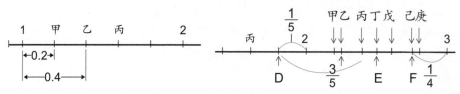

（4）$1\frac{4}{5}$ 位于 D 的刻度上。由上面右图可以看出，D 往右移动 $\frac{3}{5}$ 也就是 $2\frac{2}{5}$ 的位置，这个位置正好在丙的刻度上。

1.4 或 $2\frac{2}{5}$ 不仅代表 1.4 或 $2\frac{2}{5}$ 的大小，同时也分别是 0.2×7 的积，$1\frac{4}{5} + \frac{3}{5}$ 的和。所以任何数的和或积都可以显示在数线上。

答：（1）A 为 0.3；C 为 1.2；E 为 2.5；（2）B 为 $\frac{9}{10}$；D 为 $1\frac{4}{5}$；F 为 $2\frac{3}{5}$；（3）0.2×7 的积用乙的刻度表示；（4）$\frac{4}{5} + \frac{3}{5}$ 的和用丙的刻度表示。

**■ 利用计算规则来解题**

**5** 计算下列各式。

（1）1.25+3.1+3.75

（2）$2\frac{1}{2} \times 4\frac{1}{5} + 2\frac{1}{2} \times 2\frac{4}{5}$

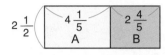

**◀ 提示 ▶**

想一想，应该采用哪种运算定律？

**解法** 采用下列两种运算定律：

（甲＋乙）＋丙＝甲＋（乙＋丙）

甲 × 丙 + 乙 × 丙 =（甲＋乙）× 丙

（1）在交换加数的顺序时，尽量将算式简化。1.25+3.75=5，所以，先计算1.25+3.25，然后再加3.1。（1.25+3.75）+3.1=8。

（2）$2\frac{1}{2} \times 4\frac{1}{5}$为 A 的面积，$2\frac{1}{2} \times 2\frac{4}{5}$为 B 的面积，所以，A 的面积 +B 的面积 = 全部的面积。全部的面积 = 宽 × 全部的长。

$2\frac{1}{2} \times 4\frac{1}{5} + 2\frac{1}{2} \times 2\frac{4}{5} = 17\frac{1}{2}$

答：（1）为8.1。（2）为 $17\frac{1}{2}$。

**■ 计算的可能性**

**6** 利用整数、小数、分数可以做乘法或加法的计算。

（1）计算下面的各项除法并以（ ）中的数作答。无法整除的话，在该题画"×"。

① 6÷3（整数）　　② 0.15÷3（小数）

③ $\frac{1}{3}$ ÷2（分数）　　④ 7÷3（整数）

⑤ 0.4÷0.3（小数）　　⑥ $1\frac{1}{2}$ ÷ $6\frac{1}{3}$（分数）

（2）计算算式：（3.28−1.28）×12÷3.6÷48

**◀ 提示 ▶**

商可以用分数表示。

**解法** （1）如果计算无误，很快可以发现④、⑤两题无法整除。任何数相除后的商都可用分数来表示。

（2）有时小数或整数无法整除，可以先将其换算为分数，然后再计算。

（3.28-1.28）×12÷3.6÷48=2×12÷$\frac{36}{10}$÷$\frac{48}{1}$=2×12×$\frac{10}{36}$×$\frac{1}{48}$=$\frac{5}{36}$

答：（1）① 2；② 0.05；③ $\frac{1}{6}$；④ ×；⑤ ×；⑥ $\frac{9}{38}$。（2）$\frac{5}{36}$。

**加强练习**

1. 想一想，哪一个数能完全符合下列①到⑤的全部条件。

①这个数最左边的数位是最右边个位上的数的 10000 倍。

②最左边数位上的数字和最右边个位上的数相同。最左边数位上的数或最右边个位上的数如果乘以 2 倍，所得的积与该数加上 2 的和相等，即：$\square \times 2 = \square + 2$。

③这个数最中间的数是最右边个位上的数或最左边数位上的数的 4 倍，即：$\bigcirc = \square \times 4$。

④中间数位左边的数位上的数比中间数位上的数大 1，即：$\triangle = \bigcirc + 1$。

⑤中间数位右边的数位上的数比中间数位上的数小 1，即：$\diamond = \bigcirc - 1$。

2. 求下图斜线部分的周长。

这是由不同大小的半圆组合而成的图形。（利用运算定律求出答案）

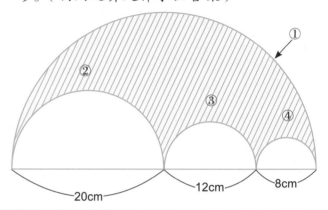

## 解答和说明

1. ①最左边的数位上的数是最右边个位上的数的 10000 倍，所以，这个数总共有 5 个数位。

②把最左边数位上的数与最右边个位上的数表示为 $\square$，试着把 1、2、3……分别代入 $\square$ 里计算，会发现：$2+2=2\times2$。

③因为 $\square=2$，所以，$\bigcirc=2\times4=8$。

④根据给出的条件，列算式为：$8+1=9$。

⑤根据给出的条件，列算式为：$8-1=7$。答：这个数是 29872。

2. 利用算式表示各半圆的周长。

①的周长为：$20\times2\times3.14\div2$；

②的周长为：$20\times3.14\div2$；

③的周长为：$12\times3.14\div2$；

④的周长为：$8\times3.14\div2$。

①+②+③+④的周长为：

$40\times3.14\div2+20\times3.14\div2+12\times3.14\div2+8\times3.14\div2=（40+20+12+8）\times3.14\div2$

$=80\times3.14\div2=40\times3.14$

$=125.6$（厘米）

答：斜线部分的周长为 125.6 厘米。

3. ①算式中的数依序增加 1，可写成下面的形式以便于计算。

一共有 5 组 31，则：11+12+13+14+15+16+17+18+19+20=31×5。

| 11 | + | 12 | + | 13 | + | 14 | + | 15 |
|---|---|---|---|---|---|---|---|---|
| 20 | + | 19 | + | 18 | + | 17 | + | 16 |
| ⋮ | | ⋮ | | ⋮ | | ⋮ | | ⋮ |
| 31 | | 31 | | 31 | | 31 | | 31 |

②104 和 98 都接近 100。104=100+4，98=100−2，原来的算式可以改写为：$（100+4）\times25+（100-2）\times125+250$。

3 计算下列各式。

① 11+12+13+14+15+16+17+18+19+20

② 104×25+98×125+250

③ $2.4 \times \dfrac{5}{6} \div \dfrac{2}{7} +0.75 \div 0.25$

④ 3.125×4.2+3.125×8.3−3.125+1.3− 3.125×1.2

4. 右边是角柱形垃圾桶的示意图与展开图。求出这个角柱的侧面积。

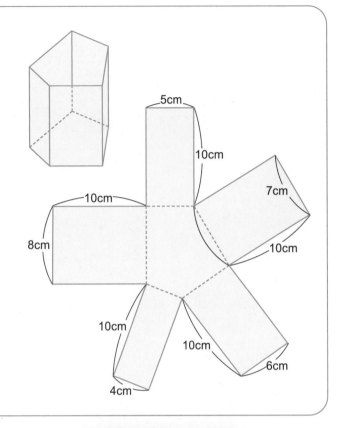

5cm
10cm
7cm
10cm
10cm
10cm
8cm
10cm
10cm
6cm
4cm

100×25+4×25+125×100−2×125+250

=2500+100+12500−250+250

└——15000——┘ └—0—┘

=15000+100=15100

③把小数改写成分数再进行计算。

④原式 =3.125×（4.2−1.2+8.3−1.3）=3.125× 3+7）=31.25

答：①为 155；②为 15100；③为 10；④为 31.25。

4. 列算式为：5×10+8×10+4×10+6×10+7×10

=（5+8+4+6+7）×10

└──→底面的周长

=30×10=300（平方厘米）

答：角柱的侧面积为 300 平方厘米。

※ 由这一题可以得知，柱体的侧面积＝底面周长×高。

备注：任意多边形外角和都是 360°，正五边形每个外角是 72°，周长占比＝角占比，弧长＝$\dfrac{72°}{360°}$×圆周长。

## 应用问题

正五边形的边长是 2 米，由顶点甲拉一条长为 10 米的绳子至乙点，然后像下图一样让绳子的前端从乙点朝箭头所指的方向环绕半圈并回到甲点。绳子的前端由乙点绕回甲点总共移动了多少米？

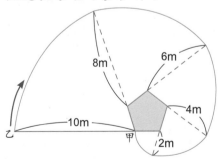

8m
6m
4m
10m
2m
乙
甲

答案：

（20+16+12+8+4）×3.14×$\dfrac{72°}{360°}$ =37.68（米）

排列与组合

# 排列与组合的方法

## 接棒的顺序

甲、乙、丙、丁4个人当选接力赛选手，让我们来决定他们接棒的顺序吧。

如果甲是第1棒，那么第2棒就是乙、丙、丁3人其中的一人。

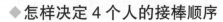

甲作为第1棒、乙作为第2棒的话，第3棒、第4棒立刻可以决定。

### ◆怎样决定4个人的接棒顺序

①首先决定第1棒，现在我们以甲作为第1棒。

②除了甲，其他三个人之中，谁都可以作为第2棒，因此，可以从乙、丙、丁三个人中选一人作为第2棒。

③甲、乙分别作为第1棒和第2棒，则第3棒和第4棒就是丙、丁或丁、丙。

④甲作为第1棒的话，有3×2=6种接棒方式，如右图所示。

⑤如果乙、丙、丁中的任何一人作为第

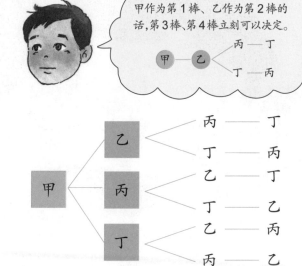

1棒，其他各棒的接棒方式也可参照上图。

⑥6×4=24种，所以，4个人接力赛一共有24种接棒的顺序。

◆ 换成四个数字

好吧，依顺序开始排一排。

如上图所示，有 4 张数字卡片，利用这 4 张数字卡片可以排列出多少个四位数呢？

把数字 1 放在千位上，依顺序排列，总共排出 6 个四位数，如下图所示。

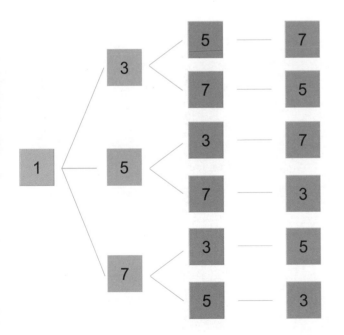

①了解排列顺序的方法，以及排列的方式有几种。

②了解从 4 个数中选出 2 个数，一共有几种排列方式。

③了解数队参加比赛时，每队都会轮到的组合方法，以及比赛的总数。

把 3 或 5、7 分别放在千位上，也都各可以排列出 6 个四位数。

用四个数字总计可以排列出 24 个四位数。

**想一想**

| 2 | 4 | 9 | 0 |

上面的 4 个数字只能排出 18 个四位数，这是为什么呢？

把 2、4、9 分别放在千位上，都各可以排出 6 个四位数。

如果把 0 放在千位上，例如，0249，就变成 249，只有三位数，不是四位数了。

※ 把 2、4、9 各放在千位上的时候，各可以排出 6 个四位数。0 不能放在千位上，所以，用 2、4、9、0 这 4 个数字只能排出 18 个四位数。

# 确定排列方式的秘诀

有4张与下图一样的数字卡片，利用这4张卡片可以排列成多少个不同的两位数呢？

| 2 | 4 | 6 | 8 |

只要确定十位上的数或个位上的数，很快就可以排列出来了哦！

把2放在十位上，那么个位上的数是4、6、8之中的任何一个。

将上面的排列方式整理成下图，是不是就一目了然了！

如果2作为十位上的数，两位数就是：

| 24 | 26 | 28 |

一共有3个。

如果4作为十位上的数，两位数就有：

| 42 | 46 | 48 |

如果6作为十位上的数，两位数就有：

| 62 | 64 | 68 |

如果8作为十位上的数，两位数就有：

| 82 | 84 | 86 |

用4张数字卡片排列不同的两位数，总共有12种排列方法。

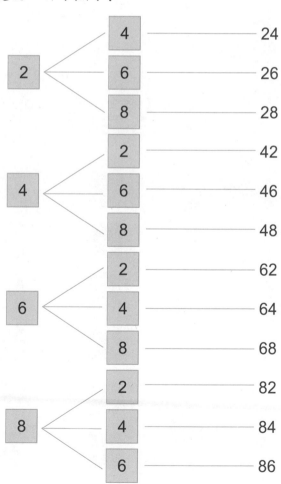

◆ **让我们再试一试其他的方法吧**

下表以纵的数字为十位上的数，横的数字为个位上的数，排列成两位数。

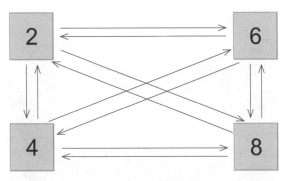

| 个位<br>十位 | 2 | 4 | 6 | 8 |
|---|---|---|---|---|
| 2 |  | 24 | 26 | 28 |
| 4 | 42 |  | 46 | 48 |
| 6 | 62 | 64 |  | 68 |
| 8 | 82 | 84 | 86 |  |

◆ **变更一下车厢的顺序吧！**

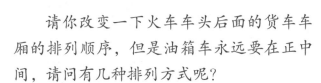

车头　货车　冷冻车　油箱车　货柜车　无盖货车

请你改变一下火车车头后面的货车车厢的排列顺序，但是油箱车永远要在正中间，请问有几种排列方式呢？

先把每一节货车车厢编号（见图），①、④的位置不变，所以，只要改变②、③、⑤、⑥的排列顺序就可以了。

若第②节车厢为冷冻车，有6种排列方式，那么，总共有：4×6=24（种）。

**整　理**

（1）先确定第一个的数字，其余的数字依照顺序排列。

（2）如右表一样，写出每一种排列方式，然后对照比较。

| 个位<br>十位 | 1 | 2 | 3 | 4 |
|---|---|---|---|---|
| 1 |  | 12 | 13 | 14 |
| 2 | 21 |  | 23 | 24 |
| 3 | 31 | 32 |  | 34 |
| 4 | 41 | 42 | 43 |  |

## 比赛的场数

有甲队、乙队、丙队、丁队4支足球队，每队都必须与其他任何一队比赛。甲队与乙队比赛可表示为甲 VS 乙。请问应该怎样组合才妥当呢？总共必须比赛几场？

> 甲队与乙队、丙队、丁队比赛。

> 乙队与甲队、丙队、丁队比赛。

甲队参加的比赛有：甲 VS 乙、甲 VS 丙、甲 VS 丁。

乙队参加的比赛有：乙 VS 甲、乙 VS 丙、乙 VS 丁。

丙队参加的比赛有：丙 VS 甲、丙 VS 乙、丙 VS 丁。

丁队参加的比赛有：丁 VS 甲、丁 VS 乙、丁 VS 丙。

甲 VS 乙等于乙 VS 甲，因此，可以去掉其中一组。

甲 VS 丙与丙 VS 甲，甲 VS 丁与丁 VS 甲，乙 VS 丙与丙 VS 乙，丙 VS 丁与丁 VS 丙也都可以去掉其中任何一组。

> 乙队与甲队比赛，与甲队与乙队比赛是不是一样呢？

经过整理后，最后剩下甲 VS 乙、甲 VS 丙、甲 VS 丁、乙 VS 丙、乙 VS 丁、丙 VS 丁等6种比赛方式。

我们可以把它整理成下表。

|   | 甲 | 乙 | 丙 | 丁 |
|---|---|---|---|---|
| 甲 |   | 甲VS乙 | 甲VS丙 | 甲VS丁 |
| 乙 | 乙VS甲 |   | 乙VS丙 | 乙VS丁 |
| 丙 | 丙VS甲 | 丙VS乙 |   | 丙VS丁 |
| 丁 | 丁VS甲 | 丁VS乙 | 丁VS丙 |   |

## 例 题

我们可以用别的方法来统计。

和下图一样，4队连接成为四边形，就能看出比赛的组合方式以及比赛的场数。

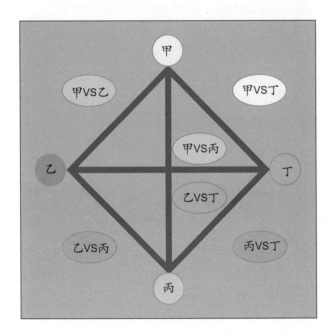

把甲、乙、丙、丁当成四边形的顶点，那么4条边以及对角线都可以串联起来，表示比赛的组合方式。

数一数边和对角线加起来的数目，就是比赛的场数。用这种方法表示组合方式最为方便，可以说是"几何直观"方法。

## 综合测验

甲、乙、丙、丁、戊、己6个人，都必须要跟其中任何一个人比赛摔跤，请问应该怎么排列？

请写出全部的组合方式。

## 求证看一看

让我们再来看一看，利用图表或图形能不能表示5支队伍比赛的组合方式呢？

首先我们可以整理成下面的表。

|  | 甲 | 乙 | 丙 | 丁 | 戊 |
|---|---|---|---|---|---|
| 甲 |  | 甲VS乙 | 甲VS丙 | 甲VS丁 | 甲VS戊 |
| 乙 | 乙VS甲 |  | 乙VS丙 | 乙VS丁 | 乙VS戊 |
| 丙 | 丙VS甲 | 丙VS乙 |  | 丙VS丁 | 丙VS戊 |
| 丁 | 丁VS甲 | 丁VS乙 | 丁VS丙 |  | 丁VS戊 |
| 戊 | 戊VS甲 | 戊VS乙 | 戊VS丙 | 戊VS丁 |  |

5支队伍可以画成五边形。

五边形有5边、5条对角线，总计是10场比赛。用表以及图形都可以看出比赛的组合方式以及比赛的场数。

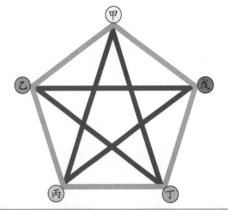

## 整 理

（1）用表来表示比赛的组合方式时，因为甲 VS 乙与乙 VS 甲是同样的，所以只用一种表示就可以了。

（2）利用表或图表来表示比赛场数以及组合方式时，一定要依照顺序，不能遗漏或重复。

综合测验答案：甲 VS 乙、甲 VS 丙、甲 VS 丁、甲 VS 戊、甲 VS 己、乙 VS 丙、乙 VS 丁、乙 VS 戊、乙 VS 己、丙 VS 丁、丙 VS 戊、丙 VS 己、丁 VS 戊、丁 VS 己、戊 VS 己。

# 巩固与拓展

### 整理

1. 排列的方法

把数个事物或人加以排列时,有多种不同的排列方法。仔细地按照顺序把各种方法列出来,不要有遗漏或重复。

[例]下面是甲、乙、丙3人排成一列时的各种排列方法。

先把甲排在最前面,然后把乙排在最前面,最后再试着把丙排在最前面,仔细想一想,总共有几种排列方法。

●甲在最前面的排列方法:

---

### 试一试,来做题。

1. 小英、小玉、小美、小惠4人排成一个纵队向前行走。

4个人总共有几种排列的方法?

2. 下面有3张数字卡片,如果把它们排成不同的三位数,总共可以排出几组什么样的三位数?

2    4    6

3. 父、母、兄、妹4人围坐在饭桌边。如果父亲的位置保持不变,而其他人的位置轮流变更,总共有几种什么样的排列方法?

答案:1.24种。2.246、264、426、462、624、642的6组。

乙在最前面的排列方法：

乙 甲 丙　　　乙 丙 乙

●丙在最前面的排列方法

丙 甲 乙　　　丙 乙 甲

按照上面的方式仔细考虑之后，会发现一共有6种排列的方法。

2. 组合的方法

把数个事物或人加以分组时，有多种不同的分组方法。不必考虑各组里的事物或人的排列顺序。仔细地把各种组合方法列出来，一定不要有遗漏或重复。

[例] 如果把甲、乙、丙3人中的每2人分为1组，总共有下图的3种组合方式。

甲 乙　　　乙 丙　　　丙 甲

事实上，把3个人分为2人1组应该有甲和乙、甲和丙、乙和甲、乙和丙、丙和甲、丙和乙的6种方式。但是，其中的甲和乙与乙和甲、甲和丙与丙和甲、乙和丙与丙和乙是属于相同的组合，所以，实际上只有甲和乙、乙和丙、丙和甲三种组合方法。

4. 把小明、小华、小正、小强4人中的每2人分为1组，每个人必须和其他3人各组合1次。总共有几种组合方式？把这些方式列出来。

5. 下图是正三角形被6条线平分后的图形。图形中有许多不同方向的菱形，总共有几个菱形？

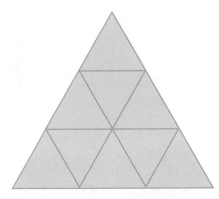

6. 下图中有6个点，如果用线条连接任何2点，总共可以画出几条连线？

3. 父—母—兄—妹、父—母—妹—兄、父—兄—母—妹、父—兄—妹—母、父—妹—母—兄、父—妹—兄—母的6种。
4. 小明—小华、小明—小正、小明—小强、小华—小正、小华—小强、小正—小强的6种。5.9个。6.15条。

# 解题训练

**把4个事物中的每2个分为1组的排列方法**

**1**　右边有4张数字卡片，每一张数字卡片上的数都不一样。如果用这些数字卡片排成两位数，可以排出多少个两位数？

**0 1 3**
**5**

◀ 提示 ▶
想一想，十位上的数应该排哪些数字卡片才合适？注意，0是特殊的。

**解法**　1、3、5都可排在十位上，但0不可以排在十位上。
当十位上的数是1的时候，
个位上的数是0、3、5中的任何一个。
当十位上的数是3的时候，个位上的数是0、1、5中的任何一个。
当十位上的数是5的时候，个位上的数是0、1、3中的任何一个。

```
      0 ┈┈┈▶ 10
1 ⟨  3 ┈┈┈▶ 13
      5 ┈┈┈▶ 15
      0 ┈┈┈▶ 30
3 ⟨  1 ┈┈┈▶ 31
      5 ┈┈┈▶ 35
      0 ┈┈┈▶ 50
5 ⟨  1 ┈┈┈▶ 51
      3 ┈┈┈▶ 53
```

　　**答**：可排成10、13、15、30、31、35、50、51、53共9种。

**圆形的排列方法**

**2**　右图是1张圆桌。如果父亲的座位保持不变，而其他4人的座位轮流变更，总共有几种排列方法？

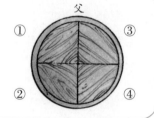

◀ 提示 ▶
先把甲排在①的座位，然后把乙排在②的座位……按照顺序把各种方法列出来。

**解法**　把座位上的其他4人编号为甲、乙、丙、丁。当甲坐在①时，②的座位是乙、丙、丁之中的任何一人，共有3种不同的排列方法。当甲坐在①，乙坐在②时，③的座位是丙、丁之中的任何一人，共有2种排列方法。④的座位是剩余的那个人，有1种排列方法。所以，全部的排列方法是：
4×3×2×1=24（种）。

| ① | ② | ③ | ④ |
|---|---|---|---|
| 甲 | 乙 | 丙 | 丁 |
| 甲 | 乙 | 丁 | 丙 |
| 甲 | 丙 | 乙 | 丁 |
| 甲 | 丙 | 丁 | 乙 |
| 甲 | 丁 | 乙 | 丙 |
| 甲 | 丁 | 丙 | 丁 |

　　**答**：总共有24种排列方法。

## ■ 把5个人中的每2人分为一组的组合方法

◄ 提示 ►
先组合与甲队比赛的队伍，再组合与乙队比赛的队伍，按照顺序把各种组合方法列出来。注意，甲VS乙和乙VS甲属于相同组合。

**3** 甲、乙、丙、丁、戊5支队伍参加足球联赛。比赛的方式是采用单循环赛，那么比赛的次数共有几场？

**解法** 下图是每支队伍的比赛对手。

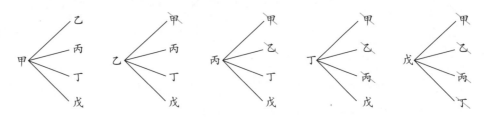

在上面的组合中，甲VS乙和乙VS甲、甲VS丙和丙VS甲等都属于相同的组合，所以必须删掉其中的一组。因此，全部的比赛场次是4+3+2+1=10（场）。

答：比赛的次数共有10场。

## ■ 计算淘汰赛的比赛场次

◄ 提示 ►
画出淘汰赛的图作为参考。

**4** 甲、乙、丙、丁、戊、己、庚、辛8支队参加棒球的淘汰赛。算一算，比赛的场次一共有几场？

**解法** 淘汰赛和循环赛不同。在淘汰赛中，胜利的一队可以继续参加下一场的比赛，输的一队则被淘汰。所以，先把第1回合的所有可能组合找出来，然后让获胜的队伍再做第2回合的组合。把所有的组合画成右图的形式，就能求得全部的比赛场次。

本题还可以用下面的方式求出。因为每举行一场比赛必定有一队被淘汰，举行两场比赛便有两队被淘汰。所以，最后总冠军仅剩下一队。换句话说，被淘汰的所有队数等于比赛的全部场次。因此，8-1=7（场）。这样想是不是极快？

答：比赛的场次一共有7场。

 加强练习

1. 通常，1个数最右边的2个数位上的数如果能被4整除，这个数本身必定能被4整除。例如，752的52可以被4整除，所以752也能被4整除。

7 5 2

现在有 1 2 3 4 5 五张数字卡片，每次各取3张排出三位数的整数，总共可以排出多少个能被4整除的三位数？

2. 有7名学生承担大扫除，其中2人负责楼梯的清洁工作，其余5人负责打扫教室。按照上面的方式把7个人加以分配，一共有多少种不同的分配方法？

3. 右图共有5个点，其中不能有任何3个点排在一条直线上。如果从5个点中任取3个点并连成三角形，总共可以画出几个三角形？（图中画出了其中2个三角形）

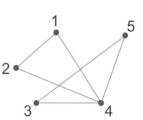

解答和说明

1. 如果取2张数字卡片可以排成下列4种能被4整除的两位数：12、24、32、52。

三位数最右边的两位数是12的共有312、412、512三种。而三位数最右边的两位数是24、32、52的也各有三种，所以，3×4=12（个）。

答：可以排出12个。

2. 方法1：由7人中选出5人打扫教室，剩余的2人负责打扫楼梯（从7人中取5人加以组合）。

方法2：由7人中选出2人打扫楼梯，剩余的5人负责打扫教室（从7人中取2人进行组合）。

方法2较简单。将7人编号，组合如下：
①和{②、③、④、⑤、⑥、⑦}
②和{③、④、⑤、⑥、⑦}
③和{④、⑤、⑥、⑦}
④和{⑤、⑥、⑦}
⑤和{⑥、⑦}
⑥和{⑦}
全部的分配方法有：
6+5+4+3+2+1=21（种）

答：一共有21种不同的分配方法。

其他解法如下：

本题和计算七边形中某个顶点和其他顶点连线数目的问题相似。

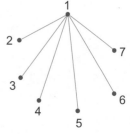

由1的顶点可以画出6条连线，同样地，从其他6个顶点也可以各画出6条连线，所以，6×7=42。但是，从1连到2与从2连到1是同一条线，因此，42÷2=21（种）。

3. 本题是由5个点当中任取3个点的组合练习。按照①和②→③、④、⑤的顺序仔细地加以组合即可获得答案。

答：总共可以画出10个三角形。

4. 甲、乙、丙、丁、戊 5 个人到公园游玩，其中有 3 个人步行，另外 2 个人则骑自行车。把 5 个人分为步行的人与骑自行车的人，一共有几种不同的分法？

5. 箱子里有红、蓝、白 3 种不同颜色的球，每种颜色的球各有 2 颗。如果从箱子里任意取出 2 颗球，总共有几种颜色的组合？有序地写出所有可能的组合。

4. 从 5 人中选出骑自行车的 2 人，一旦组合确定后，剩余的 3 人则必须步行。所以，只要考虑骑自行车 2 人的组合方法即可。如果由甲和另外一人骑自行车，将会有甲和乙、甲和丙、甲和丁、甲和戊 4 种组合方法。如果由乙和另外一人骑车，则会有乙和丙、乙和丁、乙和戊 3 种组合方法。如果由丙和另外一人骑自行车，会出现丙和丁、丙和戊 2 种组合方法。如果由丁和另外一人骑自行车，会出现丁和戊 1 种组合方法。因此，4+3+2+1=10（种）。

答：总共有 10 种组合的方法。

5. 把题目整理成右表的形式。"×"表示该组合与"○"的组合相同，也就是重复的组合，所以不予计算。共有 3+2+1=6（种）。

|  | 红 | 蓝 | 白 |
|---|---|---|---|
| 红 | ○ | ○ | ○ |
| 蓝 | × | ○ | ○ |
| 白 | × | × | ○ |

答：有红红、红蓝、红白、蓝蓝、蓝白、白白，共 6 种组合。

## 应用问题

1. 老师带 6 年级的同学到汽车工厂参观。工厂内有甲、乙、丙、丁 4 间厂房供人参观。不考虑参观的先后顺序，可以自由变更参观厂房的顺序，能安排出多少种不同的参观顺序？

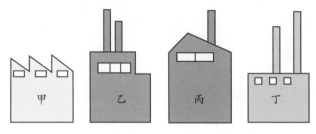

2. 有甲、乙、丙、丁、戊 5 个车站，甲站为起点站，戊站为终点站。如果制作每一站到其他各站的单程车票，总共需要几种不同的车票？注意，甲站到乙站的车票和乙站到甲站的车票各不相同，其他各站的来回车票也各不相同。

3. 是 6 的倍数的数一定是 2 的倍数或 3 的倍数。而是 3 的倍数的数，其每个数位上的数的和也必定是 3 的倍数。

例如，因为 186 为偶数，1+8+6=15，15 是 3 的倍数，所以，186 是 6 的倍数。

参考以上说明，回答下面的问题。

有 2 4 5 9 四张数字卡片。现在任取其中三张数字排成三位数，在排出的三位数中，哪个数是最小的 6 的倍数？

答案：1.24 种。2.20 种。3.294。

步印童书馆

**编著**

北京市数学特级教师 丁益祥
北京市数学特级教师 司 梁
「卢说数学」主理人 卢声怡

**力荐 联袂**

# 小牛顿

## 数学分级读物

**第六阶** **5** 各种图形的关系

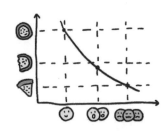

中国儿童的数学分级读物
培养有创造力的数学思维

讲透原理 ➡ 系统进阶 ➡ 思维转换

电子工业出版社
**Publishing House of Electronics Industry**
北京·BEIJING

**图书在版编目（CIP）数据**

小牛顿数学分级读物. 第六阶.5, 各种图形的关系 /
步印童书馆编著. -- 北京 : 电子工业出版社, 2024.6.
ISBN 978-7-121-48178-9

Ⅰ. O1-49

中国国家版本馆CIP数据核字第2024JP7233号

特别鸣谢本书组稿策划人郑利强先生。

责任编辑：赵　妍　季　萌
印　　刷：当纳利（广东）印务有限公司
装　　订：当纳利（广东）印务有限公司
出版发行：电子工业出版社
　　　　　北京市海淀区万寿路173信箱　邮编：100036
开　　本：889×1194　1/16　印张：18.5　字数：373.2千字
版　　次：2024年6月第1版
印　　次：2024年6月第1次印刷
定　　价：120.00元（全6册）

凡所购买电子工业出版社图书有缺损问题，请向购买书店调换。若书店售缺，请与本社发行
部联系，联系及邮购电话：（010）88254888，88258888。
质量投诉请发邮件至zlts@phei.com.cn，盗版侵权举报请发邮件至dbqq@phei.com.cn。
本书咨询联系方式：（010）88254161转1860，jimeng@phei.com.cn。

# 目录

# 放大图和缩小图

## ◉ 放大图或缩小图的看法

制图时间，大家画了好多图。虽然大小不同，可是，哪个图看起来和甲的形状相同呢？为什么我们会觉得这些图看起来"形状相同"呢？

乙最像甲哦。

丁太瘦了一点。

丙太胖了。

◆找出跟甲相同形状的。

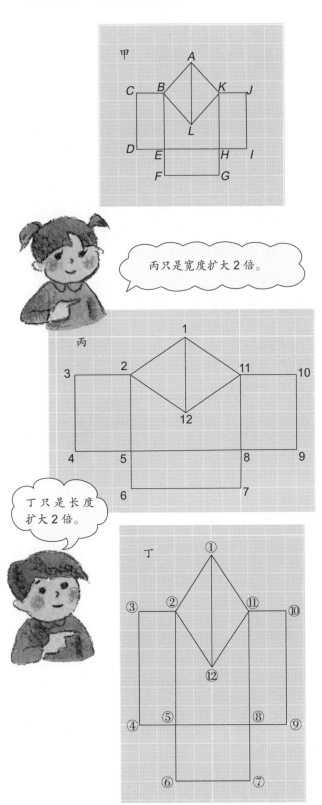

丙只是宽度扩大2倍。

丁只是长度扩大2倍。

※甲和丙、甲和丁都不是相同的形状。

①放大图或缩小图的看法、画法。
②从缩小图求实际的长度。

◆观察乙的形状。

那么，乙的形状怎样呢？

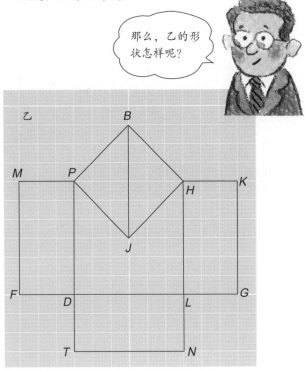

　　乙把甲的长、宽都扩大2倍。像BP和AB的对应边长，乙都是甲的2倍。
　　虽然甲和乙的图形大小不同，却可以说它们的形状相同。其对应边长的比是1：2，其对应角的大小全都相等。
　　乙是甲的放大图，甲是乙的缩小图。

## ● 边长和角度

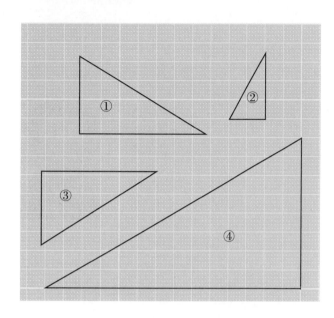

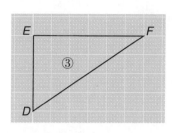

③三角形与①三角形的各边长的比不相等，所以，③三角形不是①三角形的缩小图，也不是放大图。

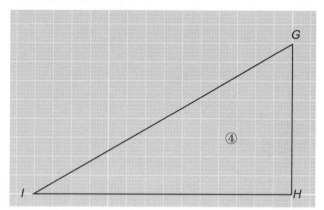

上图中，三角形①的放大图和缩小图各是哪一个？量边长或角度查一查。

查一查

（1）如图所示，用三角形 ABC 表示①三角形。

（2）如图所示，用三角形甲乙丙表示②三角形；用三角形 DEF 表示③三角形；用三角形 GHI 表示④三角形。

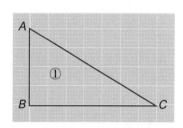

（3）观察三角形各对应的边长或角度。②三角形与①三角形的各对应边长的比是 $\frac{1}{2}$：1，对应角的大小都相等，所以②三角形是①三角形的缩小图。

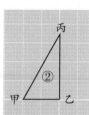

④三角形与①三角形的各对应边长的比是 2：1，且对应角的大小相等，所以，④三角形是①三角形的放大图。

**例 题**

从下图中找出 A 的 3 倍放大图和 $\frac{1}{2}$ 缩小图。

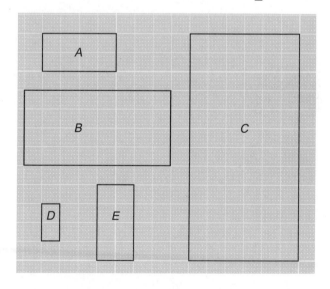

例题答案：A 的 3 倍放大图是 C，$\frac{1}{2}$ 缩小图是 D。

## ◉ 放大图和缩小图的画法

用各种方法画右边甲三角形的2倍放大图和$\frac{1}{2}$缩小图。

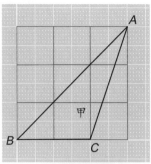

### ◆ 阿吉的画法

阿吉是用方格纸画的。画甲三角形的2倍放大图时，只要数方格，把各边长增为2倍就可以。

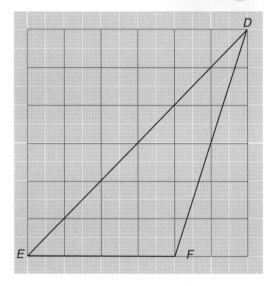

同样，画甲三角形的$\frac{1}{2}$缩小图时，只要数方格，把各边长缩小$\frac{1}{2}$就可以。

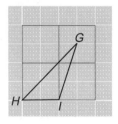

### ◆ 小芳的画法（用三条边）

小芳不用方格纸，而是量对应的边长或角度画。

有三种画三角形的方法，现在就用各种画法画一画。

（1）用三边的长画其2倍放大图时，只要把甲三角形的边长 AB、BC、CA 各增为2倍即可。画$\frac{1}{2}$缩小图时，则将其各边长缩小$\frac{1}{2}$。

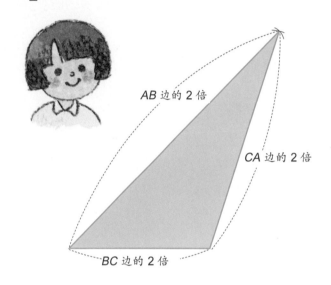

（2）量出两条边长及其夹角，也能画$\frac{1}{2}$缩小图。画2倍的放大图时，则将各边长增为2倍。

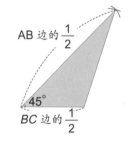

（3）量出一条边的长和它两端的角度，也可以画出$\frac{1}{2}$缩小图。画2倍的放大图时则将各边长增为2倍。

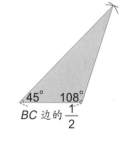

## ◆孝文的画法（用两条边和它们的夹角）

把甲三角形的 BC、BA 边长扩大 2 倍时，三角形 A'BC' 就是三角形甲的 2 倍放大图。

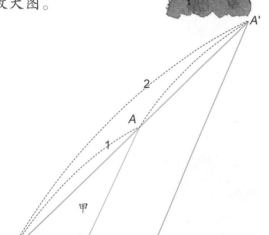

同样，只要把 BC、BA 的 $\frac{1}{2}$ 点连起来，三角形 A'BC' 就是三角形甲的 $\frac{1}{2}$ 缩小图。

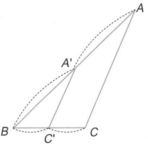

## ◆小广的画法（用两个角和它们的夹边）

延长三角形甲的 BC 边，在 BC 边 2 倍长的地方取 C' 点。通过 C' 点画一条和 AC 边平行的线，再把跟 BA 延长线相交的点定为 A'。三角形 A'BC' 就是三角形甲的 2 倍放大图。

### 查一查

小芳用三条边画三角形。查一查，那个图的三个角是否与三角形甲相同。还有，孝文和小广所画的图，A'C' 的长是否是原图中 AC 长的 2 倍呢？

B1

◆ 想一想，怎样画出下图四边形的2
  倍放大图？

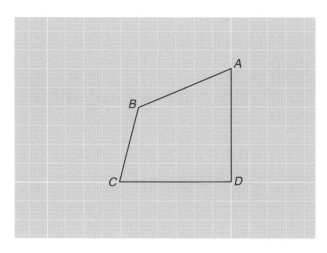

画对角线，将四边形分成两个三角
形，再用三角形的放大图画法，画出四边
形的放大图。

◆ 四边形的2倍放大图的画法

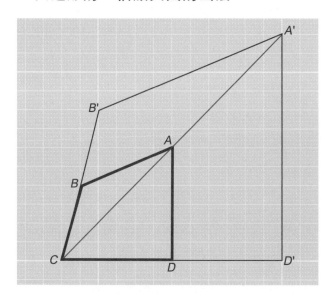

画法1：延长对角线 CA，并把它2
倍长度的点定为 A'。再从 A' 点画与 AB、
AD 边平行的线。这些线和 CB、CD 延
长线相交的点为 B'、D'。再把这些点连
起来，所画的四边形 A'B'CD' 就是四边形
ABCD 的2倍放大图。

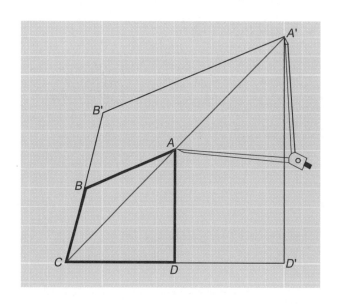

画法2：延长对角线 CA 和 CB、CD，
然后用圆规分别取它们2倍长的点，这些
点为 A'、B'、D'。再把这些点连起来，所
画的四边形 A'B'CD' 就是四边形 ABCD 的
2倍放大图。

◆ 四边形的 $\frac{1}{2}$ 缩小图的画法

画对角线将四边形分成两个三角形，
就可以画其放大图，用同样的方法也可以
画其缩小图。

把对角线 CA 长度的 $\frac{1}{2}$ 点定为 A' 点。

从 A' 点画和 AB、AD 平行的线，这些线和
CB、CD 相交的点为 B' 点、D' 点。四边形
A'B'CD' 是四边形 ABCD 的 $\frac{1}{2}$ 缩小图。

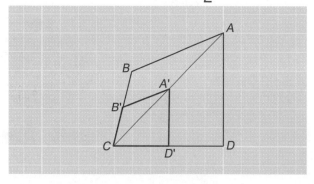

## ● 缩小图的利用

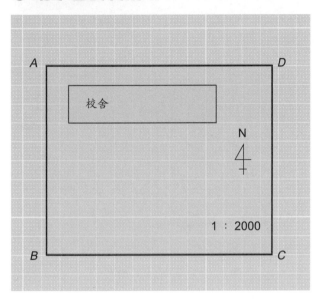

上图是学校用地的缩小图，算一算，这块用地的面积是多少？校舍的面积又是多少？

我们的校舍可以画成这么小。

实际的长度按照多少比例缩小呢？用 1：2000 表示。

上面缩小图中 1 厘米的距离（长度），实际距离（长度）是多少呢？只要看 1：2000 就知道了。

1：2000 经常可以在地图上看到。图上距离与实际距离的比称为比例尺。

### ◆ 算一算实际的面积。

因为比例尺是 1：2000，所以，缩小图中 1 厘米，实际长度是 1 厘米的 2000 倍。求左边缩小图中，AB、BC 的实际长度。

经过测量，AB=5 厘米，AB 的实际长度为：5×2000=10000 厘米 =100 米。

经过测量，BC=6 厘米，BC 的实际长度为：6×2000=12000 厘米 =120 米。

AB、BC 的实际长度求出来后，它的面积为：100×120=12000（平方米）。

学校用地的实际面积是 12000 平方米。

现在，再求校舍的面积。

经过测量，校舍宽为 1 厘米，长为 4 厘米，所以，校舍实际的长度是：1×2000=2000（厘米）=20（米）。

校舍实际的宽度为：4×2000=8000（厘米）=80（米）。

因此，校舍的面积为：

20×80=1600（平方米）

这么一来，学校用地和校舍的实际面积都求出来了。

### ◆ 除了像 1：2000 这种比例尺的表示方法，还有以下的表示方法

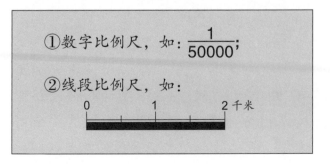

①数字比例尺，如：$\dfrac{1}{50000}$；

②线段比例尺，如：

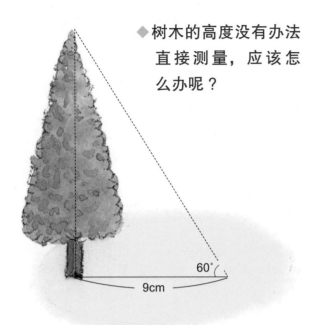

◆树木的高度没有办法直接测量，应该怎么办呢？

校园里有一棵非常高大的松树。

学生们聚集在树下，想要测量它有多高，可是，根本没有办法直接测量。

无法直接测量的高物，可以画其缩小图，便能求出实际的高度。

◆于是，学生们像左图那样测量，画了一个 1 ：200 的缩小图。

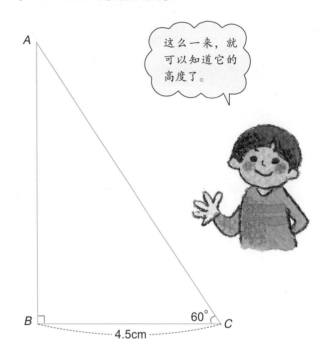

这么一来，就可以知道它的高度了。

松树的高度就是上图 AB 长度的 200 倍。

测量 AB 的长度是 7.8 厘米。

松树的高度计算如下：

$7.8 \times 200 = 1560$（厘米）$= 15.6$（米）

所以，松树的实际高度是 15.6 米。

---

**整 理**

（1）各对应边长按相同比例扩大的图，称为原图的放大图；各对应边长按相同比例缩小的图，称为原图的缩小图。

原图的放大图或缩小图，各对应角的大小都是相等的。

（2）放大图或缩小图上的长度和实际长度的比或比值，称为比例尺。

比例尺的表示方法有：

①比值比例尺，如：1 ：2000；

②数字比例尺，如：$\dfrac{1}{50000}$；

③线段比例尺，如：

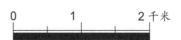

# 常用的度量衡单位

## 长度单位

计量物体的长度、体积（容积）、质量统称度量衡。我国古代把计量物体的长度叫作度，计量物体的体积（容积）叫作量，计量物体的质量叫作衡。常用的长度单位有：千米（km）、米（m）、厘米（cm）、毫米（mm）等。

下图表示面积的单位。

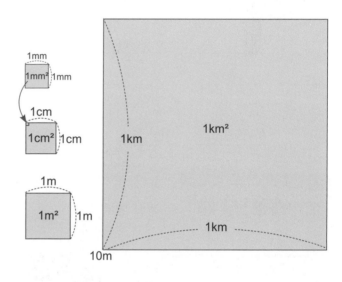

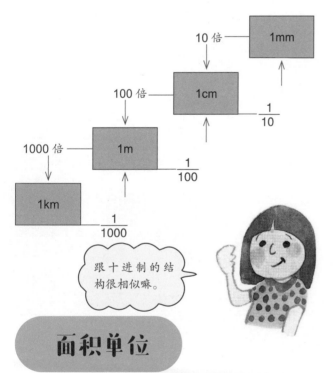

跟十进制的结构很相似嘛。

## 面积单位

面积单位是由长度单位来决定的。常用的面积单位有：平方千米（km²）、平方米（m²）、平方厘米（cm²）、平方毫米（mm²）等。

◆整理一下面积的单位。

$1cm^2=100mm^2$ ◀因为 1cm=10mm，所以，1cm² 等于 $10×10=100$（mm²）

$1m^2=10000cm^2$ ◀因为 1m=100cm，所以，1m² 等于 $100×100=10000$（cm²）

$1km^2=1000000m^2$ ◀因为 1km=1000m，所以，1km² 等于 $1000×1000=1000000$（m²）

---

**学习重点**

①面积单位或体积单位，是由长度的单位来决定的。

②面积单位或体积单位，必须知道正方形的边长或正方体的边长。

---

**查一查**

正方形的边长和面积有什么关系呢？例如，边长为 1m 的正方形，其面积是 1m²。边长是 10cm 的正方形，其面积是 100cm²。100cm² 是 1m² 的 $\frac{1}{100}$。下表列出了正方形的边长及其面积的关系。

**正方形的边长和面积的关系**

| 正方形的边长 | 1000m（1km） | 1m | 0.1m | 0.01m（1cm） | 0.001m（1mm） |
| --- | --- | --- | --- | --- | --- |
| 正方形的面积 | 1km² | 1m² | 100cm² | 1cm² | 1mm² |

# 体积单位

边长如下图的正方体体积，是体积的单位。

1000cm³ 是由长、宽、高各 10 个的 1cm³ 的正方体并排而成，所以，

1000cm³ 有 1000 个 1cm³ 的正方体（10×10×10=1000）。

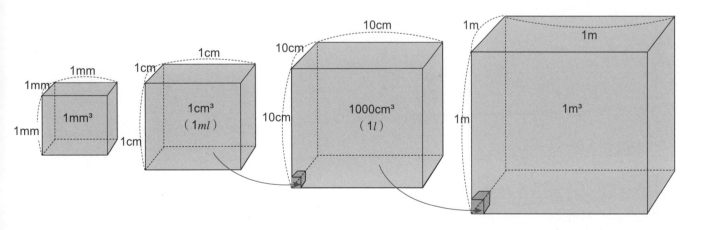

想一想

正方体的棱长和体积有什么关系呢？

棱长为 10cm 的正方体的体积是 1000cm³，它刚好是 1cm³ 的 1000 倍。下表列出了正方体的边长及其体积的关系。

如果是容积的单位就用 1$l$ 表示。

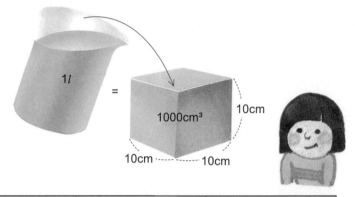

| 正方体的边长 | 0.1cm（1mm） | 1cm | 10cm | 1m（100cm） |
|---|---|---|---|---|
| 正方体的体积 | 1mm³ | 1cm³（1ml） | 1000cm³（1$l$） | 1m³（1000$l$） |

想一想，棱长为 1m 的正方体，有多少个 1cm³ 的正方体呢？只要把 m 换成 cm，问题就会迎刃而解。

棱长为 1m 的正方体，如果用容积的单位表示就是 1000$l$。想一想，1$l$ 和 1000$l$ 之间有什么关系呢？

整 理

（1）面积单位是由长度单位决定的。

（2）下表列出了正方形的边长及其面积的关系。

（3）体积单位也是由长度单位决定的。

（4）下表列出了正方体的边长及其体积的关系。

| 正方形的边长 | 正方形的面积 |
|---|---|
| 0.01m（1cm） | 1cm² |
| 1m | 1m² |
| 1000m（1km） | 1km² |

| 正方体的边长 | 正方体的体积 |
|---|---|
| 0.1cm（1mm） | 1mm³ |
| 1cm | 1cm³ |
| 10cm | 1$l$ |
| 100cm（1m） | 1m³（1000$l$） |

# 质量单位

国际度量衡制度采用十进制的结构。质量单位的关系如下图所示。

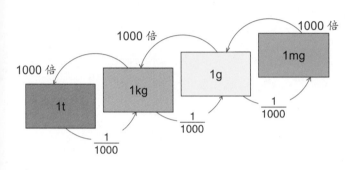

长度单位、质量单位、体积单位的关系如下表所示。

◆ 查一查质量

1l 的水重约 1kg，1m³ 的水重约 1t（吨）。1t=1000kg。

1kg 的 $\frac{1}{1000}$ 是 1g。比 1g 小的质量单位称为 1 毫克（mg）。1mg=$\frac{1}{1000}$ g。

◆ 查一查容积

容积单位的关系如下图所示。

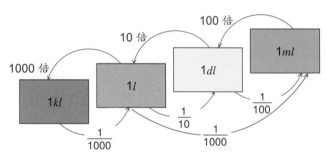

1000m
（1km）

### 长度单位、质量单位、体积单位的关系

| 倍数关系 | （1000倍的1000倍） | 1000倍 | 100倍 | 10倍 | 1 | $\frac{1}{10}$ | $\frac{1}{100}$ | $\frac{1}{1000}$ |
|---|---|---|---|---|---|---|---|---|
| 符　号 | | k | h | da | | d | c | m |
| 读　法 | 吨 | 千 | 百 | 十 | | 十分之一 | 百分之一 | 千分之一 |
| 长　度 | | km | | | m | | cm | mm |
| 质　量 | t（1kg的1000倍） | kg | | | g | | | mg |
| 容积（体积） | | | | | l | dl | | ml |

# 巩固与拓展

## 整理

1. 放大图或缩小图

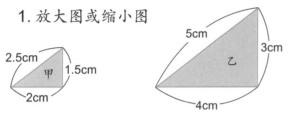

各对应边长按相同比例扩大，且各对应角的度数都相等的图叫作原图的放大图。

另外，各对应边长按相同比例缩小且各对应角都相等的图叫作原图的缩小图。

在左图中，三角形乙是三角形甲的放大图，三角形甲是三角形乙的缩小图。

2. 比例尺与比例尺的表示法

放大图或缩小图上的长度和实际长度的比或比值，称为比例尺。

● 比例尺的表示方法有：

$1:2000$；　$\dfrac{1}{5000}$；　0　1　2　3m

实际长度是 4 千米，在缩小图上为 8 厘米，比例尺的大小可由下列方式求得：

4 千米 =4000 米 =400000 厘米

## 试一试，来做题。

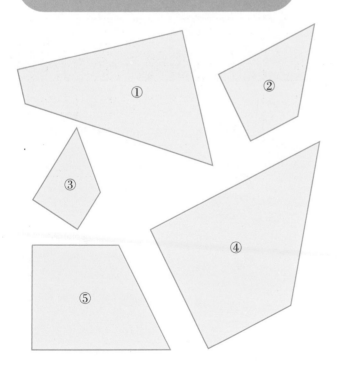

1. 量一量左边各个四边形的边长和角度，哪个图是图②的放大图？哪个图是图②的缩小图？

2. 实际长度为 3 千米的路程，在地图上的长度却只有 10 厘米。用分数的形式与比的形式写出这张地图的比例尺。

$$8 \div 400000 = \frac{8}{400000} = \frac{1}{50000}$$

所以，比例尺是五万分之一。

3. 长度和面积的关系

如果放大图是原来三角形的 2 倍或 3 倍，放大图的面积则是原来三角形的面积的 4 倍或 9 倍。

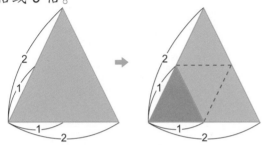

4. 放大图或缩小图的画法

①在五边形 ABCDE 的中央设定 F 点。

②连接 F 点与五边形 ABCDE 各个顶点。

③确定 A'、B'、C'、D'、E' 各点的位置，但 FA 和 FA'、FB 和 FB'、FC 和 FC'、

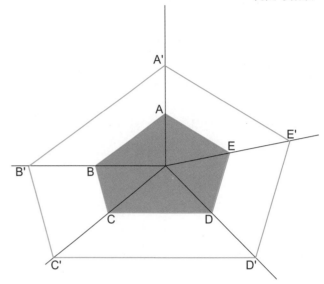

FD 和 FD'、FE 和 FE' 的长度比相等。

④按照顺序把 A'、B'、C'、D'、E' 各点连接起来。

⑤五边形 A'B'C'D'E' 是五边形 ABCDE 的放大图。如果将 F 点设定于五边形外面，同样可以画出其放大图。

---

3. 下图的三角形甲是三角形乙的放大图，在□里填上适当的数。

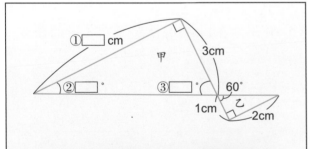

4. 地图的比例尺是三万分之一。下图中的数字是在地图上所测得的学校到各处的距离。计算下列①到④各题中的实际距离。

①从学校到小英家。　③从学校到小明家。

②从学校到邮局。　　④从学校到小华家。

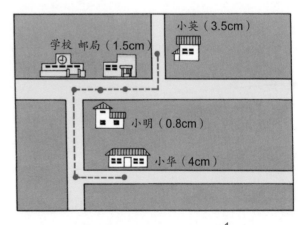

答案：1. 图②的放大图为图④，缩小图为图③。2. $\frac{1}{30000}$；1：30000。
3. ① 6；② 30°；③ 60°。4. ① 1.05km；② 0.45km；③ 0.24km；
④ 1.2km。

## 解题训练

### ■ 求出无法直接测量的长度

**◀ 提示 ▶**

木棍阴影长度和树木阴影长度的比是1：5。

**1** 树木的阴影长度是7米。同时有一根垂直竖立的木棍，木棍的实际长度是1米，但木棍的阴影长度是1.4米。树木的实际高度是多少米？

**解法**

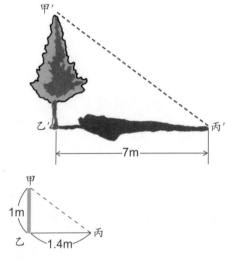

如左图所示，两个三角形具有放大图、缩小图的关系，它们每组对应边的比相等，具有下列的关系：

甲乙：乙丙 = 甲′乙′：乙′丙′，

或者，

甲乙：甲′乙′ = 乙丙：乙′丙′

因此，1：1.4=$x$：7，或者，

1：$x$=1.4：7。

$x$=7÷1.4=5（米）

答：树木的实际高度是5米。

### ■ 求缩小图上的长度

**2** 实际长度是4千米的路程，在比例尺为五万分之一的地图上应该是多少厘米？

另外，同样长度的路程，在比例尺为二十万分之一的地图上应该是多少厘米？

**◀ 提示 ▶**

计算4千米的$\frac{1}{50000}$与$\frac{1}{200000}$的长度。

**解法**　4km=4000m=400000cm

400000÷50000=8

$400000 × \frac{1}{50000} = \frac{400000}{50000}$ =8cm

400000÷200000=2cm

$400000 × \frac{1}{200000} = \frac{400000}{200000}$ =2cm

答：在比例尺为五万分之一的地图上应该是8cm，在比例尺为二十万分之一的地图上应该是2cm。

■ 利用比例尺求出
实际的长度

**3**

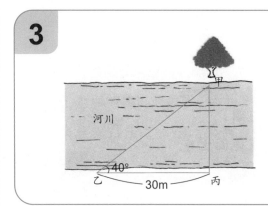

为了测量河川的宽度
（甲、丙之间的长度），在河
的一边设定甲点，让甲、丙
的连线和乙丙垂直。乙丙的
长度与角乙的角度均如左图。
河川的宽度大约多少米？

**解法** 想一想，应该画出比例尺为多大的缩小图较为适合。

乙丙的长度 =30 米 =3000 厘米。因此，乙丙的长度在比例尺为 $\frac{1}{1000}$ 的缩小图上是 3 厘米，在比例尺为 $\frac{1}{500}$ 的缩小图上则是 6 厘米。请自行画出正确的缩小图。缩小图上各角的角度

◀ 提示 ▶
利用已知的长度
和角度画出正确
的缩小图。

和原图的角度相同。

画出比例尺为 $\frac{1}{500}$ 的缩小图，缩小图上甲丙的长度是 5 厘米。

因此，河川的宽度是：

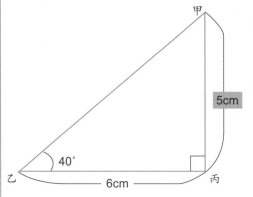

$5×500=2500$（厘米）=25（米）

答：河川的宽度约 25 米。

■ 由缩小图的长度
求出实际长度。

**4**

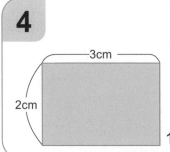

小明家的稻田如左图的长方形。
（1）这块稻田的实际面积是多少平方米？
（2）这块稻田的实际周长是多少千米？

1:20000

◀ 提示 ▶
把缩小图的长度乘
上 20000 倍可求得
实际的长度。先计
算各边实际的长度，
然后再求面积，便
不容易做错。

**解法** （1）$3×20000=60000cm=600m$
$2×20000=40000cm=400m$
$600×400=240000m^2$

答：这块稻田的实际面积是 $240000m^2$。

（2）$(3+2)×2=10$
$10×20000=200000cm=2000m=2km$

答：这块稻田的实际周长是 2km。

**加强练习**

1. 方格纸的每格长度是 1.5 厘米，方格纸上画有比例尺为二十万分之一的地图。

（1）实际长度为 20 千米的路程，在地图上应该是多少厘米？

（2）地图上每 1 方格所表示的土地面积，其实际面积是多少平方千米？

2. 右图长方形大农场的周长是 48 千米，东西的长度是 15 千米。

（1）如在长为 20 厘米、宽为 15 厘米的方格纸上画出农场的缩小图，缩小图越大越好，比例尺应该是多少比较合适？

（2）方格纸上农场的缩小图面积是农场实际面积的几分之几？

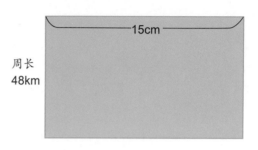

3. 铁塔的高度是若干米。从丁点仰望塔顶，仰角为 30°。丙点较丁点更靠近铁

## 解答和说明

1.（1）比例尺为二十万分之一，所以地图上的 1 厘米长，实际长度是：

200000 厘米 =2000 米 =2 千米，2 千米可以用 1 厘米表示，所以，1 千米用 0.5 厘米表示，则：

0.5×20=10（厘米）

或者，20 千米 =2000000 厘米

2000000÷200000=10（厘米）

　　答：在地图上应该是 10 厘米。

（2）1.5 厘米的 200000 倍即为实际的长度。

1.5×200000=300000（厘米）=3000（米）=3（千米）

3×3=9（平方千米）

　　答：其实际面积为 9 平方千米。

2.（1）农场南北长度的求法：

（48−15×2）÷2=9（千米）

把东西的长度 15 千米改为厘米。

15 千米 =15000 米 =1500000 厘米

把 1500000 厘米缩小为 20 厘米，并求出比例尺。

$20÷1500000=\dfrac{20}{1500000}=\dfrac{1}{75000}$

把南北的长度 9 千米以 $\dfrac{1}{75000}$ 的比例尺缩小后的长度必须在方格纸宽度的 15 厘米之内。

900000÷75000=12（厘米），12 厘米在 15 厘米之内。

　　答：比例尺为 $\dfrac{1}{75000}$。

（2）方格纸上农场的缩小图面积是：20×12=240（平方厘米），农场的实际面积是：15×9=135（平方千米）=1350000000000（平方厘米）。

$240÷1350000000000=\dfrac{1}{5625000000}$

　　答：方格纸上农场缩小图面积是农场实际面积的 $\dfrac{1}{5625000000}$。

塔，丙、丁两点相距 40 米。从丙点仰望铁塔，仰角为 45°，眼睛离地为 1.3 米。铁塔的高度约是多少米？画出缩小图并求出答案。

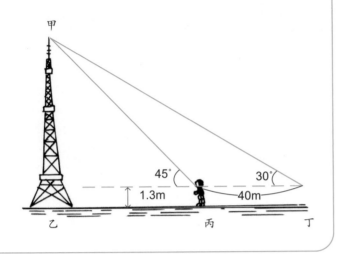

3. 缩小图上各角的度数和原图上各角的度数相同。在缩小图上如果丙丁的长度是 4 厘米，则比例尺就是 $\frac{1}{1000}$。

画出一个底为 4 厘米，两个角分别为 30° 和 135°（180°−45°=135°）的三角形。从顶点甲画一条直线甲乙和丙丁的延长直线垂直，甲乙的长度是 5.4 厘米。如下图所示。

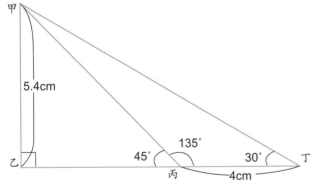

铁塔实际的高度是：

5.4×1000+130=5530（厘米）=55.3（米）。

130 厘米是眼睛离地的高度，因此不可忘了加上哟！答：铁塔的高度约为 55.3 米。

## 应用问题

1. 将右图三角形甲乙丙的甲乙边 3 等分，并画出平行线把三角形分成①、②、③三个部分。请注意三角形①、三角形①+②以及三角形①+②+③的形状，并回答下列的问题。

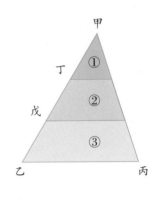

（1）②是三角形甲乙丙的几分之几？

（2）求出②和③的面积比。

2. 右图中三角形甲戊丁和三角形丙戊乙是缩小图与放大图的关系。

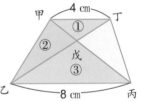

（1）甲戊的长度与丙戊的长度比是 □：□。写出最简单的整数比。

（2）①和③的三角形面积，□：□。

（3）如果梯形甲乙丙丁的面积是 36 平方厘米，三角形①、三角形②、三角形③的面积各是多少平方厘米？

3. 在 1：500 的缩小图上长度是 3 厘米。如果缩小图改比例尺为 1：2500，长度应该变成多少厘米？

答案：1.（1）$\frac{1}{3}$；（2）②的面积是：4−1=3，③的面积是 9−4=5，所以②和③的面积比为 3：5。2.（1）1：2；（2）1：4；（3）① 4cm² ② 8cm² ③ 16cm²。3. 0.6cm。

三角形和四边形的关系

# 各种三角形的关系

## ◉ 整理三角形的性质

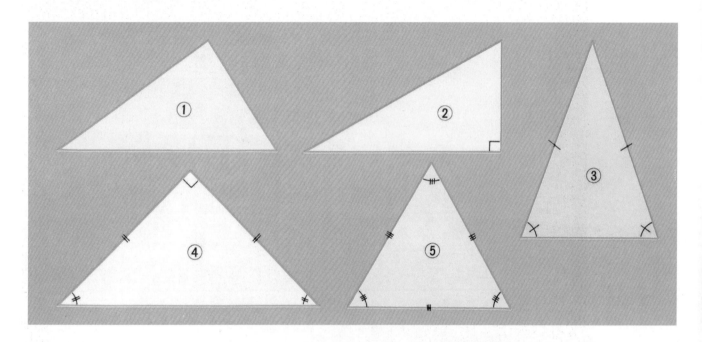

| 项目 ＼ 各种三角形 | ① 一般的三角形 | ② 直角三角形 | ③ 等腰三角形 | ④ 直角等腰三角形 | ⑤ 正三角形 |
|---|---|---|---|---|---|
| 有长度相等的边 | | | O | O | O |
| 有大小相等的角 | | | O | O | O |
| 有直角 | | O | | O | |

◆ 在整理三角形的性质时，小郑发觉有件事有点奇怪。他指的是什么事情呢?

按照上表的分法，等腰三角形和正三角形在"项目"栏的符号"O"，完全一样，这件事真是太奇怪了! 还有，直角等腰三角形在"项目"栏的符号"O"，刚好是等腰三角形和直角三角形在"项目"栏的符号"O"合起来。

经过观察，小郑竟然发觉这件奇怪的事情，可见他对各种三角形的性质考虑得很仔细。

## ● 等腰三角形和正三角形

小郑用各种方法画了许多等腰三角形，并观察其中是否有等腰三角形是正三角形。

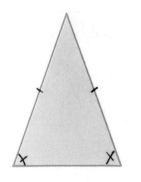
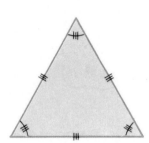

（1）半径为 3 厘米的圆，将圆周上两点间的长度分别为 1 厘米、2 厘米、3 厘米画三角形，如下图所示。

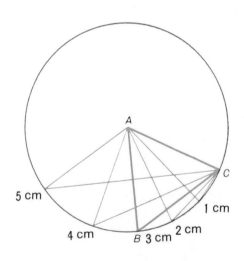

上图所画的各三角形，每个三角形的两条边长都与圆的半径（3 厘米）相等。

所以，每个三角形都是等腰三角形。

三角形 ABC，因为 BC 的边长也是 3 厘米，所以三角形 ABC 是正三角形。

（2）半径为 3 厘米的圆，以各种不同度数的圆心角画三角形，如下图所示。

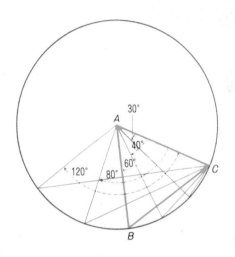

上图中的各三角形都是等腰三角形。当圆心角为 60° 时，其他两个角都是 60°，三角形 ABC 是三个角相等的正三角形。

（3）底边 AB 的长度不变，画各种等腰三角形，如下图所示。

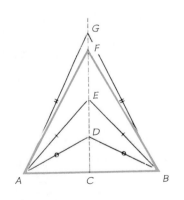

从底边 AB 的中点 C 点，画一条与底边垂直的线，将直线上的任意点分别与底边的 A、B 两点相连，所围成的三角形是两条边长相等、两个角度也相等的等腰三角形。将 F 点与底边的 A、B 两点相连，刚好 FA=FB=AB，所以，三角形 FAB 是正三角形。

想一想

画各种等腰三角形的时候，小郑发觉会画出正三角形，即等腰三角形的两个腰的边长和另一条边长相同时，所画的等腰三角形为正三角形。

等腰三角形是两条边长相等，正三角形是三条边长相等。可是，如果把等腰三角形和正三角形看作"至少是两条边长相等的三角形"，那么，它们应该都是同类了。另外，如果把等腰三角形和正三角形看作"至少是两个角相等的三角形"，那么，它们也可以算是同类了。正三角形是特殊的等腰三角形。

## ● 直角三角形和等腰三角形

查一查

接着，小郑又画了各种直角三角形，然后观察其中是否会有直角三角形是等腰三角形。

（1）直角三角形会变成等腰三角形吗？

如下图所示，画垂直相交的两条直线，先确定其中一条 AB 的长度为 4 厘米，在另一条直线取若干点，它们与 A 点的距离不等，将这些点分别与 B 点相连，可以画出许多直角三角形。

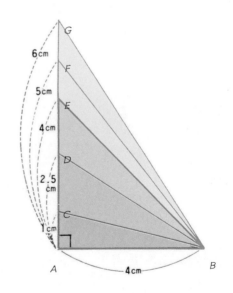

在三角形 ABE 中，AE=4 厘米，所以，三角形 ABE 是直角三角形，也是等腰三角形。

◆ 现在画各种等腰三角形，再观察其中是否会有等腰三角形是直角三角形。

（2）等腰三角形会变成直角三角形吗？

如下图所示，先确定底边 *AB* 的长度，再通过底边 *AB* 的中点 *C* 点画垂线，可以画出各种等腰三角形。

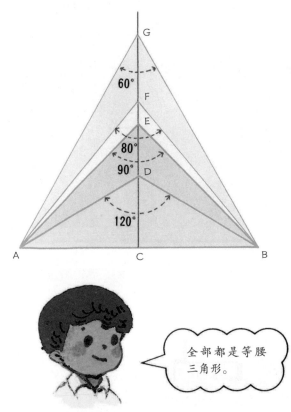

> 全部都是等腰三角形。

上图中的每一个三角形都是两条边长相等的等腰三角形。

与底边 *AB* 相对的顶角度数分别为 60°、80°、90°、120°。

在这些等腰三角形中，三角形 *EAB* 有一个角是直角，它是直角三角形，也是等腰三角形。

小郑观察得真仔细。

在画各种等腰三角形时，会有等腰三角形是正三角形。可是，在画正三角形时，却不会有非正三角形的等腰三角形。

在画各种直角三角形时，有直角三角形是等腰三角形；在画各种等腰三角形时，也会有等腰三角形是直角三角形。

直角三角形和等腰三角形的关系如下图所示。

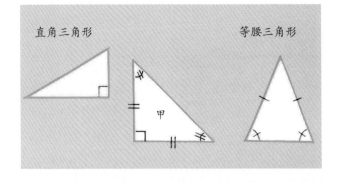

上图的甲是直角三角形，也是等腰三角形，像这种三角形被称为直角等腰三角形。

> **整 理**
>
> （1）正三角形是特殊的等腰三角形。
> （2）一个角是直角的等腰三角形，被称为直角等腰三角形。

# 各种四边形的关系

## ◉ 整理四边形的性质

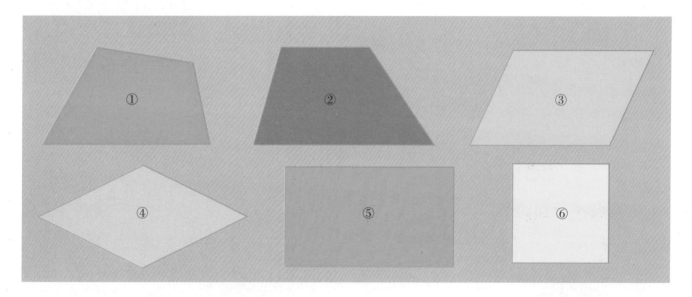

◆ 将上面①到⑥四边形的性质整理如下表。

| 项目 \ 四边形 | ①一般的四边形 | ②梯形 | ③平行四边形 | ④菱形 | ⑤长方形 | ⑥正方形 |
|---|---|---|---|---|---|---|
| 有长度相等的边 | | | ○ | ○ | ○ | ○ |
| 四条边长相等 | | | | ○ | | ○ |
| 有度数相等的角 | | | ○ | ○ | ○ | ○ |
| 四个角度数相等 | | | | | ○ | ○ |
| 有平行的边 | | ○ | ○ | ○ | ○ | ○ |
| 两组边平行 | | | ○ | ○ | ○ | ○ |

看左页的表，我又发现一件事情。

①整理四边形的性质。
②梯形和平行四边形的关系。
③平行四边形和菱形的关系。
④平行四边形和长方形的关系。
⑤菱形和正方形的关系。
⑥长方形和正方形的关系。

◆ 小郑在整理四边形时，发现了以下的事情。

在上页表中，正方形的每一个"项目"都有"○"的记号，长方形和菱形各有一个"项目"没有"○"的记号，而梯形则只有一个"项目"有"○"的记号。

## ◉ 梯形和平行四边形

梯形

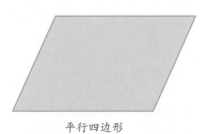

平行四边形

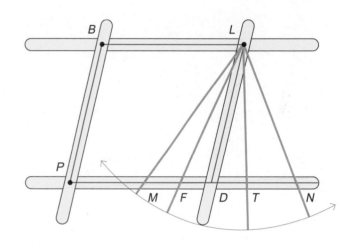

固定的点是 B、P、L。自由移动时，相交点为 M、F、D、T、N。BL 边和 PN 边平行，因此，所形成的四边形都是梯形。

当相交点为 D 时，LD 与 BP 平行，所以，四边形 BPDL 为平行四边形。

查一查

如右上图所示，用四根木棍观察梯形和平行四边形的关系。

让两根木棍平行，并且固定起来（如图），移动一根木棍。

在四边形中，有一组边平行，移动一组非平行边中的一条边，可以形成各种梯形，该梯形中会有平行四边形。

梯形是一组边平行的四边形，平行四边形是两组边平行的四边形。如果从"至少有一组边平行的四边形"的角度看，梯形和平行四边形就算是"同类"了。

"同类"
至少有一组边平行

梯形
（一组边平行）

平行四边形
（两组边平行）

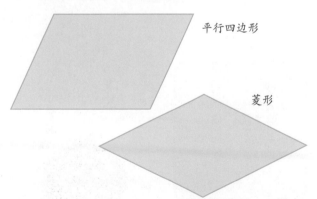

一组边平行的四边形是梯形。平行四边形是两组边平行，平行四边形是特殊的梯形。

## ◉ 平行四边形和菱形

平行四边形

菱形

虽然平行四边形和菱形看起来很相像，它们还是有很多不同的，让我们仔细观察吧。

小仁画了各种菱形，请仔细观察下图，其中有不是菱形的图形吗？

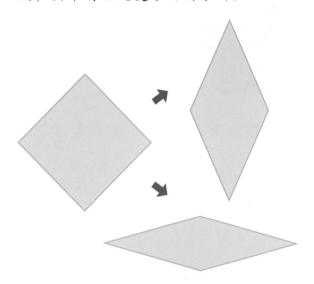

菱形不论被横挤或竖压，它的四条边都是相等，它仍然是菱形。

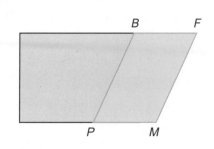

我要观察平行四边形和菱形的关系。

求证看一看

小仁利用信封和彩色纸，观察平行四边形是否会变成菱形。把长方形的彩色纸装入信封斜剪，然后把彩色纸一点一点地拉出来。四边形 *BPMF* 是平行四边形，如下图所示。

B    F

P    M

如果把信封中的彩色纸多拉出来一点儿，会变成什么形状呢？

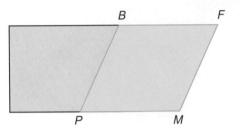

继续拉出彩色纸，平行四边形 *BPMF* 的四条边会变成全部等长。四条边相等的平行四边形是菱形，因此，平行四边形有可能变成菱形。

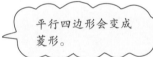

平行四边形会变成菱形。

平行四边形是两组对边平行的四边形，这一特点也适用于菱形。而且，菱形的四条边一定要等长。

菱形是特殊的平行四边形。

两组对边平行的四边形是平行四边形，其中，四条边相等的平行四边形是菱形。

## ◉ 平行四边形和长方形

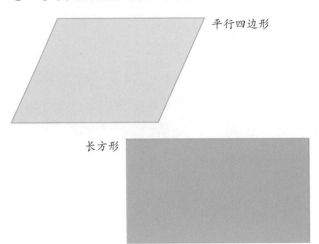

平行四边形

长方形

查一查

现在，观察平行四边形和长方形的关系。

小郑和小仁画了各种平行四边形，然后观察这些平行四边形是否会变成长方形。

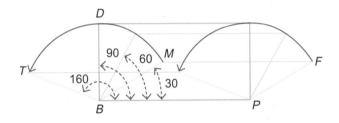

如上图所示，把平行四边形的角 *DBP* 分别画成 30°、60°、90°、160°。当点 *M* 移动到点 *D* 的时候（角 *DBP* 为直角），则平行四边形变成长方形。

如上图，可以把长方形当作特殊的平行四边形。那么，反过来想会怎样呢？请看下一页。

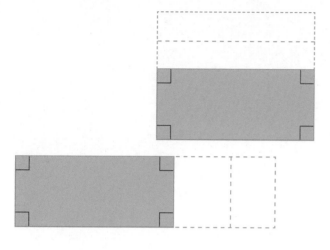

长方形的四个角都是直角，因此，即使长方形的大小改变，但它还是长方形。

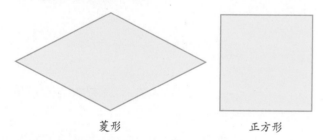

长方形两组对边分别平行，四个角是直角，因此，长方形是特殊的平行四边形。

## ● 菱形和正方形

菱形　　　　　正方形

用 4 根长度相同的木棍，制作各种菱形来看一看。

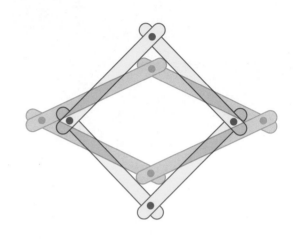

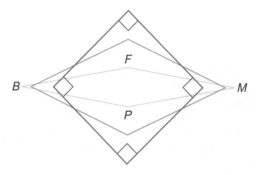

如果拉动菱形 *BPMF* 的 *F* 点和 *P* 点，会变成四个角都是直角的菱形。这个时候，四条边等长，四个角都是直角，这就是正方形。

---

 动脑时间

会变成正方形吗？

图①是由 4 个直角三角形和 1 个正方形组合而成的长方形。请用这 5 个图制作一个正方形。

答案：如图②。

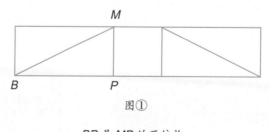

图①

*BP* 是 *MP* 的两倍长。

图②

菱形是四条边等长的四边形。正方形是四条边等长，四个角都是直角的四边形。

所以，正方形是特殊的菱形。

## ◉ 长方形和正方形

长方形

正方形

这次也用信封和彩色纸来观察。

查一查

像用信封和彩色纸观察平行四边形和菱形关系一样，但这次是把信封和彩色纸剪成直角，如下图所示。

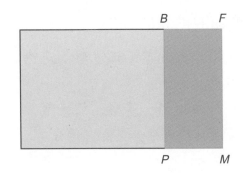

慢慢抽出信封里的彩色纸。

还是长方形嘛，四个角都是直角。再抽出一点儿来会怎样呢？

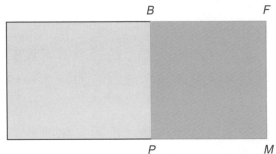

继续抽出彩色纸，长方形 *BPMF* 的四条边长都变成相等的了。

四个角是直角，四条边相等的四边形是正方形，因此，长方形会变成正方形。

长方形的四个角都是直角，正方形的四个角都是直角，四条边长相等。

所以，正方形是特殊的长方形。

## ● 整理对角线的性质

菱形、长方形、正方形都是特别的平行四边形。

平行四边形、菱形、长方形、正方形的两条对角线都被其交点二等分。

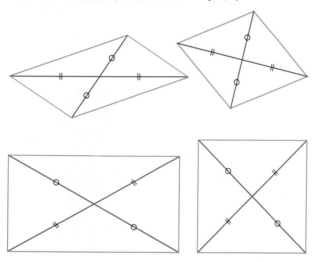

小广曾利用长方形的两条对角线长度相等的特点来画圆，现在他想画各种四边形看一看。

如下图所示，画一个圆，把两条直径在圆周上的四个点依次连起来，所围成的图形为长方形。

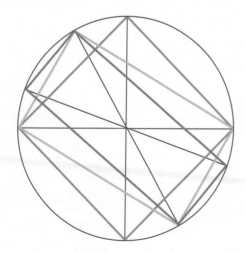

其中，如果两条直径垂直相交，依次连接其在圆周上的四个点，所围成的图形就会变成正方形。

利用平行四边形和菱形的两条对角线长度不同，画两个圆心相同的圆来看一看。

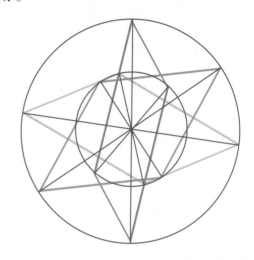

如上图所示，把大圆一条直径的两端，和小圆一条直径的两端依序连起来，果然跟想象的一样，所围成的图形变成平行四边形。

其中，如果大圆的直径和小圆的直径互相垂直，所围成的图形就会变成菱形。这些图真漂亮！

小广把平行四边形的对角线关系，整理如下：

※ 平行四边形、菱形、长方形、正方形的两条对角线都被其交点二等分。

※ 长方形和正方形的对角线的长度相等。

※ 长方形的两条对角线互相垂直时，长方形会变成正方形；平行四边形的两条对角线互相垂直时，平行四边形会变成菱形。

● 整理四边形的关系

梯形 （一组对边平行）

平行四边形 （两组对边平行）

| 应该可以看作"同类" | 可以当作特殊的形状 |
|---|---|
| 至少一组对边平行的四边形 → | 平行四边形的另一组对边也平行 |

平行四边形 （两组对边平行）

菱形 （两组对边平行 四条边等长）

| 应该可以看作"同类" | 可以当作特殊的形状 |
|---|---|
| 两组对边平行的四边形 → | 菱形的四条边等长 |

平行四边形 （两组对边平行）

长方形 （两组对边平行 四个角为直角）

| 应该可以看作"同类" | 可以当作特殊的形状 |
|---|---|
| 两组对边平行的四边形 → | 长方形的四个角都是直角 |

菱形 （四条边等长）

正方形 （四条边等长 四个角为直角）

| 应该可以看作"同类" | 可以当作特殊的形状 |
|---|---|
| 四条边等长的四边形 → | 正方形的四个角都是直角 |

长方形 （四个角为直角）

正方形 （四个角为直角 四条边等长）

| 应该可以看作"同类" | 可以当作特殊的形状 |
|---|---|
| 四个角都是直角的四边形 → | 正方形的四条边等长 |

| 项目 ＼ 四边形 | 梯形 | 平行四边形 | 菱形 | 长方形 | 正方形 |
|---|---|---|---|---|---|
| 两条边等长 | | ○ | ○ | ○ | ○ |
| 四条边等长 | | | ○ | | ○ |
| 对角相等 | | ○ | ○ | ○ | ○ |
| 四个角相等 | | | | ○ | ○ |
| 一组对边平行 | ○ | ○ | ○ | ○ | ○ |
| 两组对边平行 | | ○ | ○ | ○ | ○ |
| 对角线垂直相交 | | | ○ | | ○ |
| 对角线在中心点相交 | | ○ | ○ | ○ | ○ |
| 对角线在中心点垂直相交 | | | ○ | | ○ |

# 巩固与拓展

### 整理

1. 三角形的关系

三角形①的两条边等长，叫作等腰三角形。三角形②的甲乙边和甲丙边等长，它是特殊的等腰三角形。

（1）　正三角形的三条边等长，它是特殊的等腰三角形。

（2）

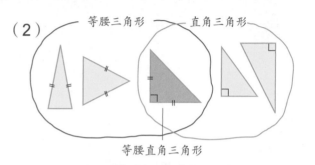

等腰直角三角形的两条边长相等，它也是特殊的等腰三角形。另外，等腰直角三角形的一个角为直角，所以，它也是特殊的直角三角形。

## 试一试，来做题。

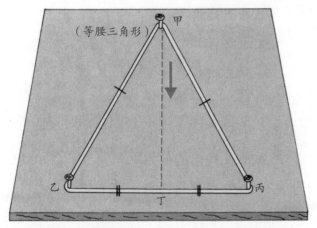

1. 如上图所示，在木板上钉3根钉子，并在钉子上套了橡皮筋。如果把甲点上的钉子朝箭头方向往丁点移动，可不可能构成正三角形？

2. 夏日里，太阳慢慢地从东方升起。地面上插了一根垂直竖立的木棍，木棍的底端和阴影的顶端，及木棍的顶端和阴影的顶端的连线构成直角三角形。当木棍的高度和阴影的长度相等时，角①应是多少度？

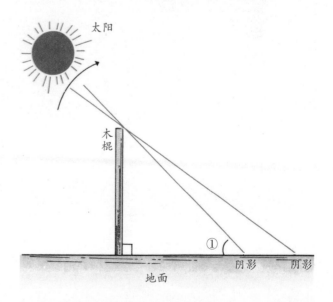

### 2. 四边形的关系

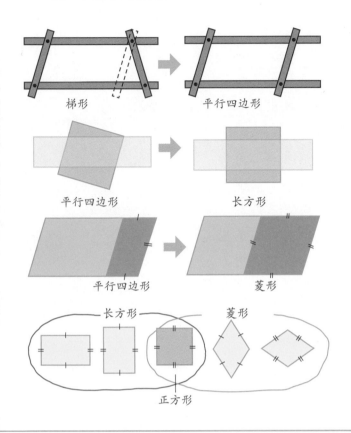

梯形 → 平行四边形

平行四边形 → 长方形

平行四边形 → 菱形

长方形　菱形

正方形

（1）　平行四边形是两组对边分别平行的特殊的梯形。

（2）　长方形是四个角都是直角的特殊的平行四边形。

（3）　菱形是四条边都等长的特殊的平行四边形。

（4）　正方形的四个角都是直角，它是特殊的长方形。另外，正方形的四条边都等长，正方形也是特殊的菱形。

3. 上面共有 5 种四边形，找出适合下列各种条件的四边形，并且把四边形的编号写出来。

（1）至少有一组对边平行的四边形。　　（2）两组对边分别平行的四边形。

（3）四个角都是直角的四边形。　　　　（4）四个边全部等长的四边形。

（5）四个角都是直角，并且四个边全部等长的四边形。

答案：1. 当甲乙、甲丙和乙丙等长时便可构成正三角形。2. 45°。 3.（1）①②③④⑤；（2）①③④⑤；（3）③⑤；（4）③④；（5）③。

# 解题训练

**想一想各种三角形的定义和性质**

**1**

从下面的三角形中，找出适合下列各条件的三角形，并且把三角形的编号写出来。

（1）至少有一组角相同的三角形。

（2）三个角完全相同的三角形。

（3）有一个角是直角的三角形。

（4）至少有两条边等长的三角形。

（5）三条边全部等长的三角形。

（6）有一个角是直角，并且有两条边等长的三角形。

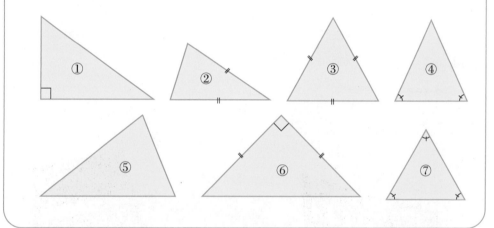

◀ 提示 ▶

想一想各种三角形的定义和性质。

**解法** （1）先说出①到⑦三角形的名称：

①为直角三角形；②为等腰三角形；③为正三角形；

④为等腰三角形；⑤为普通三角形（不等边三角形）；

⑥为等腰直角三角形；⑦为正三角形。

（2）想一想各种三角形的定义和性质，由其定义和性质可以找出符合上列各条件的三角形。

直角三角形：一个角为直角；等腰三角形：两条边等长且两个角相同；正三角形：三条边全部等长且三个角相等；等腰直角三角形：一个角为直角且两条边等长。

答案：（1）②、③、④、⑥、⑦；（2）③、⑦；（3）①、⑥；（4）②、③、④、⑥、⑦；（5）③、⑦；（6）⑥。

**■ 等腰三角形、直角三角形或正三角形的定义的相同点**

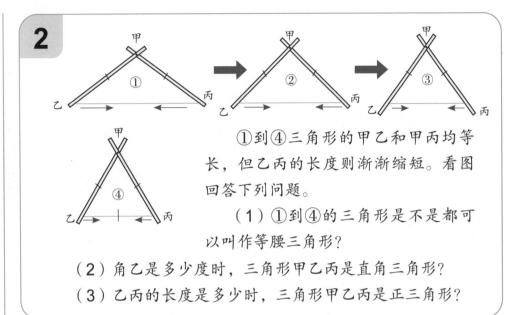

**2**

①到④三角形的甲乙和甲丙均等长，但乙丙的长度则渐渐缩短。看图回答下列问题。

（1）①到④的三角形是不是都可以叫作等腰三角形？

（2）角乙是多少度时，三角形甲乙丙是直角三角形？

（3）乙丙的长度是多少时，三角形甲乙丙是正三角形？

◀ 提示 ▶
想一想等腰三角形的定义。

**解法** 等腰三角形的两条边等长。等腰直角三角形有一个角是直角，另外两个角各是45°。

答：（1）都可以叫作等腰三角形；（2）角乙是45°时，三角形甲乙丙是直角三角形；（3）当乙丙与甲乙、甲丙等长时，三角形甲乙丙是正三角形。

**■ 三角形的特殊场合与普通场合的关系**

**3** 把下面三角形 A 的边长或角度改变之后，可以做成各种不同形状的三角形。按照示例的形式在（ ）里填写适当的说明。

示例：

三角形 A —— 让两条边等长 → 等腰三角形 →（②　　）→ 正三角形

↓（①　　）

直角三角形 →（④　　）→ 等腰直角三角形

（③　　）

◀ 提示 ▶
把握各种三角形的特征。

**解法** 注意边长与角度的变化。

答：①把一个角改成直角；②让三条边等长（让三个角的度数相等）；③把等长的两条边的夹角改成直角；④使构成直角的两条边变为等长。

### 四边形的名称、定义和性质

**4**

写出下列各四边形的名称。

①只有一组对边平行的四边形；

②四个角相等且四条边等长的四边形；

③四条边等长且对应角相等的四边形；

④两组对边互相平行的四边形；

⑤四个角相等且对边等长的四边形。

◀ 提示 ▶

想一想各种四边形的特征。

**解法** 回想每一种四边形的特征。梯形是只有一组对边平行的四边形。平行四边形是两组对边互相平行的四边形。菱形是四条边等长的四边形。长方形是四个角为直角的四边形。正方形是四个角为直角且四条边等长的四边形。

答：①梯形；②正方形；③菱形；④平行四边形；⑤长方形。

### 为普通的四边形添加不同的条件，将其变成特殊的四边形。

**5**

把下面四边形 A 的边长、边的方向或角度改变之后，将其变成各种不同形状的四边形。按照示例的形式在（）里填写适当的说明。

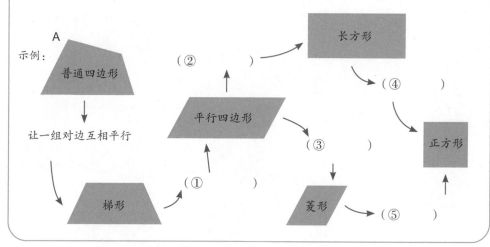

◀ 提示 ▶

把握各种四边形的特征。

**解法** 注意边长、对边的相互关系及相邻边与角。想一想，将其怎样改变才能成为下一个四边形的形状呢？

答：①让两组对边互相平行；②把四个角改成直角；

③让四条边等长；④让四条边等长；⑤把四个角改成直角。

**思考各种四边形的相互关系**

**6**

下列的各项叙述是不是正确？如果正确，在（ ）里画"○"；如果不正确，在（ ）里画"×"。

①正方形的四个角都是直角，所以可以说正方形是一种特殊的长方形。 （　　　　　）

②平行四边形的两组对边互相平行，所以可以说平行四边形是一种特殊的菱形。 （　　　　　）

③平行四边形至少有一组对边平行，所以可以说平行四边形是一种特殊的梯形。 （　　　　　）

④菱形的四条边等长，所以可以说菱形是一种特殊的正方形。 （　　　　　）

◀ 提示 ▶
由四边形的定义和性质来判断。

**解法** 每一题都提到两种四边形，仔细想想这些四边形的特征。

答：①（ ○ ）；②（ × ）；③（ ○ ）；④（ × ）。

**各种四边形性质的综合整理**

**7**

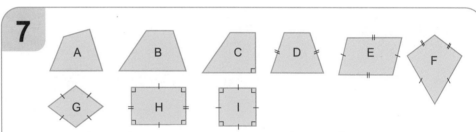

A 到 I 的各个四边形是不是具有下列表格中叙述的性质？如果答案为是，请在该栏画"○"。

| | 性质　　　　　　　　　　　　　图形 | A | B | C | D | E | F | G | H | I |
|---|---|---|---|---|---|---|---|---|---|---|
| ① | 一组对边平行 | | | | | | | | | |
| ② | 两组对边互相平行 | | | | | | | | | |
| ③ | 四条边等长 | | | | | | | | | |
| ④ | 四个角相等 | | | | | | | | | |
| ⑤ | 对角线成直角相交 | | | | | | | | | |
| ⑥ | 两条对角线互相平分 | | | | | | | | | |
| ⑦ | 两条对角线成直角相交并且互相平分 | | | | | | | | | |

◀ 提示 ▶
想一想各种四边形性质的相互关系。

答：①B、C、D、E、G、H、I；②E、G、H、I；③G、I；④H、I；⑤F、G、I；⑥E、G、H、I；⑦G、I。

步印童书馆
编著

北京市数学特级教师
丁益祥
北京市数学特级教师
司 梁
『卢说数学』主理人
卢声怡
力联
荐袂

# 小牛顿
## 数学分级读物

第六阶 6 对称图形 立体图形

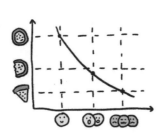

中国儿童的数学分级读物
培养有创造力的数学思维

讲透原理 ➡ 系统进阶 ➡ 思维转换

电子工业出版社
**Publishing House of Electronics Industry**
北京·BEIJING

**图书在版编目（CIP）数据**

小牛顿数学分级读物. 第六阶.6, 对称图形 立体
图形 / 步印童书馆编著. -- 北京：电子工业出版社，
2024. 6. -- ISBN 978-7-121-48178-9

Ⅰ. O1-49

中国国家版本馆CIP数据核字第2024G0U712号

特别鸣谢本书组稿策划人郑利强先生。

责任编辑：赵 妍 季 萌
印　　刷：当纳利（广东）印务有限公司
装　　订：当纳利（广东）印务有限公司
出版发行：电子工业出版社
　　　　　北京市海淀区万寿路173信箱 邮编：100036
开　　本：889×1194　1/16　印张：18.5　字数：373.2千字
版　　次：2024年6月第1版
印　　次：2024年6月第1次印刷
定　　价：120.00元（全6册）

# 目录

对称图形

# 轴对称图形

## ● 轴对称图形

喜欢纸飞机的酋长，决定举办一次纸飞机比赛。

飞机的平衡一定要很好。飞机的右半边和左半边一定要做得完全一样，飞机才飞得好。

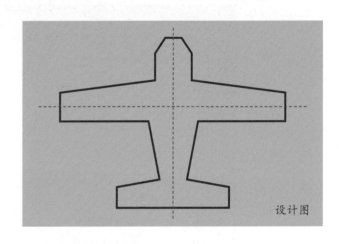

设计图

在纸飞机比赛获得冠军的人，可以当一天酋长。于是，大家开始拼命地想，怎样才能做出飞得更高更远的纸飞机呢？

### ◆ 阿辉的想法

首先，按照设计图把纸飞机的左半边的形状画在纸上，然后把纸折过来，画纸飞机的右半边的形状。右半边的形状与左半边的形状完全重合。

### ◆ 小明的想法

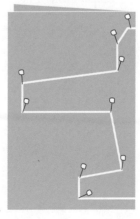

先把纸对折，画纸飞机的左半边的形状，如左图所示，用针作记号，然后打开纸，将针孔连起来，连接起来的图形就是纸飞机的右半边的形状。

◆ **阿华的想法**

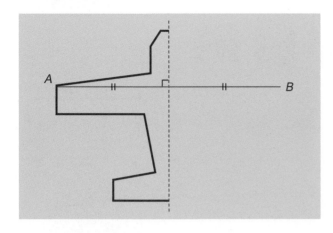

阿华按照上图画纸飞机的设计图。

首先，画出纸飞机的左半边的形状。

然后，画 A 点到中心线垂直相交的线，在与 A 点到中心线等长的位置取 B 点。用同样的方法，在右侧取得其他的点，最后再把各点连接起来。

◆ **小胖的想法**

小胖制作飞机的方法更简单。

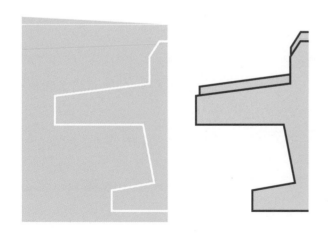

如上图所示，把纸对折，只画出纸飞机左半边的形状，然后用剪刀沿着所画的线剪下来。用这种方法就不必再画纸飞机的右半边的形状了。

不论用四个人中的哪一种方法，纸飞机的左半边和右半边的形状都是一样的。像这样，左、右全等的图形，只要知道其中一边的形状，就可以画出另一边的形状。

如果一个图形沿着一条直线对折，直线两旁的部分能够互相重合，这个图形叫作轴对称图形。这条线就是它的对称轴。

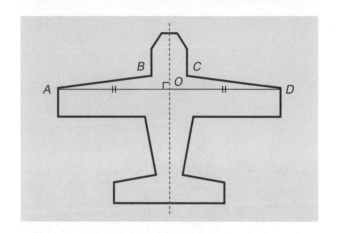

※ 如下图所示，将纸飞机的设计图对折后，A 点和 D 点重合，像这一组点称为对应点；线 AB 和线 DC 重合，像这样重合的一组线称为对应线。连接对应点 A 和 D 的直线，和对称轴垂直相交，所以，AO 的长度和 DO 的长度相等。

在轴对称图形中，连接对应点的直线和对称轴垂直相交，所以，从相交点到对应点的长度相等。

## ◉ 各种轴对称图形

想一想，在过去所学过的图形中是否有轴对称图形。

### ● 等腰三角形

在三角形中，等腰三角形是轴对称图形。对称轴通过顶点，把底边等分。

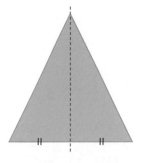

### ● 长方形

长方形是轴对称图形。对称轴是右图的两条虚线。对角线不是对称轴。

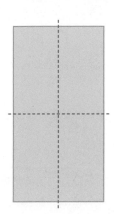

### ● 正方形

正方形是轴对称图形，正方形的对称轴有四条。

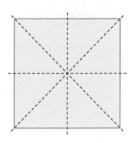

### 想一想

正三角形有三条对称轴。画图求证看一看。另外，探究正五边形、正六边形、正八边形有几条对称轴。

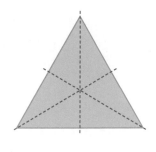

### ● 圆形

圆形有许多对称轴，凡是通过圆心的直线全都是对称轴。

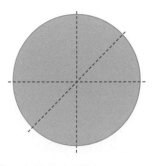

---

### 🐸 动脑时间

**用彩色纸做正三角形**

①先将彩色纸对折，在中央留下折痕。

②把 $D$ 点对准先前折痕的地方。

③把 $C$ 点与折痕上的 $D$ 点重合，有色的部分就是正三角形。

④做出来的三角形，它是三个角都为 $60°$ 的正三角形。

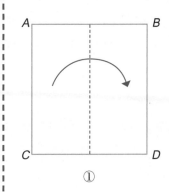

①

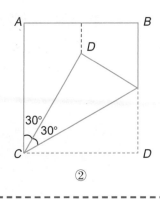

②

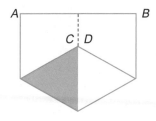

③

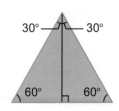

④

◆ 如果不对折，要如何找出它的对称轴呢？请用下图想一想。

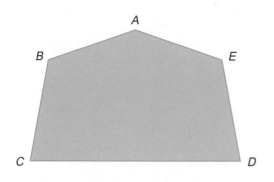

（1）从对应的两组点开始。

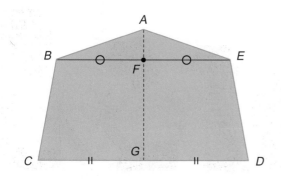

B 点和 E 点是对应点。把 B 点和 E 点连起来，找出其中点 F 点。C 点和 D 点是对应点，找出其中点 G 点。

对称轴是连接 F 点和 G 点的直线。

接着，再从对应的一组点想一想。

（2）从对应的一组点开始。

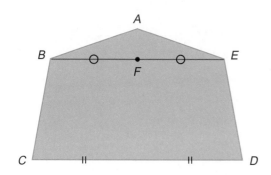

连接对应的 B 点和 E 点，并找出其中点 F 点。

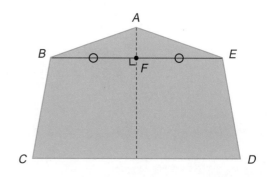

因为对称轴与连接对应点的直线垂直相交，所以，从 F 点和直线 CD 垂直相交所画的直线就是对称轴。

### 整 理

（1）如下图所示，一个图形沿着一条直线对折，直线两旁的部分能够互相重合，这个图形称为轴对称图形，这条直线称为对称轴。在轴对称图形中，对称轴的左边和右边是全等的图形。

（2）对折后重合的 A 点和 C 点称为对应点；直线 AB 和 CB，或曲线 AD 和 CD 称为对应边或对应线。

（3）连接对应点的直线和对称轴垂直相交，从相交点到对应点的长度相等。

（4）也有两条以上对称轴的图形（如长方形、正方形、圆形等）。

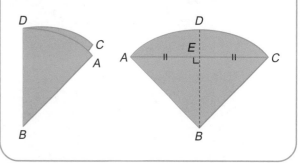

# 中心对称图形

## ● 中心对称图形

酋长队和梦之队要进行一场棒球比赛。

> 这顶帽子是梦之队的。帽子上面的记号是一个很整齐的图形。可是，它不是正多边形，也不是轴对称图形。你们知道这个图形有什么性质吗？

查一查

这个图形好像是两个图形合并在一起的，所以，我们来看一看它的对应边长或对应角度。

经过测量后，两个五边形的对应边长和对应角度都相等，因此，这两个图形的确是全等图形。

于是，大家纷纷提出自己的意见。小胖认为把这个图形对折，两边的图形会重合，那么这个图形就是轴对称图形。

你认为小胖的想法对吗？

### ◆ 小胖的想法

将这个图形对折，两边的图形并不会刚好重合。改用各种办法对折，还是不能重合。

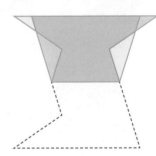

### ◆ 小明的想法

把图形Ⓑ整个转过来再挪动，看一看是否能和图形Ⓐ重合，结果两个图形刚好重合。

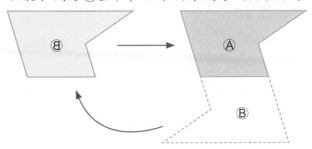

◆ **阿辉的想法**

阿辉为了让两边的图形重合，以 C 点为中心，把图形 Ⓑ 转过来。

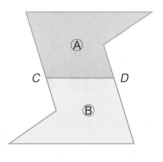

首先，以 C 点为中心，把图形 Ⓑ 转过来看一看。

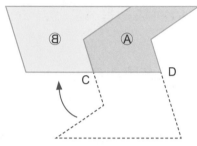

图形 Ⓑ 与图形 Ⓐ 没有重合。图形 Ⓑ 挪到图形 Ⓐ 的左边去了。现在以 D 点为中心把图形 Ⓑ 转过来看一看。

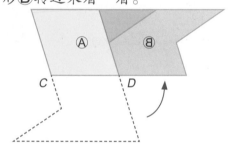

图形 Ⓑ 与图形 Ⓐ 还是没有重合。图形 Ⓑ 挪到图形 Ⓐ 的右边去了。

> 连接两个对应点的线，都会通过 O 点。

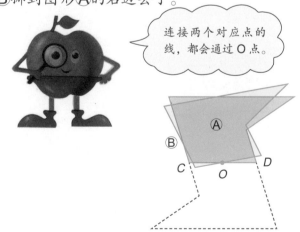

以 C 和 D 的中点 O 为中心把图形 Ⓑ 转过来看一看，结果图形 Ⓑ 与图形 Ⓐ 刚好重合。

①中心对称图形。
②对称中心、对应边或顶点。

以 CD 中点 O 点为中心旋转后，图形 Ⓑ 和图形 Ⓐ 刚好重合。

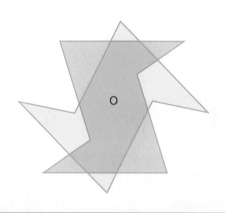

如果一个图形绕着一个点旋转 180° 后，能够和原图互相重合，那么这个图形就称为中心对称图形。这个点就是它的对称中心。

◆ **常见的中心对称图形。**

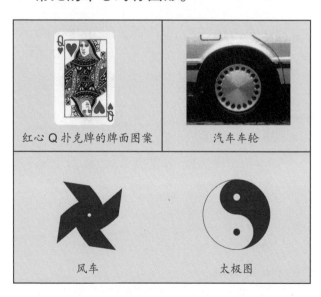

红心 Q 扑克牌的牌面图案　　汽车车轮

风车　　太极图

11

◆ 用平行四边形查证中心对称图形。

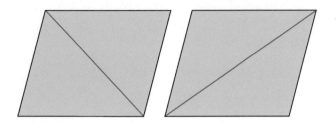

沿着对角线可以把平行四边形剪成两个全等三角形。

以平行四边形两条对角线的相交点 O 为中心，旋转 180° 后，平行四边形会与原来的平行四边形重合。

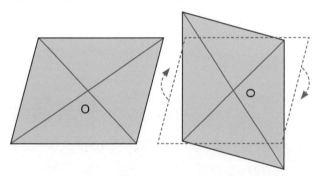

平行四边形是中心对称图形，如右图所示。

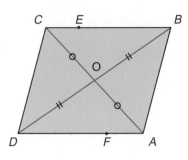

※C 点的对应点是 A 点，E 点的对应点是 F 点。

※CD 边的对应边是 AB 边，CE 的对应线是 AF。

※C 角的对应角是 A 角。

※从 O 点到 C 点的长度和从 O 点到 A 点的长度相等。

在中心对称图形中，连接对应点的直线一定会通过对称中心。

## 综合测验

从过去学过的图形中，找出中心对称图形。除了平行四边形外，还有很多哦！

看右图想一想。

这个图形是中心对称图形。

按顺序回答下面的问题：

①对称中心 O 点距离 D 点有几厘米？

②C 点的对应点是哪一点？ D 点、E 点的对应点又是哪一点？

CE 线的对应线是哪一条线？

③CD 线的对应线是哪一条线？

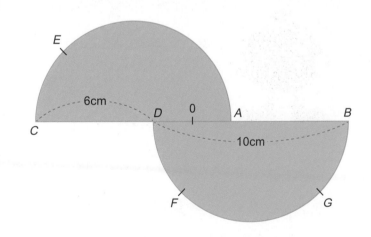

综合测验答案：①2 厘米；②B 点、D→A、E→G、BG 线；③AB 线。

## ● 各种轴对称图形、中心对称图形的整理

| | | 轴对称图形（对称轴的数量） | | 中心对称图形 |
|---|---|---|---|---|
| 三角形 | 直角三角形 | × | | × |
| | 等腰三角形 | ○ | 1 | × |
| | 直角等腰三角形 | ○ | 1 | × |
| | 正三角形 | ○ | 3 | × |
| 四边形 | 梯形 | × | | × |
| | 等边梯形 | ○ | 1 | × |
| | 平行四边形 | × | | ○ |
| | 菱形 | ○ | 2 | ○ |
| | 长方形 | ○ | 2 | ○ |
| | 正方形 | ○ | 4 | ○ |
| 其他的正多边形 | 正五边形 | ○ | 5 | × |
| | 正六边形 | ○ | 6 | ○ |
| | 正七边形 | ○ | 7 | × |
| | 正八边形 | ○ | 8 | ○ |
| 圆形 | | ○ | 无数 | ○ |

**整 理**

（1）如果一个图形绕着一个点旋转 180° 后，能够和原图互相重合，那么这个图形称为中心对称图形。

（2）中心对称图形旋转的点，称为对称中心。

（3）中心对称图形中连接对应点的直线一定会通过对称中心。

# 巩固与拓展

## 整理

### 1. 轴对称图形

（1）如果一个图形沿着一条直线对折，直线两旁的部分能够互相重合，这个图形叫作轴对称图形。这条直线就是它的对称轴。

在轴对称图形中，对称轴的右侧部分和左侧部分全等。

（2）沿着对称轴对折重合的图形中，重合的甲点和丙点叫作对称点。

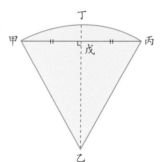

直线甲乙和直线丙乙，弧线丙丁和弧线甲丁各互相重合，它们叫作对称边或对称线。

## 试一试，来做题。

下面各图中，哪几个是轴对称图形？哪几个是中心对称图形？

1.

连接对称点的直线和对称轴互相垂直相交，相交点到对称点的距离等长。

（3）不须对折图形却可找出对称轴的方法。

将两组对称点各自用直线连接起来，找出这两条直线的中心点并用线连接起来。

画出连接对称点的直线，再画一条通过这条直线中点且和这条直线垂直相交的直线。

2. 中心对称图形

（1）如果一个图形绕着一个点旋转180°后，能够和原图互相重合，那么这个图形叫作中心对称图形，这个点就是它的对称中心。

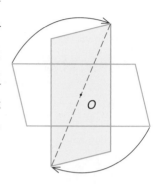

（2）在中心对称图形中，连接对应点的直线一定通过对称中心。

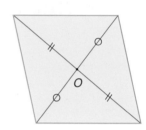

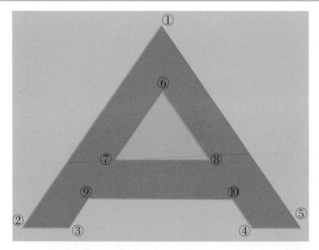

2. 上图是轴对称图形。

（1）在①点到⑩点之间，哪些点会通过对称轴？

（2）哪个点和②对称？另外，哪些点分别和⑨、③、⑦对称？

（3）哪条边和边①②对称？另外，哪几条边分别和边②③、边⑥⑦对称？

3. 下图是一个四边形的池子，如果把池子的面积扩大，并以直线甲乙作为对称轴，以丙点作为对称中心，各画一个轴对称图形与中心对称图形，应该如何画呢？

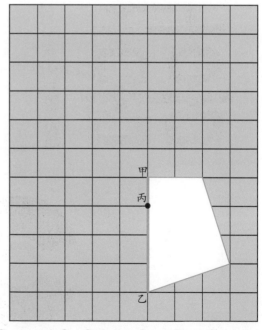

答案：1. 轴对称的图形：①、②、④、⑤、⑥；中心对称图形：②、③、⑥。2.（1）①、⑥；（2）点②→点⑤，点⑨→点⑩，点③→点④，点⑦→点⑧；（3）边①②→边①⑤，边②③→边⑤④，边⑥⑦→边⑥⑧。3. 略。

## 解题训练

■ 找出对称的图形，如对称轴、对称中心

**1** 在下列六个图形中，哪些是轴对称图形？哪些是中心对称图形？在图中画出对称轴和对称中心。

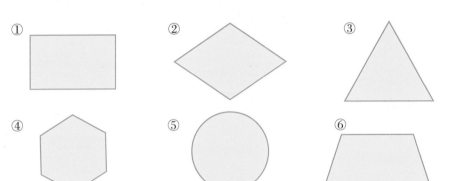

◀ 提示 ▶
对称轴可能有许多条。

**解法** 把上面各种图形画在纸上并裁剪下来，试着对折或旋转图形，便知道答案。当然，也可以在脑子里仔细想一想。

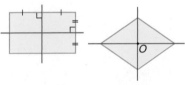

由右图可以看出，长方形有两条对称轴。对称中心 O 点刚好是两条对角线的交点。长方形是轴对称图形，也是中心对称图形。

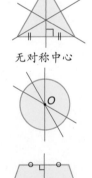

答：轴对称图形有：①、②、③、④、⑤、⑥；中心对称的图形有：①、②、④、⑤。

■ 找出中心对称图形的对称点

**2** 右图为中心对称图形。

（1）哪一点是对称中心？

（2）找出所有的对称点。

（3）如果 F 点往上方移动，其对称点会朝哪个方向移动？

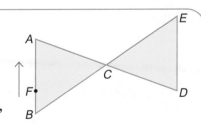

◀ 提示 ▶
把 *A* 点和 *E* 点以及 *B* 点和 *D* 点连接起来就成为平行四边形。

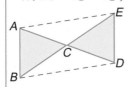

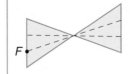

**解法** 想一想，以哪一点为中心旋转 180° 后，才能和原图互相重合？

用直线把 *A* 点和 *E* 点、*B* 点和 *D* 点连接起来，四边形 *ABDE* 就成为平行四边形，由此可以找出其对称中心。找出对称中心之后，即可找出对称点。

试着在图上找出 *F* 点的对称点，便能明白其移动的方向。请参见左图。

答：（1）*C* 点为对称中心；（2）对应的有 *A* 点→*D* 点，*B* 点→*E* 点；（3）*F* 的对应点会朝下方移动。

■ **画出对称的图形**

**3** 右图中直线甲乙为对称轴，图中只画出轴对称图形的左半边部分。试一试，把图形的右半边部分也画出来。另外，把 *O* 点当作对称中心，并画出中心对称图形的另外半边。

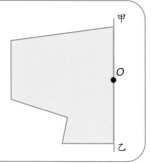

◀ 提示 ▶
在方格纸上用三角板和圆规练习画轴对称图形和中心对称图形。先画图并找出对称点，把对称点连接即可。

**解法** 在轴对称图形中，对称点的连线和对称轴互相垂直相交，交点到对称点的距离等长。

①利用三角板画出和对称轴互相垂直的直线。
②利用圆规在另外一边距离等长的位置找出对称点。再以同样的方法找出另一组对称点，并将这些点连接起来。

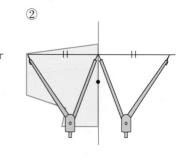

如果要画出中心对称图形，可依照下列的步骤。
①画出通过 *O* 点的直线。
②利用圆规在另外一边距离等长的位置找出对称点。
其他步骤和轴对称图形的画法相同。

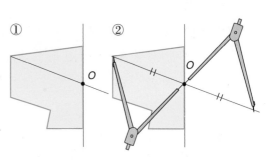

## 加强练习

1. 看图回答下列的问题。

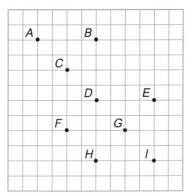

（1）如果以 *C* 点和 *F* 点的连线为对称轴，*A* 点的对称点是什么？

（2）如果以通过 *D* 点和 *E* 点的直线为对称轴，哪些点是轴对称点？

（3）把各点连接后，可以形成不同的图形，在这些图形中找出轴对称图形和中心对称图形。

2. 把两张全等的正方形纸板的对角线交点重合在一起，并以对角线交点为中心，将其中一张纸板旋转 45°，就得到下面的图形。

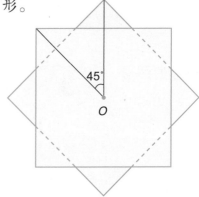

## 解答和说明

1. 虽然图中有许多不同的点，但把注意力集中在题中每个问题所涉及的知识点上，我们就不会被弄迷糊了。

（1）*A* 点的对称点是 *B* 点。

（2）*C* 点和 *F* 点是对称点，*B* 点和 *H* 点也是对称点。

（3）*D*、*E*、*I*、*H* 四点可以连成一个正方形。正方形是轴对称图形，也是中心对称图形。因此，*G* 点就是它的对称中心。

另外，还有许多不同的图形，请试着找一找。

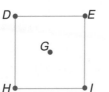

2.（1）两个正方形的对角线在 *O* 点相交，并以 *O* 点为中心旋转 180°，与原图重合。因此，这个图形是中心对称图形。

（2）如下图所示，一共有 8 条对称轴。

（1）
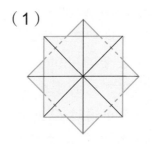

（2）
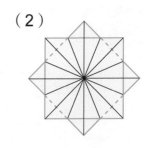

3.（1）如果沿 *BG* 边对折，平行四边形 *ABGH* 和平行四边形 *BCEG* 刚好重合，所以，另外半边是平行四边形 *BCEG*。和 *AB* 边对称的是 *CB* 边。

（1）这个图形是不是中心对称图形？

（2）一共有几条对称轴？

3.看图回答下列问题。

（1）若以 *BG* 边为对称轴，平行四边形 *ABGH* 是轴对称图形的半边，另外半边是哪个图形？

另外，和 *AB* 边对称的是哪条边？

（2）在下图中一共有几个中心对称图形？

（3）在下图中一共有几个轴对称图形？

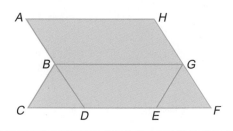

4. 在圆中若把 360°的圆心角分成数等份，可以画出正多边形。如右图所示，正三角形的每个圆心角是 120°，正四边形的每个圆心角是 90°。正三角形是轴对称图形，但不是中心对称图形。正四边形既是轴对称图形，也是中心对称图形。下面的①、②、③、④是四种正多边形的圆心角的度数。在这四种正多边形中，哪几个既是轴对称图形，也是中心对称图形？① 72°；② 36°；③ 30°；④ 24°。

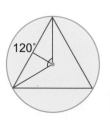

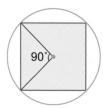

（2）平行四边形都是中心对称图形，所以 *ABGH*、*BDFG*、*BCEG*、*ADFH* 四个平行四边形都是中心对称图形。

（3）图中有许多轴对称图形，包括三角形 *BCD* 和 *GEF*、梯形 *BDEG* 和 *BCFG*、六边形 *ABCEGH*，一共有 5 个。

4. 顶点和中心点的连线可以将正多边形分为两个全等的图形。这时，如果顶点和中心点的连线上有另一个顶点，这个正多边形便是中心对称图形，这种图形的顶点数目为偶数。计算如下：

① 360÷72=5（奇数）

② 360÷36=10（偶数）

③ 360÷30=12（偶数）

④ 360÷24=15（奇数）

答：既是轴对称图形，又是中心对称图形的有②正十边形和③正十二边形。

## 应用问题

1.写出下列各四边形的名称。

（1）有两条对称轴。

（2）有四条对称轴。

（3）对称轴互相垂直相交。

2.下列 6 个英文字母各属于哪一种对称图形？

①只属于轴对称图形。

②只属于中心对称图形。

③同属于轴对称图形和中心对称图形。

HIMNOZ

答案：1.（1）菱形、长方形；（2）正方形；（3）菱形、长方形、正方形。

2.① M；② N、Z；③ H、I、O。

立体图形

# 立体图形

探险家和阿辉他们旅行回来后，正在看风景明信片。

有各种形状的建筑物。

把不同的形状分一分。

## ◉ 观察物体的表面形状

从风景明信片中挑选形状如下图的，请仔细观察它们的表面形状。

当我们研究一个物体的形状、大小，而不研究它的其他性质（如颜色、硬度等）的时候，我们把这个物体叫作几何体，简称体，有正方体、长方体、圆柱、圆锥、球等。在这些体中，它们的表面形状有的是平面的，有的是平面和曲面的，有的是曲面的，如下图所示。

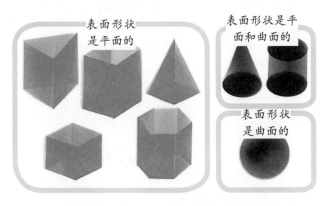

◆ **仔细观察下图，按它们的表面形状可分类如下**

表面形状为平面的：

A——有平行面；

B——没有平行面。

表面形状为平面和曲面的：

C——有平行面；

D——没有平行面。

表面形状为曲面的只有E。

※ 另外，它们的表面形状有的有平行面，有的没有平行面，如下图所示。

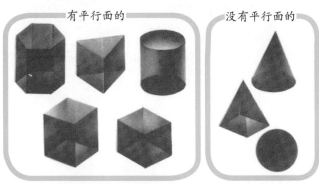

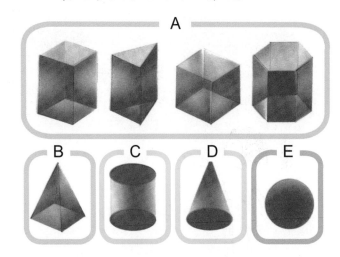

### 动脑时间

**切正方体**

如何切一个正方体，才能使切面变成下图的形状？

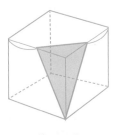

等腰三角形

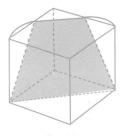

等边梯形

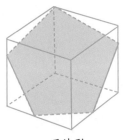

五边形

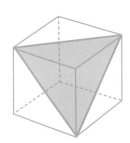

正三角形

# 棱柱和圆柱

## ● 有平行面的立体图形

请仔细观察下图，它们有什么共同的特点？

它们的上面和下面是平行的哦！

呀！周围的面都是长方形。

※ 棱柱底面的形状分别为三角形、四边形、五边形……，它们分别被称为三棱柱、四棱柱、五棱柱……

顶点
底面
侧面
高
高
底面

另外，还要注意，棱柱的高是上、下两个底面之间的距离。

## ◉ 棱柱的顶点数、面数、边数

查一查棱柱的顶点数、面数、边数。

### ● 三棱柱

顶点数为：3×2=6（个）；

面数为：2+3=5（个）；

边数为：3×3=9（个）。

### ● 四棱柱

顶点数为：4×2=8（个）；

面数为：2+4=6（个）；

边数为：4×3=12（个）。

### ● 五棱柱

顶点数为：5×2=10（个）；

面数为：2+5=7（个）；

边数为：5×3=15（个）。

### ● 六棱柱

顶点数为：6×2=12（个）；

面数为：2+6=8（个）；

边数为：6×3=18（个）。

### ◆ 整理如下

| 数量＼棱柱 | 三棱柱 | 四棱柱 | 五棱柱 | 六棱柱 |
|---|---|---|---|---|
| 顶点 | 6<br>（3×2） | 8<br>（4×2） | 10<br>（5×2） | 12<br>（6×2） |
| 面 | 5<br>（2+3） | 6<br>（2+4） | 7<br>（2+5） | 8<br>（2+6） |
| 棱 | 9<br>（3×3） | 12<br>（4×3） | 15<br>（5×3） | 18<br>（6×3） |

---

### 学习重点

①认识棱柱及其底面、侧面。

②棱柱底面的形状为三角形、四角形……，它们分别被称为三棱柱、四棱柱……

③棱柱的顶点数、面数和边数。

④认识圆柱。

## ◉ 底面是圆的立体

想一想下面的立体图形与棱柱的相似之处和不同之处。

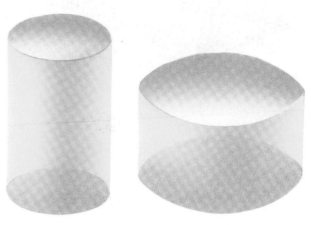

上面的立体图形的侧面都是曲面。上、下底面与棱柱的上、下底面一样，都是平行的，并且是全等的图形。

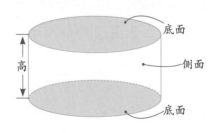

底面　侧面　底面

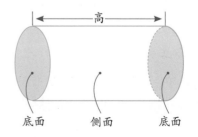

底面　侧面　底面

# 棱锥和圆锥

想一想下面立体图形的共同之处。

顶端都是尖的。

侧面都是三角形。

◆ **想一想，上面的立体图形有什么性质。**

上面四个立体图形的侧面都是等腰三角形。

像这样，由一个多边形和几个等腰三角形所围成的立体图形，称为棱锥。

多边形的面为底面，等腰三角形的面称为侧面。

※ 若立体图形的底面形状为三角形、四边形、五边形、六边形等时，它们分别被称为三棱锥、四棱锥、五棱锥、六棱锥。

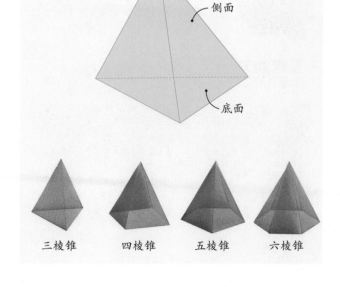

顶点

侧面

底面

三棱锥　　四棱锥　　五棱锥　　六棱锥

## ● 棱锥的边数和面数

棱锥的顶点数是底面的顶点数加1，那么，它的边数和面数呢？

底面的边数加1就是面数。
边数是底面的边数的2倍。
顶点数是底面的顶点数加1。

### ◆ 总结棱锥的边数和面数。

| 棱锥 \ 数量 | 面 | 边 |
|---|---|---|
| 三棱锥 | 4（3+1） | 6（3×2） |
| 四棱锥 | 5（4+1） | 8（4×2） |
| 五棱锥 | 6（5+1） | 10（5×2） |
| 六棱锥 | 7（6+1） | 12（6×2） |

**想一想**

棱锥的高要怎么量呢？

到顶点的边长就是棱锥的高啊！

我认为从棱锥的顶点到底面的垂直距离才是高。

**学习重点**

①认识棱锥及其顶点、侧面和底面。
②棱锥的边数和面数。
③认识圆锥及其顶点、侧面和底面。

※ 从棱锥的顶点到底面的垂直距离是棱锥的高。

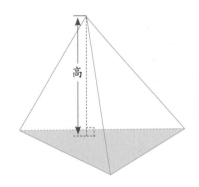

## ● 底面是圆的立体

如下图，底面为圆形，侧面是曲面，只有1个顶点的立体图形，称为圆锥。

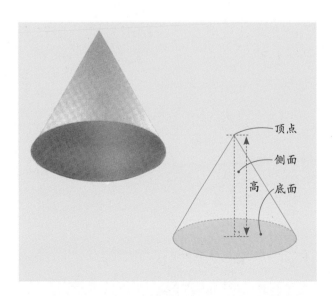

圆锥的顶点、侧面、底面都只有1个。

# 立体图形的展开图

## ◎ 立体图形的展开图

### ● 三棱柱

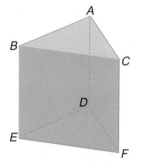

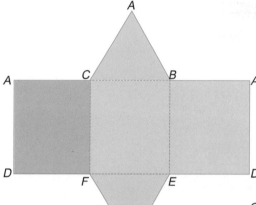

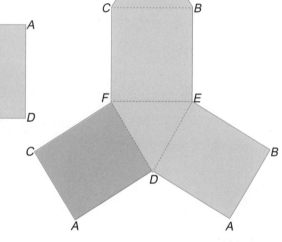

右侧两个图都是三棱柱的展开图。还能够画出许多种不同形状的展开图。

### ● 四棱柱

把右边的四棱柱展开就是下面的展开图。

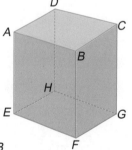

查一查

想一想，下面的展开图能否成为四棱柱。

把展开图在纸上画出来，然后沿边线剪下来，不能折成四棱柱。

## ●圆柱

沿着圆柱的高切开看一看。

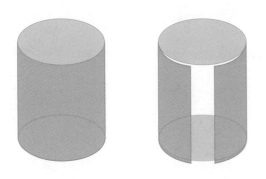

上图（圆柱）的展开图如下。变成长方形和 2 个圆。

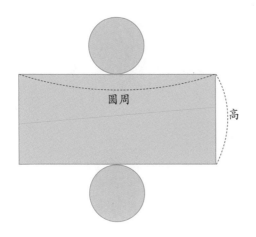

圆周

高

## ●三棱锥

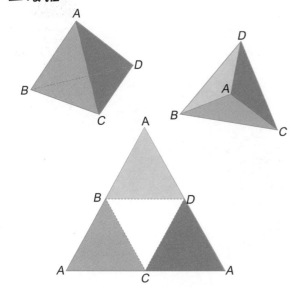

能画出各种立体图形的展开图。

## ●四棱锥

现在，画一画四棱锥的展开图。

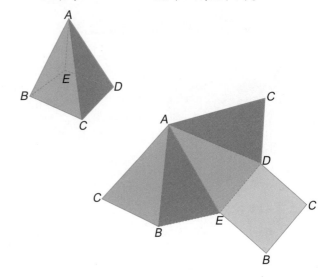

◆ 用各种方法画三棱锥、四棱锥以及六棱锥的展开图。

## ●圆锥

画圆锥的展开图时，先计算扇形的中心角的度数：

$$360° \times \frac{3 \times 2 \times 3.14}{12 \times 2 \times 3.14} = 90°$$

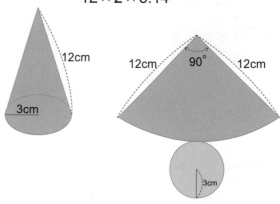

12cm

3cm

12cm  90°  12cm

3cm

# 从不同的方向观察立体图形

## ◉从正面及正上方看立体图形

　　三棱柱　　　　　　　圆柱　　　　　　　三棱锥　　　　　　　圆锥

　　小胖和小明从正面看上面各图。可是，两个人对三棱柱和三棱锥的画法却不同，这是怎么回事？

### ◆小胖的画法　　　　　　　　　　　　　◆小明的画法

　　　　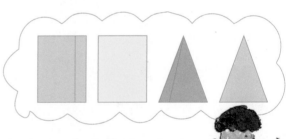

　　从正面看三棱锥和圆锥，它们的形状都是等腰三角形。从不同的方向看，三棱柱和三棱锥，看到的形状也有所不同。左下图是小胖看的方向及其所看到的形状，右下图是小明看的方向及其所看到的形状。

◆ 现在从正上方看一看。

结果，小胖看到的形状如下。

根据底面的形状来想一想，从正上方看到的形状是什么样的？

就像从正面看的情形一样，小明看到的形状和小胖看到的形状是不同的。

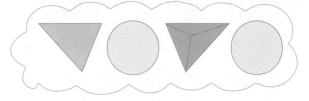

像小明从正上方所看到的形状那样，三棱锥可以被看到顶点和边，圆锥只能被看到顶点和圆周。

例 题

如下图所示，请说出它是什么立体图形。根据过去所学过的知识想一想，尽量先不要看答案。

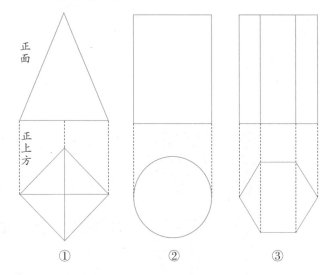

① ② ③

🐢 **动脑时间**

会排吗？

下图是用十二根火柴拼成的三个正方形。如果改变排列，如图②所示，以一根火柴为一个边的正方形一共有四个。

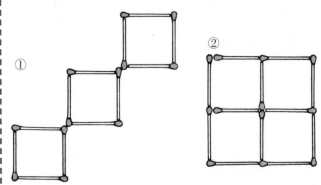

现在，用十二根火柴排出六个正方形，而且这些正方形都要以一根火柴为边长。

"不可能的啦！火柴根本不够。"

你们是不是只想到了平面图形呢？

想一想立体图形，如图③所示，就是用十二根火柴排出六个正方形。

那么，用六根火柴可以排出四个正三角形吗？

只要能拼出三棱锥就对了。

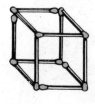

例题的答案：①为四棱锥；②为圆柱；③为六棱柱。

# 空间位置的表示方法

## ◉ 瞭望台的位置

为了观光客的方便，童话国特地在市中心立了一块指示板。

在童话国的车站附近，每隔 100 米就有往东、西、南、北四个方向的大马路。

瞭望台高达 120 米。

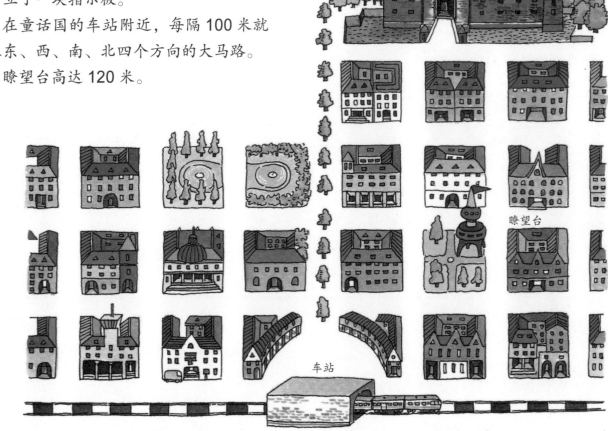

瞭望台

车站

多棒的指示板啊！所有场所都一目了然。如果我们以车站为中心，应该如何标识瞭望台的位置呢？

## 想一想

如右图所示，若以甲为基准点，乙的位置如何表示呢？我们可以说，以甲为起点，乙在距离甲后上竖走 2 厘米、向右横走 3 厘米的位置。

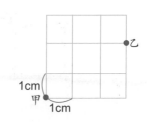

乙

1cm
甲
1cm

◆ **试一试以车站为基准点，标明瞭望台的位置。**

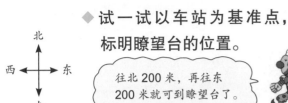

往北 200 米，再往东 200 米就可到瞭望台了。

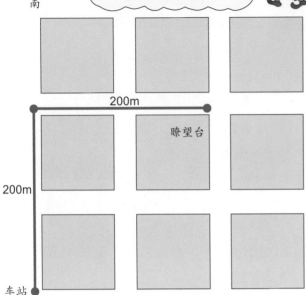

瞭望台高为 120 米，所以也要标明 120 米的高度。

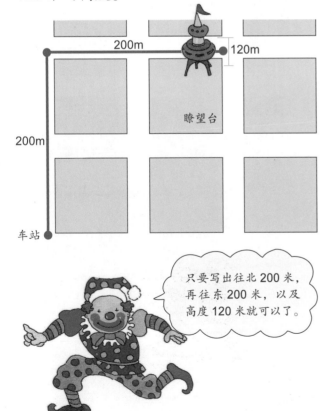

只要写出往北 200 米，再往东 200 米，以及高度 120 米就可以了。

---

学习重点

要标明空间中点的位置，必须先确定一个点，再以这个点为参照点，用三组数字来表示。

◆ **请以 $a$ 为基准点，标明麦克风的位置。**

用横 3 米，竖 4 米，高 1.3 米来标明就对了。

先确定一个点，再以这个点为基准点，用三组数字来标明空间点的位置。

# 巩固与拓展

## 整理

1. 棱柱和圆柱

（1）棱柱是由两个全等的多边形和数个与多边形垂直的长方形的面所围成。底面为三角形的棱柱叫作三棱柱；底面为四

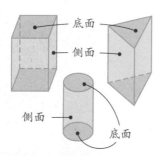

边形的棱柱叫作四棱柱。

（2）圆柱是由两个全等的圆形和一个长方形曲面所围成。下图是圆柱的展开图。

2. 棱锥和圆锥

（1）由一个正多边形和数个全等的等腰三角形所围成的立体叫作棱锥。

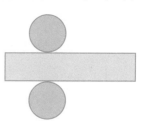

## 试一试，来做题。

1. 下图是某种棱柱的展开图。看图回答下列问题。

（1）写出这个棱柱的名称。

（2）哪几个面是平行的面？

（3）如果把展开图组合起来，A 点会和哪几点重合？

2. 右图为圆锥的展开图。求出展开图的扇形的弧长。

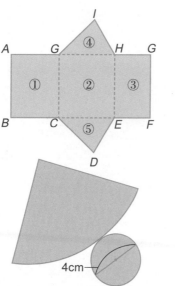

3. 在下表的空格中填写适当的字或数。

| | 三棱锥 | 五棱柱 |
|---|---|---|
| 底面的形状 | ① | ② |
| 底面的个数 | ③ | ④ |
| 侧面的形状 | ⑤ | ⑥ |
| 侧面的个数 | ⑦ | ⑧ |

4. 下图是什么立体图形的展开图？

答案：1.①三棱柱；（2）④和⑤；（3）I 点、G 点。2. 12.56 厘米。3.①正三角形；②五边形；③1；④2；⑤等腰三角形；⑥长方形；⑦3；⑧5。4. 四棱锥。5. 等腰三角形。6.（1）三棱锥；（2）四棱柱；（3）球。7. 垂直→等腰三角形，平行→圆形。8. 顶点 H（长 7 厘米、宽 4 厘米、高 5 厘米），顶点 B（长 7 厘米、宽 4 厘米、高 0 厘米）。

（2）右边的立体图形叫作圆锥。下图是图锥的展开图。底面的圆周和展开图扇形的弧长相等。

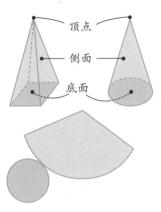

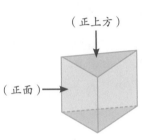

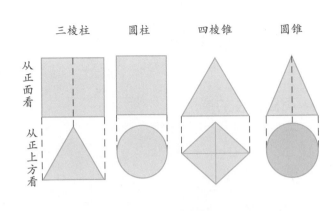

| 三棱柱 | 圆柱 | 四棱锥 | 圆锥 |
|---|---|---|---|

从正面看

从正上方看

3. 从正面和正上方所看到的形状

右边各图是三棱柱、圆柱、四棱锥、圆锥从它们的正面与正上方所看到的形状。

（正上方）

（正面）

5. 右图为四棱锥。如果自顶点朝底面垂直切割，切出的平面会是什么形状？

6. 写出下列各种立体形状的名称。

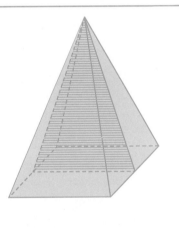

（1）　　　（2）　　　（3）

从正面看

从正上方看

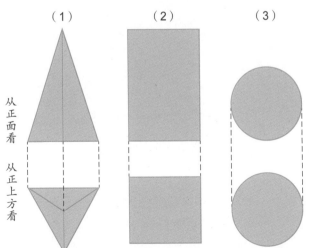

7. 右图是一个圆锥。如果自顶点朝底面垂直切割，切出的平面会是什么形状？另外，如果和底面平行来切割，切出的平面会是什么形状？

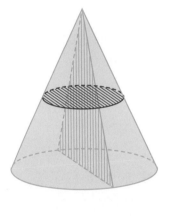

8. 下图是个长方体。如以顶点 $E$ 为基准点，顶点 $C$ 和顶点 $B$ 的位置应如何表示？

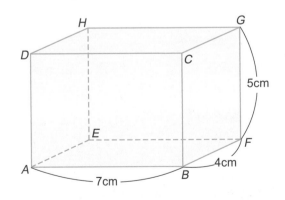

5cm

4cm

7cm

## 解题训练

■ **画出圆柱的展开图**

**1**

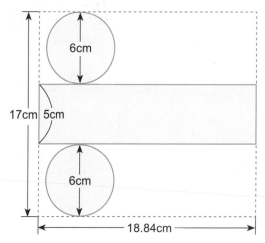

3cm

5cm

如左图所示，制作半径为 3 厘米、高为 5 厘米的圆柱，需要长、宽各几厘米以上的长方形纸？（粘贴处不计）

**◀ 提示 ▶**
侧面长方形的长度和底面的圆周长相等。

**解法** 如下图所示，画出上面图形的展开图时，其侧面为长方形。

6cm

17cm 5cm

6cm

18.84cm

长方形的长度和底面的圆周长相等，所以长方形的长是：
$3 \times 2 \times 3.14 = 18.84$（厘米）。

答：需要长为 18.84 厘米、宽为 17 厘米以上的长方形纸。

■ **求圆锥底面的半径**

**2**

画出圆锥的展开图，侧面刚好是直径为 10 厘米的半圆。原来圆锥底面的半径是多少厘米？

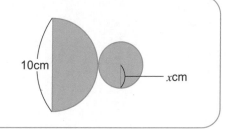

10cm

$x$cm

**◀ 提示 ▶**
半圆的圆周长和底面的圆周长相等。

**解法** 底面的圆周长和半圆的圆周长相等。把底面的半径当作 $x$ 厘米，则有：

$10 \times 3.14 \div 2 = x \times 2 \times 3.14$

$x \times 2 = 5$，$x \times 2$ 为直径，$x = 2.5$（厘米）。

答：原来圆锥底面的半径是 2.5 厘米。

## 圆柱的切口

**3**

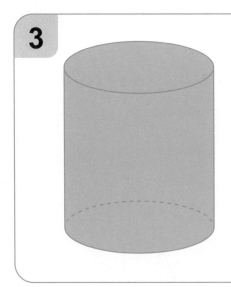

左图为一个圆柱。如果沿着与底面垂直的平面来切割圆柱，切出的形状为长方形。

如果希望切出的长方形面积越大越好，应该如何切割？把原因简单地说出来。

◄ 提示 ►
想一想，何种情况下，长方形的宽度最长？

**解法** 长方形的长（高）不变。长方形的宽若等于通过底面圆心的直径，长方形的宽最长。

答：切割时必须通过底面圆心的直径，切出的长方形面积最大。

## 圆锥的侧面与底面

**4**

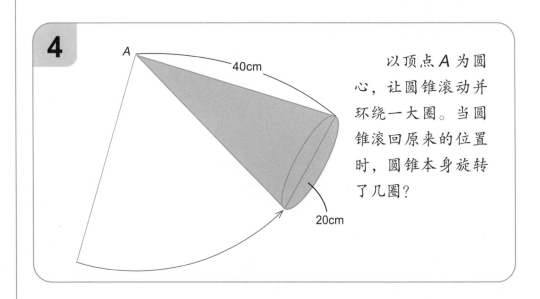

以顶点 *A* 为圆心，让圆锥滚动并环绕一大圈。当圆锥滚回原来的位置时，圆锥本身旋转了几圈？

◄ 提示 ►
想一想，圆锥的底面环绕过哪些地方？

**解法** 圆锥底面环绕过的地方是在半径为 40 厘米的圆周上。圆锥底面的圆周长是 20 厘米 × 3.14。列算式如下：

$（40 \times 2 \times 3.14）÷（20 \times 3.14）= 4$（圈）

答：圆锥本身旋转了 4 圈。

加强练习

15cm

1. 有一根长为 15 厘米的竹签，如果将这根竹签剪成适当的长度并用黏土连接，做成一个三棱锥，竹签必须全部用完，可以做成什么样的三棱锥？说出底面的边长和侧面等腰三角形的边长。注意，边长必须都是整数。

2. 下图是圆锥的展开图。底面的半径是多少厘米？

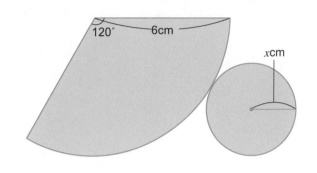
120°　6cm　*x*cm

3. 如果要画出右边圆锥的展开图，需要长、宽各几厘米以上的长方形纸？（注意，粘贴糨糊的部位不计算在内。）

## 解答和说明

1. 三棱锥的侧面有三个全等的等腰三角形。另外还有两组边，每组各有三条等长的边。

（侧面的边长＋底面的边长）×3=15（厘米）

侧面的边长＋底面的边长 =5（厘米）

| 侧面的边长 | 1cm | 2cm | 3cm | 4cm |
|---|---|---|---|---|
| 底面的边长 | 4cm | 3cm | 2cm | 1cm |
| 合　　计 | 5cm | 5cm | 5cm | 5cm |

由上表得知15厘米的竹签可以做成3种大小不同的三棱锥。而侧面边长为1厘米，底面边长为4厘米时，却无法构成等腰三角形。

答：如下图。

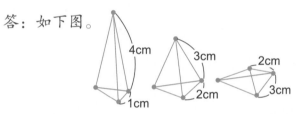
4cm　1cm　3cm　2cm　2cm　3cm

2. 扇形的弧长和底面的圆周长相等。

扇形的弧长是：

$6 \times 2 \times 3.14 \times \dfrac{120}{360} = 12.56$（厘米）

底面的半径是：$x \times 2 \times 3.14 = 12.56$

$x = 12.56 \div (2 \times 3.14) = 2$（厘米）

答：底面的半径为 2 厘米。

3. 先计算展开图的圆心角。

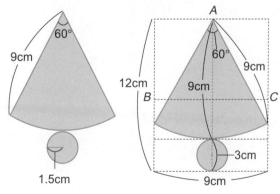
60°　9cm　1.5cm
A　60°　9cm　9cm　12cm　B　C　3cm　9cm

画展开图时，必须使底面的圆心与通过扇形圆心角正中部位的直线相连（如下图所示）。

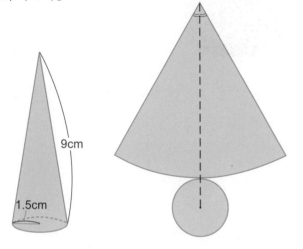

4.从右图圆柱底面的 *A* 点到圆柱上端的 *B* 点贴上一圈蓝色纸带。算一算，圆柱侧面没贴蓝色纸带部分的面积是多少平方厘米？先画出侧面的展开图，然后再计算面积。

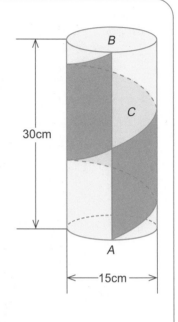

$9 \times 2 \times 3.14 \times \dfrac{x}{360} = 1.5 \times 2 \times 3.14$

$x=60$，所以圆心角为 $60°$。

三角形 *ABC* 为正三角形。*BC* 的边长是 9 厘米。

答：需要长度为 12 厘米以上、宽度为 9 厘米以上的长方形

4.圆柱侧面的展开图是一个长方形，长方形的宽是 30 厘米，长方形的长等于圆柱的圆周长：$15 \times 3.14=47.1$（厘米）。右图的蓝色部分就是粘贴蓝色纸带的部分，黄色部分是没有贴蓝色纸带的部分，而黄色部分的面积等于侧面总面积的 $\dfrac{1}{2}$，即：$47.1 \times 30 \times \dfrac{1}{2}=706.5$（平方厘米）

答：没有贴蓝色纸带部分的面积是 706.5 平方厘米。

## 应用问题

下图是从正面所见的圆锥形状。试一试，求出这个圆锥展开图的周长。

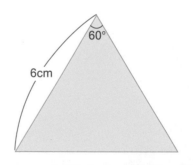

上图为正三角形，所以圆锥底面的半径为 3 厘米，展开图扇形部分的圆心角为 $180°$。列算式为：

$6 \times 2 \times 3.14 \times \dfrac{1}{2} +6 \times 2+3 \times 2 \times 3.14$
$=49.68$（厘米）

答：圆锥展开图的周长是 49.68 厘米。

**图形的智慧之源**

这是什么物体？

下面的①和②都是某种物体从正面及侧面所看到的图形，你知道这个物体是什么吗？

◆ **问题①**

知道吗？

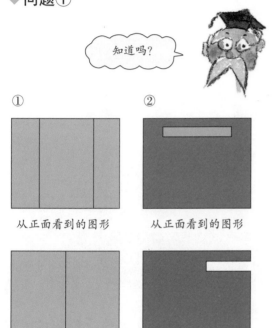

① 从正面看到的图形

② 从正面看到的图形

从侧面看到的图形

从侧面看到的图形

看出来了吗？暂时不说②，①却是你经常可以看到的物体。

暗示一下吧。如果从正上方来看①，它就像下图的形状。

这是铅笔头，是个六棱柱。为了慎重，右上方就是它的示意图。

画成示意图就看得懂了。

接下来，②又是什么物体呢？有没有人认为它是正方体？如果是正方体的话，那么，从侧面看到的图应该不会有凹进去的地方。

暗示一下吧。从正上方看②，它的形状是个圆。答案是储蓄罐。

这个比较难。

◆ **问题②**

想一想，因为看物体的方向不同，有时看其形状是正方形，有时看其形状是三角形，有时看其形状是半圆形。

问题是，如果一个物体从正上方看是圆，从其正面看是正方形，从其侧面看是三角形，这个物体是什么形状呢？

如果把上面三个形状放在一起想，这个问题就不容易弄明白，把它分开想试一试。

首先，想一想"从其上面看是圆，从正面看是正方形"，画图如下。

从其正上方看到的图形　　　从其正面看到的图形

这个是圆柱嘛。这个圆柱从其正上方看是圆，从其正面看是正方形。

接着，想一想"从其正上方看是圆，从其侧面看是三角形"，画图如下。

从其正上方看到的图形　　　从其侧面看到的图形

这个是圆锥嘛。

◆ 问题③

把问题②的三点放在一起来想一想。

从其正上方看是圆，从其正面看是正方形，从其侧面看是三角形，这个物体到

从其正上方看到的图形　　　从其正面看到的图形

从其侧面看到的图形

底是什么形状呢？

答案是像右图中的形状。

◆ 作法

利用瓶子的软木塞就可以做出这个形状。

首先，把底面的直径和高切成等长，如上图所示，将软木两侧削去。圆柱表示削去前的软木。立体形状做出来后，在纸上开出圆、正方形和三角形的孔，再用削好的软木塞穿一穿。结果，纸上的哪个孔软木塞都能顺利地穿过去。

**图形的智慧之源**

**哪只蜘蛛爬得最快？**

◆**把正方体展开来看一看。**

　　一只苍蝇停在形状像正方体的箱子上，三只蜘蛛同时从甲点出发，都想要抓到苍蝇。假设三只蜘蛛爬行的速度都一样，那么哪一只蜘蛛最先抓到苍蝇呢？

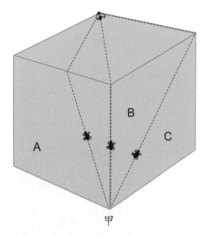

　　用A、B、C代表三只蜘蛛。如上图所示，虚线表示三只蜘蛛爬行的路线，看起来好像B蜘蛛爬行的距离最短，它会最先抓到苍蝇。但结果是哪一只蜘蛛会得胜呢？让我们把正方体展开来看一看吧！

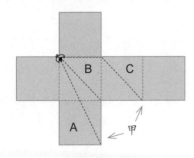

　　看到了吧！A蜘蛛爬行的路线最短，所以A蜘蛛最先抓到苍蝇。B、C的路线是一样长的。

◆**利用展开图来说明吧！**

　　这是一个叫迪特尼的人所想出来的猜谜题目。如下图所画的，有个长30米，宽、高各12米的房间。距离天花板1米的墙壁上，有只蜘蛛A，对面则有只苍蝇B，停在距离地板1米的墙壁上。请问蜘蛛A应该怎么走，才能最快抓到苍蝇？图中的虚线看来好像是最短的路线。

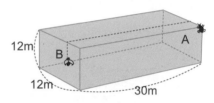

　　从展开图就可以看出，这条路线长42米。

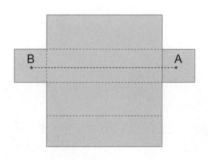

　　而沿着下图的路线，蜘蛛A只要爬行40米就行了。

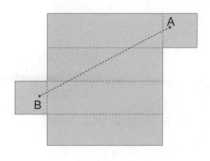